《智能科学技术著作丛书》编委会

智能科学技术著作丛书

基于全局与局部信息的人脸识别

孔　俊　易玉根　王建中　著

科学出版社
北京

内 容 简 介

近几十年来，人脸识别技术已经取得了很大进展，积累了丰富的理论并涌现出大量的识别方法。本书针对已有人脸识别方法进行分析和总结，在此基础上提出六种新的人脸识别方法，并将它们与目前流行的人脸识别方法进行比较。大量实验结果验证了本书所提出方法的有效性和可行性。

本书理论清晰、内容翔实、实验丰富，适用于信息类、计算机科学与技术等专业的本科生和研究生，也可供人工智能、模式识别等相关领域的研究人员和工程技术人员参考。

图书在版编目(CIP)数据

基于全局与局部信息的人脸识别/孔俊，易玉根，王建中著. —北京：科学出版社，2016. 3

(智能科学技术著作丛书)

ISBN 978-7-03-047462-9

Ⅰ. ①基… Ⅱ. ①孔…②易…③王… Ⅲ. ①面-人脸识别-研究 Ⅳ. ①TP391. 41

中国版本图书馆 CIP 数据核字(2016)第 043732 号

责任编辑：张艳芬 纪四稳 / 责任校对：郭瑞芝
责任印制：徐晓晨 / 封面设计：左讯科技

科 学 出 版 社 出版
北京东黄城根北街 16 号
邮政编码：100717
http://www.sciencep.com

北京科印技术咨询服务公司 印刷

科学出版社发行 各地新华书店经销

*

2016 年 3 月第 一 版 开本：720×1000 1/16
2018 年 8 月第三次印刷 印张：15 插页：1
字数：284 000

定价：95.00 元

(如有印装质量问题，我社负责调换)

《智能科学技术著作丛书》序

“智能”是“信息”的精彩结晶，“智能科学技术”是“信息科学技术”的辉煌篇章，“智能化”是“信息化”发展的新动向、新阶段。

“智能科学技术”(intelligence science&technology，IST)是关于“广义智能”的理论方法和应用技术的综合性科学技术领域，其研究对象包括：

· “自然智能”(natural intelligence，NI)，包括“人的智能”(human intelligence，HI)及其他“生物智能”(biological intelligence，BI)。

· “人工智能”(artificial intelligence，AI)，包括“机器智能”(machine intelligence，MI)与“智能机器”(intelligent machine，IM)。

· “集成智能”(integrated intelligence，II)，即“人的智能”与“机器智能”人机互补的集成智能。

· “协同智能”(cooperative intelligence，CI)，指“个体智能”相互协调共生的群体协同智能。

· “分布智能”(distributed intelligence，DI)，如广域信息网、分散大系统的分布式智能。

“人工智能”学科自1956年诞生的，五十余年来，在起伏、曲折的科学征途上不断前进、发展，从狭义人工智能走向广义人工智能，从个体人工智能到群体人工智能，从集中式人工智能到分布式人工智能，在理论方法研究和应用技术开发方面都取得了重大进展。如果说当年“人工智能”学科的诞生是生物科学技术与信息科学技术、系统科学技术的一次成功的结合，那么可以认为，现在“智能科学技术”领域的兴起是在信息化、网络化时代又一次新的多学科交融。

1981年，“中国人工智能学会”(Chinese Association for Artificial Intelligence，CAAI)正式成立，25年来，从艰苦创业到成长壮大，从学习跟踪到自主研发，团结我国广大学者，在“人工智能”的研究开发及应用方面取得了显著的进展，促进了“智能科学技术”的发展。在华夏文化与东方哲学影响下，我国智能科学技术的研究、开发及应用，在学术思想与科学方法上，具有综合性、整体性、协调性的特色，在理论方法研究与应用技术开发方面，取得了具有创新性、开拓性的成果。“智能化”已成为当前新技术、新产品的发展方向和显著标志。

为了适时总结、交流、宣传我国学者在“智能科学技术”领域的研究开发及应用成果，中国人工智能学会与科学出版社合作编辑出版《智能科学技术著作丛书》。需要强调的是，这套丛书将优先出版那些有助于将科学技术转化为生产力以及对社会和国民经济建设有重大作用和应用前景的著作。

我们相信，有广大智能科学技术工作者的积极参与和大力支持，以及编委们的共同努力，《智能科学技术著作丛书》将为繁荣我国智能科学技术事业、增强自主创新能力、建设创新型国家做出应有的贡献。

祝《智能科学技术著作丛书》出版，特赋贺诗一首：

智能科技领域广
人机集成智能强
群体智能协同好
智能创新更辉煌

涂序彦

中国人工智能学会荣誉理事长
2005 年 12 月 18 日

前　言

在当前高度信息化、网络化及数字化的社会环境下，信息安全问题备受社会各界广泛关注。生物特征识别技术具有普遍性、唯一性、稳定性、安全性、可靠性等特点，因此成为当前信息安全领域中极为重要的研究课题之一。在众多生物特征识别技术中，人脸识别技术作为一种自然、直观、友好、安全、实用的生物特征识别技术成为当前领域中最具有发展潜力的技术之一。此外，人脸识别技术具有重要的理论研究意义和广阔的市场应用前景。

近几十年来，人脸识别技术已经取得了很大进展，积累了丰富的理论并涌现出大量的识别方法。尽管已有的人脸识别技术能够获得优越的性能，但由于人脸图像易受光照、表情、姿态等外界因素变化的影响，人脸识别仍然是一个复杂性的问题。因此人脸识别依然存在许多问题和关键技术有待于进一步解决与完善。本书针对已有人脸识别方法进行分析与总结，在此基础上提出六种新的人脸识别方法，并将它们与现在流行的人脸识别方法进行比较。大量实验结果验证了本书所提出方法的有效性和可行性。

本书是东北师范大学计算机科学与技术学院模式分析与机器智能科研组的共同成果。其中，第1～3章、第9章由孔俊撰写，第4～6章由易玉根撰写，第7章、第8章由王建中撰写。全书由孔俊统稿。特别感谢课题组的老师和研究生多年来所做的工作。

本书的主要内容是基于作者带领的团队在以下项目的研究与应用中的积累与总结：国家自然科学基金青年基金项目(61403078)、吉林省科技厅重点科技攻关项目(20130206042GX、20140204089GX)。本书得到中央高校基本科研业务费专项资金(2412015ZH004)资助。在此表示衷心的感谢！还要感谢东北师范大学的应用统计教育部重点实验室和吉林省高校“智能信息处理”重点实验室的大力资助。

限于作者水平，书中难免存在疏漏之处，恳请读者在阅读本书过程中批评指正。

孔　俊

2015年11月

目　录

第1章　绪　　论

1.1　研究背景及意义

随着计算机网络技术的快速发展及互联网的普及,在当前高度信息化与网络化的社会环境下,信息安全已成为目前社会各界广泛关注的重要问题之一。信息安全涉及诸多方面,如国家公共安全、金融、司法、电子政务、电子商务等,信息安全对个人工作、生活甚至整个社会的稳定与发展具有深远影响。如何有效地保护信息安全成为当前首要解决的问题之一。而保证信息安全的核心问题之一是准确有效地识别信息使用者的身份,因此,如何快速有效地识别身份已成为信息安全领域中的一个热点研究课题。

传统的身份验证方法包括基于身份标识物品(如证件、钥匙、银行卡等)的方法与基于身份标识知识(如用户名、密码、智能卡等)的方法。但传统的身份验证方法存在不易携带、易伪造、易丢失、易遗忘、易损坏、易受攻击等缺点,使之难以满足当前高度信息化、网络化与数字化社会发展的需求。由于生物特征具有普遍性、唯一性、稳定性、安全性、可靠性等优势,因此生物特征识别技术作为一种事关国家安全的重要关键技术成为当前信息安全领域中极为重要的研究课题之一。生物特征识别技术是利用人类个体本身具有的生理特征,如指纹(fingerprint)、掌纹(palmprint)、人脸(face)、手形(hand)、耳朵(ear)、静脉(vein)、虹膜(iris)、视网膜(retina)、指关节(fingerknuckle)等,或者后天形成的行为特征,如笔迹(signature)、语音(voice)、步态(gait)等进行身份识别或者个体验证。特别是自2001年美国"9·11"恐怖袭击事件发生后,国际恐怖势力日见猖獗,世界各国政府更加明确地认识到生物特征识别的重要性和紧迫性。

在众多生物特征识别技术中,人脸识别技术具有以下优势[1-3]:①自然性,人脸识别方法与人类肉眼识别个体采用相同的特征和相似的识别原理,它更符合人类视觉认识习惯;②非接触性,人脸图像是通过摄像机非接触式获取,它对识别者不会产生任何影响,人脸识别过程更容易被识别者接受;③友好性与隐蔽性,人脸识别一般无需识别者主动配合,同时也不会引起被识别者的注意,可广泛应用于视频监控领域中;④安全性与可靠性,人脸与待识别者永不分离,不易丢失、难以伪造等;⑤高性价比,人脸识别使用通用设备即可,成本低,操作简单,易于推广。因此,人脸识别技术作为一种简单、直观、友好、安全可靠、实用的生物特征识别技术引起了社会各界广泛关注，成为当前生物特征识别领域中最活跃的研究领域之一。国际生物特征组织(international biometric group，IBG)[3]给出的2015年各种生物特征所占市场份额的统计结果表明人脸识别技术占有相当大的比例，为15%。

人脸识别作为多学科交叉的研究课题，涉及图像处理、模式识别、计算机视觉、人工智能、信息论、计算机图像学、神经科学、心理学、认知科学、数学与统计学等众多学科的前沿理论及思想。对人脸识别技术进行深入研究必然有助于促进上述相关基础学科的发展，推动多学科的融合与应用，以及挖掘新的研究方向等。因此，人脸识别技术具有重要的理论研究价值[4,5]。另外，人脸识别技术在国家安全、公共社会安全及军事安全领域具有广阔的市场应用前景与潜力，如刷脸支付、安防系统、智能门禁系统、银行及海关的智能视频监控系统等。图1.1给出了国际生物特征组织对2007～2015年生物特征市场的收入统计直方图[3]。从图1.1中可以清晰地看出生物特征市场收入呈现增长的趋势。

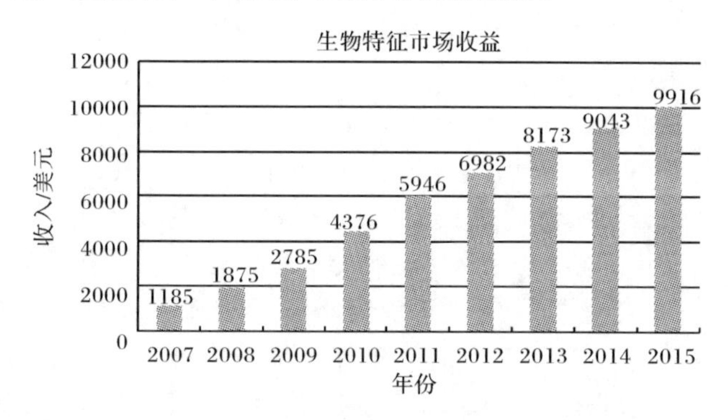

图1.1　2007～2015年生物特征技术市场收入统计直方图[3]

1.2　人脸识别研究综述

1.2.1　起源与发展

关于人脸识别技术的研究可以追溯到Galton[6,7]分别于1888年和1910年在*Nature*杂志上发表的有关如何利用人脸图像进行身份认证的文章。Galton从认知心理学角度探讨与分析了人类自身识别人脸的能力。但真正意义上的自动人脸识别系统的研究工作起源于Bledsoe和Chan[8]于1965年在*Panoramic Research Inc*上发表的有关人脸自动识别的技术报告。20世纪80～90年代初，随着计算机技术、图像处理、模式识别、人工智能、生物医学等诸多学科的快速发展，人脸识别技术的研究也取得了快速发展，并涌现出了大量的理论与算法。尤其是近几十年,复杂多变的国际安全形势,引起了社会各界对人脸识别技术的重视,几乎国内外知名的理工科院校、研究所、IT公司都对人脸识别展开研究。从研究理论及技术路线发展的角度,人脸识别的研究历史大致可以分为三个阶段[4,9]。

1. 第一阶段(1964~1990年)

该阶段主要围绕人脸面部器官包括眼睛、鼻子、嘴巴、下巴等之间的几何结构特征展开研究[10,11]。研究者主要集中于分析各类面部剪影曲线以及提取人脸面部结构图像。在此期间,其他计算机技术也被应用于人脸识别中,较为突出的是人工神经网络。1973年,Kelly博士[12]完成第一篇有关自动人脸识别方面的博士论文。总体而言,这一阶段属于人脸识别研究的初期探索阶段,人脸识别技术未能取得重大突破,当然也未能将其应用于实际中。

2. 第二阶段(1991~1997年)

尽管此阶段的时间相对较短,但人脸识别技术却得到了飞速发展,不仅产生了一系列理论及大量识别方法,而且还将人脸识别技术应用于实际中,并形成了商业化识别系统,如著名的Visionics(现为Identix)的FaceIt识别系统。1991年,美国麻省理工学院的Turk、Pentland及其他学者[13,14]将基于统计学的主成分分析(principal component analysis,PCA)方法引入人脸识别中,并提出了著名的"特征脸"(Eigenface)。在该方法中,任意一幅人脸图像均可以由基向量(特征脸)线性表示。特征脸成为当时重要的理论成果。至今,仍然有许多人脸识别方法将Eigenface作为特征提取的一个重要预处理步骤。1992年,Brunelli和Poggio[15]结合实验验证分析了基于结构特征的人脸识别方法与基于模板匹配的人脸识别方法的性能,并给出了基于模板匹配的方法要优于基于结构特征的方法的结论。基于模板匹配的方法结合Eigenface方法进一步完善了人脸识别方法,并在一定程度上促进了基于表观(appearance-based)的线性子空间和基于统计模式识别技术的人脸识别方法的发展,使之成为人脸识别技术研究的主流方向。

1996年,Belhumeur等[16,17]结合PCA与线性判别分析(linear discriminant analysis,LDA)方法提出了著名的费舍尔脸(Fisherface)方法。由于Fisherface方法利用了训练样本的类别标签信息,因此它的性能要优于Eigenface方法。Fisherface方法同样成为当时最重要的研究成果之一。随后,大量基于Fisherface改进的方法被提出。在此期间,还涌现了其他一些重要的理论和技术,如弹性图匹配(elastic graph matching,EGM)技术[18,19]、局部特征分析(local feature analysis,LFA)技术[20,21]等。

总体而言,人脸识别技术在这个时期得到了快速发展,对于在良好环境下采集到的人脸图像,人脸识别方法均能获得较好的性能。同时,大量成熟的人脸识别技术被成功应用于商业中，大量从事人脸识别研究的企业也随之出现，此时，人脸识别系统才真正开始走进现实生活中。此阶段的发展为后续对非理想状态下采集人脸图像的识别奠定了基础。此阶段的主流技术包括基于二维图像的统计学相关技术、线性子空间技术等。

3. 第三阶段(1998 年至今)

经过第二阶段的快速发展，人脸识别技术已经积累了丰富的成果。第三阶段主要解决在非理想状态下采集人脸图像的识别问题。姿态、光照、表情、噪声、遮挡等外界因素变化成为当前人脸识别技术中亟须解决的问题。为了解决多姿态、多光照等条件下的人脸识别问题，Georghiades 等[22,23]进行了大量实验并提出了光锥模型(iumimation cones model)。Blanz 等[24]提出了三维变形模型(3D morphable model)。2001 年，为了提高人脸识别的速度，Viola 和 Jones[25]两位研究者在国际计算机视觉大会(International Conference on Computer Vision，ICCV)展示了一套实时人脸检测系统。2000 年，有研究表明人脸图像可能位于或近似地位于嵌入高维空间的低维流形上[26,27]。于是，流形学习(manifold learning)技术被引入人脸识别中，利用流形学习方法提取人脸图像的低维特征。流形学习所得到的子空间通常被称为嵌入空间，它是一个非线性空间并且保持了原始样本空间的全局或局部拓扑结构，接近于人类的视觉感知系统，对人脸特征具有更好的表达。近年来，流形学习得到了学术界极大的关注，每年都涌现出大量的相关论文[28-31]。2006 年，Donoho 等[32]提出了压缩感知(compressive sensing，CS)理论并引起了学术界的巨大反响。2009 年，Wright 等[33]将 CS 理论应用于人脸识别中并提出了稀疏表示分类(sparse representation classification，SRC)方法。鉴于稀疏表示分类方法在人脸识别中的成功应用，随后研究者基于此方法提出了大量的扩展方法[34-37]。近几年来，大量基于深度学习(deep learning)的人脸识别方法被相继提出[38-40]，人脸识别技术步入了新的时代。

总之，目前人脸识别技术研究的热点主要集中于人脸图像受外界环境变化影响(如光照、姿态、表情、遮挡等)、对象不配合及大规模人脸数据库上的识别问题。非线性方法、三维人脸建模技术、统计学习理论、多尺度图像分析、稀疏表示及深度学习成为重要研究方向。

1.2.2 国内外研究现状

完整的人脸识别系统包括训练和识别(测试)两个阶段[9,41]，训练阶段的主要任务是利用现有人脸数据库中的人脸图像学习分类模型，识别阶段则是根据训练阶段所得到的分类模型对待检测图像进行识别，具体过程如图 1.2 所示。从图 1.2 可以看出，人脸识别系统大概可分为人脸检测、图像预处理、人脸表征、维数约简、分类与识别五个过程，每个过程所完成的功能是不同的。

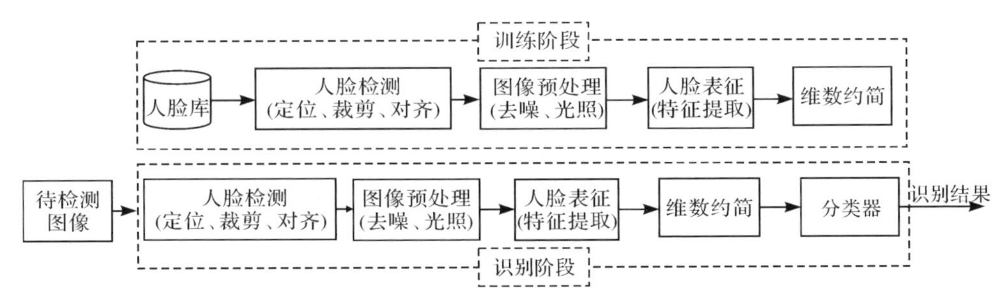

图 1.2 人脸识别系统框架图

(1) 人脸检测：从给定的图像中检测是否包含人脸区域，若是则需要准确定位出人脸区域，然后将其从图像中分割出来，最后需要对人脸图像进行对齐操作。但由于人脸检测很容易受光照、噪声以及遮挡的影响，因此从复杂的背景图像中检测人脸区域仍是具有挑战性的问题。

(2) 图像预处理：主要包括图像去噪与光照归一化。去噪主要是为了抑制或者消除由于图像采集设备以及环境不同所产生的噪声。而光照归一化的目的是去除光照对人脸图像的影响。

(3) 人脸表征：主要任务是选择适当的特征对人脸图像进行表示，该过程常被称为特征提取。对人脸图像可以从不同的角度提取不同类型的特征，如纹理、形状、边缘、亮度等。最后，将这些特征形成高维的人脸表征特征向量。

(4) 维数约简：由于高维数据中包含大量冗余特征，因此直接对高维特征进行识别往往会影响其识别结果。另外，高维数据还会带来所谓的“维数灾难”(curse of dimensionality)问题[16]，这将会极大降低算法的计算效率和性能。因此，维数约简成为人脸识别系统中必备的过程，维数约简方法的研究也成为当前的研究热点问题之一。

(5) 分类与识别：利用分类器对所提取的人脸特征向量进行分类和识别，并判定当前人脸图像的类别属性。分类器在识别过程中起着决策机制的作用，而通常分类器的选择与人脸特征表达具有密切的关联。从理论分析的角度，较好的人脸表达特征利用简单的分类器就能取得较好的识别效果。目前，常用的分类器包括最近邻分类器(nearest neighbor classifer, NNC)[42]、K 近邻分类器(K nearest neighbor classifer, K-NNC)[43]、最小距离分类器(minimum distance classifer, MDC)[44]、贝叶斯分类器(Bayesian classifier)[45,46]、神经网络分类器[47-49]、支持向量机(support vector machine, SVM)[50-52]、隐马尔可夫模型(hidden Markov model, HMM)[53,54]、Adaboost 分类器[55,56]等。

近几十年，随着计算机技术的普及与发展、图像采集设备处理能力的提升、生物工程技术的发展，人脸识别技术也得到了巨大的发展，并涌出了大量人脸识别理论和算法。为了应对目前国际安全复杂多变的形势，国内外研究所、高校及公司开展了大量研究[57,58]。国外著名的研究机构包括美国卡耐基梅隆大学的机器人研究所、马里兰大学的自动化研究所、耶鲁大学、麻省理工学院的多媒体实验室(Media Lab)和人工智能实验室(AI Lab)、微软研究院、英国剑桥大学工程系、法国的 INRIA 研究所、德国的 Bochum 研究所、ATR 研究所、芬兰奥卢大学机器视觉组、日本东京大学、新加坡国立大学等。国内主要包括清华大学、哈尔滨工业大学、中国科学院计算技术研究所、中国科学院自动化研究所、浙江大学、南京大学、南京理工大学、香港理工大学、国防科学技术大学、微软亚洲研究院等。

人脸识别方法可分为基于几何特征的方法、基于子空间分析的方法、基于稀疏编码的方法、基于子空间学习与稀疏编码混合的方法。

1. 基于几何特征的方法

早期的人脸识别方法主要利用人脸面部器官如眼睛、嘴巴、鼻子等局部形状特征及它们分布的几何结构特征，如器官特征之间的欧氏距离、角度、位置等，进行识别与分析[11,12,15]。该类方法具有简单易实现、计算速度快、存储需求低、符合人类思维习惯等优点，但这类方法的精确度完全依赖于几何特征的提取。并且当人脸图像受光照、表情、姿态、遮挡等外部因素影响时，将难以精确提取到人脸图像的几何特征。同时，仅简单采用一般的几何特征而忽略了局部细微特征，将会丢失大量具有判别能力的信息。此外，目前已有的特征点检测技术在精度上也难以满足现实应用中的需求。

2. 基于子空间分析的方法

在人脸识别方法中，通常需将二维人脸图像变成一维列向量，由此造成人脸图像数据具有较高的维数，并且高维数据给模式识别任务带来巨大的挑战。高维数据不但会增加算法的计算复杂度，而且还会降低算法的识别性能，甚至可能会导致“维数灾难”问题和“小样本”(small sample size，SSS)问题[16]。因此，维数约简技术成为人脸识别、机器学习、模式识别等领域中备受关注的技术之一。维数约简技术包括特征提取(feature extraction)与特征选择(feature selection)两大类[59]。本书集中讨论和研究特征提取方法。基于子空间的方法是通过某种线性或非线性变换将高维数据变换到低维空间中从而获得更有用的低维特征，用于分类、可视化等任务，它在降低计算复杂度的同时，也为数据表示提供新的手段[58]。子空间学习方法可分为线性(linear)和非线性(non-linear)两类[60]。根据方法中是否利用数据的标签信息，子空间学习方法又可分为无监督(unsupervised)、有监督(supervised)和半监督(semi-supervised)三类[61]。根据方法中利用的是全局信息还是局部信息，子空间学习方法还可分为基于全局信息的方法(global information based method)和基于局部信息的方法(local information based method)[62]。

经典的线性方法包括PCA[13]、独立成分分析(independent component analysis, ICA)[63]、LDA[16]、非负矩阵分解(non-negative matrix factorization, NMF)[64,65]等。在这些方法中，PCA和LDA两种方法仅仅考虑了数据的二阶统计特征，要求变换之后尽可能去掉原始特征向量各元素的相关性。而ICA方法不仅考虑了高维数据的二阶统计信息，还考虑了更为高阶的统计信息，使得变换之后的特征向量各元素间尽可能独立。PCA、ICA和NMF三种方法均是基于矩阵分解的方法，即将原始高维数据表示为一组基向量的线性组合，但不同的是PCA与ICA两种方法允许基向量矩阵和组合系数矩阵中的元素是负数，而NMF方法则对基向量矩阵和组合系数矩阵强加了非负约束。正因为NMF方法对基向量矩阵和组合系数矩阵加入非负约束，NMF方法才更加符合心理学和生理学对事物的直观解释(即整体由部分组成)并具有更明确的物理意义。因此，NMF方法成为多元统计分析中的必要工具之一。线性方法虽简单且易实现，但它们难以发现高维非线性结构数据的内在结构。因此，为了有效地挖掘高维数据的内在非线性结构，大量非线性方法被相继提出。目前较为流行的非线性方法包括基于核的方法和基于流形学习的方法。

基于核的方法主要通过隐式的非线性核映射将高维数据从原始空间映射到一个更高维甚至无穷维的线性可分的特征空间中，然后采用线性的方法对映射后的样本进行学习。代表性的基于核的方法包括核主成分分析(kernel principal component analysis, KPCA)[66]、核线性判别分析(kernel fisher discriminant analysis, KLDA)[67]和核独立成分分析(kernel independent component analysis, KICA)[68]等。虽然基于核的方法能够很好地处理非线性数据，但它们的性能严重依赖于核函数的选择以及参数的设置，而且核方法的几何意义不明确，也不适用于大规模数据集[69]。

假设高维数据采样于高维空间中的低维流形，流形学习[26,27]的目标是发现嵌入在高维数据中的低维流形结构，并求得相应的低维嵌入映射，从而实现对高维数据的维数约简或可视化。流形学习的本质是挖掘高维数据的内在规律及本征结构。基于流形学习的方法也可分为无监督、有监督与半监督三类。具有代表性的无监督学习方法有等距离特征映射(isometric feature mapping, ISOMAP)[26]、局部线性嵌入(locally linear embedding, LLE)[27]、拉普拉斯特征映射(Laplacian eigenmaps, LE)[28]、局部保持投影(local preserving projection, LPP)[29]、无监督判别投影(unsupervised discriminant projection, UDP)[70]、邻域保持嵌入(neighborhood preserving embedding, NPE)[71]、正交邻域保持投影(orthogonal neighborhood preserving projection, ONPP)[72]、多视角邻域保持投影(multi-view neighborhood preserving projection，Multi-NPP）[73]、稀疏保持投影（sparsity preserving projection，SPP）[74]、图优化局部保持投影（graph optimized locality preserving projection，GoLPP）[75]、稀疏约束的图优化维数约简（graph optimization for dimensionality reduction with sparsity constraint，GODRSC）[76]、自适应图维数约简（dimensionality reduction with adaptive graph，DRAG）[77]等。有监督学习方法包括边缘费舍尔分析（marginal Fisher analysis，MFA）[30]、最大边缘准则（maximum margin criterion，MMC）[78]、局部敏感判别分析（locality sensitive discriminant analysis，LSDA）[79]、局部判别嵌入（local discriminant embedding，LDE）[80]、局部判别投影（local discriminant projection，LDP）[81]、监督局部保持投影（supervised locality preserving projection，SLPP）[82]、多流形判别分析（multi-manifold discriminant analysis，MMDA）[83]、判别多流形分析（discriminative multimanifold analysis，MDA）[84]、多流形局部线性嵌入（multiple manifold locally linear embedding，MM-LLE）[85]等。半监督方法包括半监督判别分析（semi-supervised discriminant analysis，SDA）[86]、半监督子流形判别分析（semi-supervised sub-manifold discriminant analysis，S^3MDA）[87]、半监督局部费舍尔判别分析（semi-supervised local Fisher discriminant analysis，SLFDA）[88]、多流形半监督学习（multi-manifold semi-supervised learning，MMSSL）[89]等。

尽管上述大量线性与非线性方法在人脸识别中已取得了较好的性能，但它们的性能很容易受真实人脸图像中的姿态、光照、面部表情等变化的影响。文献[90]指出，由光照和视角变化所引起的同一个人的人脸图像差异往往要明显大于不同人的人脸图像的差异。于是，为了克服基于全局信息人脸识别方法的缺点，大量基于局部信息的方法（或称为子模式方法（sub-pattern method））被相继提出[91-101]，该类方法主要从不同层次的局部提取人脸面部特征。模块化主成分分析（modular PCA，ModPCA）[91]和子模式主成分分析（sub-pattern based PCA，SpPCA）[92]是两种著名的局部人脸识别方法。ModPCA 和 SpPCA 的共同点是将原始人脸图像划分为很多较小的子图像（或称为子模式），然后，ModPCA 方法将所有子模式看成整体并利用 PCA 方法提取子模式特征；而 SpPCA 方法是将原始人脸图像相同位置的所有子图像组合形成子模式集，并分别对每个子模式集利用 PCA 方法提取子特征向量集，然后将所有子模式集所得到的子特征向量合并形成全局特征用于后续的识别。尽管 SpPCA 方法可以很好地克服 ModPCA 方法忽略子模式空间结构位置信息的缺点，但 SpPCA 方法仍然存在不足，即忽略了人脸图像不同子模式对后续识别任务的不同贡献。为此，Tan 等[93]提出了自适应加权子模式主成分分析（adaptively weighted sub-pattern PCA，Aw-SpPCA）方法。在 Aw-SpPCA 方法中，每个子模式的权值是通过计算每个子模式中的样本与原型集之间的相似度得到的。文献[94]基于 PCA 提出了一种称为交叉子模式相关主成分分析(cross-sub-pattern correlation based PCA,SubXPCA)的人脸识别方法。SubXPCA方法结合SpPCA与全局PCA两种方法并充分考虑了数据的全局与局部特征。它首先利用SpPCA方法提取人脸图像低维子模式特征,然后再对低维子模式特征使用全局PCA方法提取人脸图像的全局特征。因此,SubXPCA方法在计算效率和求解主成分两个方面均要优于全局PCA。除了PCA方法,其他维数约简算法也被扩展应用于局部人脸识别中。文献[95]基于Gabor算法提出了一种加权子模式Gabor(weighted sub-Gabor)方法用于人脸识别。在该方法中,首先对所有人脸图像进行子模式划分;然后分别通过一系列Gabor滤波和K-L(Karhunen-Loeve)变换提取人脸局部特征;最后利用所提取的特征训练分类器进行识别。文献[96]基于NMF方法提出了子模式非负矩阵分解(sub-pattern based non-negative matrix factorization,SpNMF)方法,该方法分别在每个子模式集上执行NMF方法获得人脸图像的局部特征。文献[97]提出了一种基于局部岭回归(local ridge regression,LRR)的有监督学习方法。文献[98]指出不仅整幅人脸图像集位于低维流形上,而且它们的子模式集也同样位于嵌入高维空间中的一个平滑低维流形上。于是,为了更好地发现人脸图像局部子模式的低维流形结构,Wang等[98]将子模式思想引入LPP方法中,并提出了自适应加权子模式局部保持投影(adaptively weighted sub-pattern locality preserving projection,Aw-SpLPP)方法用于人脸识别。由于Aw-SpLPP方法不仅能有效地保持子模式集的本征几何结构,而且还考虑了不同子模式对图像识别的贡献差异,因此Aw-SpLPP方法可以有效地提取人脸局部特征,从而提高算法的鲁棒性。然而,Aw-SpLPP方法在提取局部特征过程中忽略了数据所携带的类别标签信息的先验知识,Lu等[99]进一步提出了基于局部匹配的有监督局部保持投影(local matching based supervised locality preserving projection,LM-SLPP)方法。最近,有研究者[100]指出,人脸全局结构特征和人脸局部特征之间的结构关系对人脸识别起着非常重要的作用。因此,Wang等[101]认为同幅人脸图像的不同子模式之间并非相互独立的,而是相互关联的,并提出了一种结构保持投影(structure preserved projection,SPP)的特征提取方法。

3. 基于稀疏编码的方法

最近几年,利用人眼视觉神经系统与图像具有稀疏性的特性,基于稀疏表示(sparse representation,SR)的方法被广泛应用于图像处理、计算机视觉、模式识别等领域。2009年,Wright等[33]首次提出了基于稀疏表示分类(sparse representation based classification,SRC)的方法用于人脸识别,并且取得了较好的结果。SRC方法首先将测试样本用训练样本进行稀疏表示,然后根据每类样本的重构误差进行分类。目前,大量稀疏编码算法被提出,根据文献[102]稀疏编码方法大致可分为以下五类。

1) 重构误差稀疏编码

该类方法旨在设计不同的优化算法来学习最优字典，并且最小化重构误差，找到相对应的稀疏表示系数。具有代表性的优化算法包括匹配追踪(matching pursuit,MP)[103]、正交匹配追踪(orthogonal matching pursuit,OMP)[104]和基追踪(basis pursuit,BP)[105]等。

2) 有监督稀疏编码

该类方法利用高维数据自身携带的标签信息学习一个超完备字典与相应的稀疏表示系数。Pham 等[106]考虑了类别标签与线性预测分类误差，提出了一种字典重构与分类器学习的联合框架。Zhang 等[107]利用监督学习的思想，将字典学习与分类器参数学习整合到同一目标函数中，并提出了一种判别 KSVD(discriminative K-SVD,D-KSVD)方法。该方法既可以学习到具有重构与判别能力的字典，又可以学习到分类器参数。Jiang 等[108]结合数据的标签信息和分类误差对 D-KSVD 方法进一步扩展，提出了类别标签一致 K 均值奇值分解(label consistent KSVD,LC-KSVD)方法。该方法通过引入类别标签一致性约束，并将其与重构误差和分类误差形成统一的目标函数来学习一个超完备字典和一个最优的线性分类器。在众多应用领域中，难以获取数据的标签信息，然而数据间的成对约束相对容易获取。Guo 等[109]利用数据间的成对约束提出了一种判别字典学习方法，首先构建成对稀疏编码误差，然后将其与分类误差以及重构误差形成统一的目标函数。上述方法均是对所有样本学习一个统一的字典，而不是对每类样本都学习一个字典，因此，它们不能利用重构误差进行分类而只能利用稀疏编码的判别信息进行识别。

3) 判别稀疏编码

判别信息在识别任务中起到非常重要的作用[110]。不同于有监督稀疏编码方法直接利用数据的类别标签信息，判别稀疏编码方法是将类可分性准则整合到稀疏编码目标函数中。比较流行的类可分性准则包括软最大值函数[111](softmax function)、费舍尔(Fisher)判别准则 [112]和 Hinge 损失函数[113]等。Mairal 等[111]利用经典的软最大值函数作为判别代价函数来约束稀疏编码。该方法通过增加重构误差的判别能力来增加字典的判别能力，即体现为一个具有判别能力的字典应使每类字典对同类样本的重构误差较小，而对不同类样本的重构误差较大。Yang 等[112]将费舍尔判别准则引入稀疏编码中，确保稀疏表示系数具有较大的类间散度与较小的类内散度，同时约束每类字典尽可能重构同类样本，而不能重构其他类样本。因此，该方法不仅能使字典具有判别信息，同时还能使稀疏表示系数具有判别信息。Lian 等[113]结合 Hinge 损失函数与稀疏编码提出了最大间隔字典学习(max-margin dictionary learning)方法用于多类图像分类。

4) 结构稀疏编码

稀疏表示系数向量不仅具有稀疏性，而且可能还存在某种结构属性，如线(line)、树(tree)和图(graph)等，如图1.3所示。因此，有研究者提出了结构稀疏编码(structured sparsity coding，SSC)[114]方法。SSC方法是基于标准稀疏编码(sparse coding，SC)方法进行的扩展。它主要利用了图像的先验知识来修改惩罚约束项促使所学到的特征按照一定规则排列，从而能够学到具有一定结构特性的字典。目前，大量基于结构稀疏编码的方法被相继提出，它们主要利用组稀疏(group sparse)[115]与层次稀疏(hierarchical sparse)[116]对重构误差稀疏编码方法进行扩展。Yuan等[115]考虑到稀疏表示系数之间的组或者块结构依赖关系，将LASSO扩展为组LASSO(group LASSO)，又称为组稀疏。文献[115]中所指的组稀疏为一般非重叠的组稀疏(non-overlapping group sparsity)，即将稀疏表示系数变量分为几个互不重叠的组。尽管组稀疏能成功地以群组为单位进行稀疏约束，但在实际问题中，不同群组的特征之间可能存在重叠，其中比较特殊的是输入变量之间存在树结构。于是，Jenatton等[116]利用层次稀疏诱导范数学习到层次字典解决了树结构稀疏分解问题。近年来，多视角学习(multi-view learning)成为机器学习领域中又一热门研究课题，多视角学习是指利用事物的多个视角对其内在的模式进行学习和识别。Jia等[117]将结构稀疏引入多视角学习框架中学习到一个潜在的子空间。Zhang等[118]将多视角分类任务看成联合稀疏表示问题提出了一种联合动态稀疏表示分类(joint dynamic sparse representation based classification，JDSRC)方法。该方法通过联合动态稀疏先验分析了同一物体的不同视角特征之间的相互关系，并在稀疏编码过程中约束同一物体、不同视角特征的稀疏表示系数在类级别上具有相同的稀疏程度。Yang等[119]认为同一物体的不同视角特征对模式表示和分类应该具有不同的贡献，因此，他们在编码与分类过程中考虑了不同视角特征之间的相似性与差异性，并提出了松弛协同表示(relaxed collaborative representation，RCR)方法。

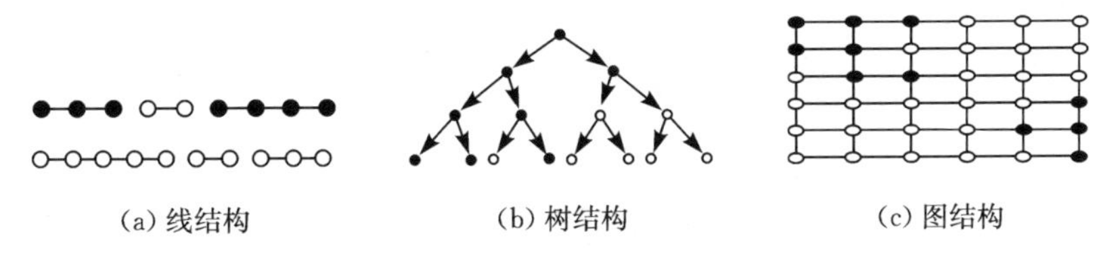

(a) 线结构　(b) 树结构　(c) 图结构

图1.3 稀疏表示向量不同结构的示意图[114]

5) 图正则化稀疏编码

该类方法主要在稀疏编码过程中采用不同的图正则化来保持数据的局部几何结构关系。传统的稀疏编码仅强调字典的超完备性，但在编码过程中忽略了样本的局部几何结构关系。然而有研究表明,数据之间的几何关系对图像表示具有非常重要的作用[120]。为了在稀疏编码过程中较好地保持数据的局部几何结构关系,Zheng 等[121]将图拉普拉斯正则项引入稀疏编码框架中来保持数据分布的局部几何结构,并提出了图正则化稀疏编码(graph regularized sparse coding, GraphSC)方法。然而,由于 GraphSC 方法是基于图拉普拉斯的,因此容易造成稀疏坐标趋于(或者偏向)一个常量,同时拉普拉斯嵌入不能很好地保持数据的局部拓扑关系[122]。所以,Zheng 等[123]基于二阶海森能量(second-order Hessian energy)提出了海森稀疏编码(Hessian sparse coding, HessianSC)方法。如果数据点位于或者近似位于特征空间的低维子流形,那么二阶海森能量可以得到一个对应测地距离线性变化的函数,因此,HessianSC 方法利用海森能量作为平滑算子来保持流形局部结构,可以使其得到的稀疏表示比原始稀疏编码方法和 GraphSC 方法更具有平滑性与判别能力。Gao 等[124]通过构建超图(hypergraph)来保持特征空间局部一致性,提出了超图拉普拉斯正则化稀疏编码(hypergraph Laplacian sparse coding, HLSC)方法。超图与传统图模型的不同之处在于,超图的超边可以关联多个节点,它能够对存在高阶关联关系的变量进行有效的表达[125],因此,HLSC 方法能够捕获超图中同一超边关联的多个实例之间的相似性,同时还能使它们具有相似的稀疏表示系数。虽然文献[121]~[124]均考虑了数据的局部几何结构,但它们均属于无监督学习方法,忽略了数据自身所携带的类别标签信息。此外,它们均假设不同类的样本来自同一特征空间流形上,并试图对所有样本寻找一个共同的字典与稀疏编码,从而导致了邻近中不同类样本很可能具有相似的编码。为了解决上述问题,Wang 等[126]认为不同类别的高维数据应位于不同流形上并具有本征差异,同时不同类别数据的字典与稀疏编码的学习策略也应不同。于是,作者提出了一种多流形判别稀疏编码(discriminative sparse coding on multi-manifolds, Multi-DSC)方法,从数据特征与类别标签矩阵中学习到具有判别信息的编码。

4. 基于子空间学习与稀疏编码混合的方法

Qiao 等[74]利用高维训练样本集合中任意样本均可由剩余其他样本稀疏重构并在低维空间中保持样本之间的稀疏重构系数不变的特性,提出了稀疏保持投影(sparsity preserving projection, SPP)方法。因为 SPP 方法属于一种无监督学习方法,在特征提取过程中没有考虑到数据的类别标签信息,所以 Zang 等[127]利用数据所携带的标签信息来提高 SPP 方法的分类性能,并提出了判别学习稀疏表示(discriminative learning by sparse representation, DLSP)方法。DLSP 方法同时考虑了样本的局部类间几何结构与稀疏性,因此,它不仅具有稀疏重构的优点,而且还具有更好的判别能力[127]。Clemmensen 等[128]通过对投影向量加入稀疏约束提出了稀疏线性判别分析(sparse discriminant analysis,SDA)方法。SDA 方法通过对特征向量加以稀疏约束,使获得的稀疏投影向量用于特征表示具有更好的解释性。Lai 等[129]提出了稀疏二维局部判别投影(sparse two-dimensional local discriminant projection,S2DLDP)方法。S2DLDP 方法是基于图框架的特征提取方法的稀疏扩展版本,其结合了谱分析和 ℓ_1 范数回归,并通过使用弹性网(elastic net)学习稀疏投影。Lai 等[130]提出了一种新的稀疏二维投影(S2DP)方法用于提取图像特征。S2DP 方法通过迭代使用弹性网与奇异值分解学习稀疏投影矩阵,并从理论分析证明了最优稀疏子空间近似于通过求解相应的广义特征值分解问题获得的特征子空间。S2DP 方法是一个通用框架,大多数已有的二维投影方法均能扩展为稀疏投影方法。与基于向量的稀疏投影方法相比,S2DP 方法节省了大量的时间和空间。颜色在人脸识别中起着重要性作用,Wang 等[131]基于张量提出了稀疏张量判别颜色空间(sparse tensor discriminant color space,STDCS)方法用于人脸认证。不同于原始基于灰度图像张量的方法,在文献[131]中,将一幅彩色人脸图像看成三阶张量。STDCS 模型不仅能保持颜色图像的潜在空间结构,同时还能增强其鲁棒性和产生直观的语意解释。STDCS 方法首先将特征值分解问题转换为一系列回归问题;然后在回归问题上应用 LASSO 方法与弹性网方法来获得一个系数颜色空间转换矩阵和两个稀疏判别投影矩阵。

虽然上述方法[74,128-131]均利用了稀疏表示思想,但它们并没有真正地将稀疏编码与维数约简融合到统一框架中。2012 年,Zhang 等[76]提出了稀疏约束图优化(graph optimization for dimensionality reduction with sparsity constraint,GODRSC)模型用于维数约简。GODRSC 方法将投影矩阵与稀疏表示系数学习整合到统一框架中,即同时求解稀疏表示系数与投影矩阵。GODRSC 方法的本质也是在变换空间中学习稀疏关系图,因此,它可以看成 SPP 方法的扩展。Zhang 等[132]结合 PCA 方法与稀疏表示提出了一种无监督稀疏降维方法,该方法所学习到的投影矩阵既能使投影空间中的稀疏表示重构误差小,又能很好地重构原始数据。然而,文献[76]与[132]中的方法均属于无监督方法,它们都没有考虑到数据的类别标签信息。于是,Yang 等[133]结合 LDA 方法的思想提出了稀疏表示分类指导判别投影(SRC steered discriminative projection,SRC-DP)方法,SRC-DP 方法通过最大化类间重构误差与类内重构误差的比值来获得投影矩阵。Huang 等[134]利用组稀疏正则项提出了一种称为监督投影稀疏编码(supervised and projected sparse coding,SPSC)的子空间学习方法用于图像分类。

虽然文献[76]、[132]～[134]中的方法结合了维数约简与稀疏编码两个过程,但它们仍然利用原始训练样本作为字典。为了充分利用训练样本的判别信息提高算法的性能,Zhang 等[135]基于投影空间中同类字典对同类样本的重构误差应该要远小于不同类字典重构误差的思想,提出了一种同时学习最优的判别投影矩阵与字典的方法用于模式识别。在该方法中,同样采用迭代更新的方法求解字典与投影矩阵。Feng 等[136]基于费舍尔判别字典学习[112]提出了联合判别维数约简与字典学习(joint discriminative dimensionality reduction and dictionary learning,JDDRDL)方法用于人脸识别。该方法的目的是希望所学习到的投影矩阵既尽可能保持原始训练样本的能量(最大化样本的总体方差),又能保证不同类的样本在投影空间中更好地分开(最大化类间散度矩阵和最小化类内散度矩阵)。同时,希望所学习到的字典既能够很好地重构低维样本,又能保证同类样本的稀疏表示系数在由同类字典张成的空间中彼此相近。文献[135]和[136]中的方法仅仅考虑到了数据的全局结构信息,但忽略了数据的局部结构信息。于是,Ptucha 等[137,138]联合优化流形学习与稀疏表示提出了一种被称为线性图嵌入 K 均值奇异值分解(linear extension of graph embedding K-means-based singular value decomposition,LGE-KSVD)的鲁棒性稀疏表示分类方法。与文献[135]和[136]的不同之处在于,LGE-KSVD 方法考虑了数据的流形结构来优化字典学习,所以,LGE-KSVD 方法能够取得较好的性能。此外,LGE-KSVD 方法可以同时学到维数约简矩阵、稀疏表示字典、稀疏系数及稀疏分类器。

1.2.3 人脸识别的难点

人们可以从复杂场景中轻易地辨别出人脸,但对于自动人脸识别系统却是一个极具难度的问题。尽管人脸识别技术经过几十年的发展已经取得很大突破,但人脸识别中仍然面临众多实际问题需要解决,主要表现如下。

1. 人脸特征与结构相似性问题

正因为人脸与其他生物特征相比具有相对稳定的特征与结构,人脸识别才成为可能,但人脸结构的高度相似性造成不同人的人脸图像在高维空间中的距离非常接近,这给人脸识别带来巨大的挑战。在统计学中表现为类内散度大于类间散度的统计模式识别问题。此外,人脸具有复杂的三维非刚性结构,很容易受各种成像条件的影响,难以用精确的数学模型进行描述[139]。

2. 光照变化问题

由于光线强度及光线颜色变化等均会造成人脸图像发生相应的变化,甚至可能导致人脸图像的部分特征缺失,因此极容易造成“同一个人在不同光照条件下采集的人脸图像的差异要远大于不同个体之间的图像差异”[140]。此外,国际权威 FERET 测试与 FRVT 测试结果表明,在光照变化条件下人脸识别方法的性能会急速下降[141]。近年来光照问题已经引起了研究者的广泛关注,但复杂多变的光照变化问题仍然是人脸识别领域中的重要研究课题,仍需要深入研究。

3. 姿态变化问题

在人脸识别中，正面人脸图像最能体现人脸面部特征信息。但在非理想状态条件下则难以获取待识别者的正面图像，而侧面图像可能存在人脸图像部分特征丢失的情况以至于降低识别效果。另外，由于人脸姿态变化具有多样性，因此将会造成个体内的人脸图像具有很大差异。所以，如何研究姿态变化对人脸识别技术的影响也成为具有挑战性的问题。

4. 表情变化问题

人脸面部表情变化容易引起人脸面部特征发生变化，而人脸面部表情又极易受外界环境变化的影响。同一人在不同环境下，即使是同样的心情反映到人脸面部的表情也可能存在差异，这造成了人脸图像特征的不稳定性。而且，从不同视角观察人脸面部表情也同样具有较大的差别，必然会造成个体类内的差异大于个体类间的差异，从而降低人脸识别方法的性能。

5. 年龄变化问题

随着年龄的增长，人脸的外形与纹理也会随之发生相应的变化，导致人脸特征发生变化。文献[142]也表明，当待识别者的人脸图像与人脸图像数据库中的人脸图像存在年龄差异时，人脸识别方法的性能将会受到明显的影响。在人脸识别系统中，适应个体年龄变化问题即系统对时间自适应问题。但由于难以采集到不同年龄段人群的样本，因此只能从算法本身的角度出发设计出适应性较强的人脸识别技术。

6. 遮挡与化妆问题

在实际生活中人们通常会佩戴眼镜、围巾、口罩、帽子等饰物遮挡面部，而外界景物也可能遮挡人脸面部区域，这都会导致采集的人脸图像模糊及信息不完整。另外，随着社会的发展，面部化妆与整容整形技术日益成熟，使得人脸表观具有很大可变性，这也将会造成人脸图像特征丢失或被模糊。图像模糊及图像特征丢失极容易影响后续识别效果，因此，如何消除遮挡与化妆对人脸识别技术的影响也是一个值得研究的问题[143]。

7. 高维小样本问题

随着采集设备能力的提升，人们能够获取高分辨率人脸图像，每一幅人脸图像包含成千上万的原始像素特征。虽然高分辨率人脸图像能够为人脸识别提供更加丰富的信息，但对于每个个体，仅能获取少量样本，这将导致机器学习与模式识别中“维数灾难”和“小样本”两大问题的出现。在这种情况下，难以保证人脸识别系统具有良好的泛化能力与适应性。此外，“维数灾难”问题还会增加存储空间的需求以及计算复杂度，从而限制了人脸识别系统的实用性。

8. 大规模数据问题

构建大规模人脸数据库必然有助于解决人脸识别技术中的某些难题，但大规模数据同时也给现有识别算法带来新的问题。从不同姿态角度和不同光照条件下收集大量待识别者的人脸图像将会造成人脸数据库中待识别人脸图像数目增加、存储空间增大、数据访问及检索时间变长、识别算法的性能下降等。因此，在保证大规模人脸图像数据库的应用性能前提下，如何提高人脸识别算法的性能也是当前急需解决的问题之一。此外，随着采集数据能力的提升，如何有效地管理与使用大规模数据库及如何合理分配特征存储空间与控制检索时间等将会直接影响未来人脸识别技术的发展。

9. 泛化能力问题

目前很多算法都是针对已有的人脸图像数据库进行学习的，并且往往对训练样本具有很好的识别效果，但在实际生活中人脸图像很容易受众多因素变化的影响，造成现有数据与已有数据分布之间存在很大的差异，以至于人脸识别算法的识别结果出现严重偏差。因此，如何提高算法的泛化能力以及算法对新数据的自适应能力也将成为研究的热点课题。

1.3　常用数据库介绍

1. ORL 人脸图像数据库

ORL 人脸图像数据库[144]又称 AT&T 数据库，它是由剑桥大学 AT&T 实验室构建的。ORL 人脸图像数据库属于小型人脸数据库，库中共包括 40 个个体的 400 幅正面人脸图像，每个个体均有 10 幅人脸图像。所有人脸图像具有简单且单一的背景，部分图像具有表情、姿态和饰物变化。

2. Yale 人脸图像数据库

Yale 人脸图像数据库[145]由耶鲁大学计算视觉与控制中心创建而成。该数据库同样属于小型人脸图像数据库，库中仅包括 15 个个体的 165 幅正面人脸图像，每个个体均有 11 幅人脸图像。人脸图像包括光照变化（如左光、中心光、右光）、表情变化（如正常、高兴、悲伤、惊讶、眨眼等）、是否佩戴眼镜等。

3. 扩展 YaleB(Extended YaleB)人脸图像数据库

扩展 YaleB 人脸图像数据库[146]包含 38 个对象的 2414 幅正面人脸图像，每个对象约有 64 幅在实验室可控光照条件下采集的人脸图像。该数据主要用于测试算法对光照变化的鲁棒性。

4. CMU PIE 人脸图像数据库

CMU PIE 人脸图像数据库[147]由美国卡耐基梅隆大学创建而成。该数据库中包含 68 个志愿者的 41368 幅具有姿态、光照、表情变化的人脸图像。该数据库中每个人的图像包含 13 种姿态、43 种光照和 4 种表情变化，而这些图像分别是在 13 个同步摄像机和 21 个闪光灯环境下采集的。该数据库也是人脸识别领域中一个重要的测试集。

5. AR 人脸图像数据库

AR 人脸图像数据库[148]于 1998 年由西班牙巴塞罗那计算机视觉中心创建。AR 数据库由 126 个对象(包括 70 个男性和 56 个女性)的 4000 多幅正面人脸图像组成。该数据库中的人脸图像具有光照、表情、遮挡(包括墨镜和围巾)等变化。该数据库既可以用于人脸识别，也可以用于表情识别。同时，该数据库也常被用于测试算法对遮挡影响的鲁棒性。

6. FERET 人脸图像数据库

FERET 人脸图像数据库[149]是由美国国防部为促进人脸识别算法的深入研究与提高人脸识别算法的实用性而创建的大型数据库。该数据库包含 1000 多个个体的 14051 幅人脸图像，数据库中的人脸图像具有不同光照、姿态视角、表情等变化。与其他数据库不同，该数据库中的人脸图像还具有时间间隔变化，时间间隔长达 3 年之久。该数据库分为训练集(train set)、参考集(gallery set)和测试集(test set)三部分。

7. UMIST 人脸图像数据库

UMIST 人脸图像数据库[150,151]是由英国曼彻斯特大学构建的一个多视角数据库。该数据库包含来自不同种族具有外貌与姿态变化的 20 个个体的 575 幅人脸图像，人脸图像从侧面到正面具有较大的姿态变化。该数据库主要用于姿态识别与姿态偏转问题的构建及分析。

8. MIT 人脸图像数据库

MIT 人脸图像数据库[14]由美国麻省理工学院多媒体实验室创建，其中包括16 位志愿者的 2592 幅人脸图像，人脸图像具有姿态、光照及人脸面部大小变化。

9. CAS-PEAL 人脸图像数据库

CAS-PEAL 人脸图像数据库[152]由中国科学院自动化研究所创建。该数据库包含 1040 名不同中国人的 99450 张头肩部图像。主要包括姿态、表情、饰物及光照变化，部分图像具有背景、距离及时间跨度变化。该数据库是目前公认的大规模亚洲人脸数据库，主要用于对算法进行综合性测评。

10. KFDB 人脸图像数据库

KFDB 人脸图像数据库[153]由在严格可控环境下采集到的 1000 名韩国人的52000 幅面部图像，人脸图像具有光照、表情姿态变化。

11. BANCA 人脸图像数据库

BANCA 人脸图像数据库[154]来源于欧洲 BANCA 计划，该数据库包括 208 个个体的不同时间段的 2496 幅人脸图像。

12. CBSR 近红外人脸图像数据库

CBSR 近红外人脸图像数据库[155]由中国科学院自动化研究所生物特征识别与安全研究中心创建而成。该数据库中包含 200 个个体的 2800 幅近红外人脸图像，其中每个人包含 7 幅可见光图像和 7 幅红外图像。

13. PolyU 近红外人脸图像数据库

PolyU 近红外人脸图像数据库[156,157]由香港理工大学创建。该数据库包含335 个个体的 34000 幅近红外图像。

14. LFW 人脸图像数据库

LFW(labeled faces in the wild)人脸图像数据库[158]是一个大型人脸数据库，包含 5749 个个体的 13233 幅目标人脸图像。由于数据库中所有图像采集于真实无约束环境条件下，因此人脸图像的表情、姿态、光照和对齐具有很大的变化。

1.4 本书主要工作和结构安排

1.4.1 主要研究内容

本书主要针对已有的人脸识别方法所存在的问题进行扩展研究。在现有的人脸识别方法基础上，提出六种人脸识别方法，并将它们与目前的主流方法进行比较，大量的实验结果验证了本书所提出方法的有效性和可行性。本书的主要工作和创新之处归纳如下。

(1) 局部敏感判别分析(locality sensitive discriminant analysis，LSDA)作为一种有效的基于流形学习的特征提取方法被提出，其主要通过分析高维数据的局部流形结构，使近邻中同类样本点在低维子空间中更近，同时不同类的样本点彼此相互远离。然而，LSDA 方法仅仅考虑了高维数据流形的局部信息，因此不能有效地处理包含局外点(outlier)的数据集。为了有效地解决这个问题，在第 3 章提出一种改进的局部敏感判别分析(improved locality sensitive discriminant analysis，ILSDA)的特征提取方法。在 ILSDA 方法中，通过引入类内散度矩阵，并最小化类内散度矩阵使局外点与其类中心更近。因此，ILSDA 不仅可以保持数据的局部判别邻域结构，而且能够得到更为紧致的低维特征。另外，为了提高算法的计算效率，本书提出一种有效的方法来实现 ILSDA 方法。最后将 ILSDA 方法分别在三个标准人脸图像数据库和两个基因数据库上进行实验，大量实验结果验证了 ILSDA 方法的可行性和有效性。

(2) 理想的局部特征表示不仅可以减少数据间的冗余性，而且还能更好地解释“局部构成整体”的概念。为此，研究者们在非负矩阵分解 NMF 算法的基础上通过引入不同的约束对 NMF 算法进行扩展并将其用于图像识别、文本聚类等众多领域。尽管改进的算法在不同应用领域都取得了良好的效果，但是它们没有同时考虑基底图像的稀疏性、高维数据的类标签信息及局部几何判别结构信息以至于降低了这些算法的性能。因此，本书在充分考虑了上述三方面因素，在第 4 章提出结构约束判别非负矩阵分解(structure constraint discriminative non-negative matrix factorization，SCDNMF)的特征提取方法。首先，SCDNMF 方法引入像素散布惩罚(pixel dispersion penalty，PDP)约束项，用于描述基图像中非零像素值的分散程度，从而实现保留基图像的空间局部结构信息使得低维特征更具有局部特征的目的。其次，为了提高算法的分类性能，SCDNMF 算法通过利用数据的类别信息和局部结构信息构建类内图、邻域图和类间邻域图。因此，SCDNMF 算法所提取的低维特征同时具有结构局部稀疏性和判别能力。此外，本书提出一种新的迭代更新优化策略求解目标函数。最后，分别在两个标准人脸图像数据库和物体识别数据库上测试了 SCDNMF 算法的性能。大量的实验结果表明，SCDNMF 算法显著优于其他特征提取算法。

(3) 有监督 SNMF(supervised NMF，SNMF)作为一类有效的特征提取方法已经被广泛应用于各种领域。然而，SNMF 方法需要大量标签训练样本数据才能获得较好的性能，同时它们在特征提取过程中并没有利用未标记样本的信息。于是，为了充分利用标记样本与未标记样本的信息来改善 NMF 方法的分类性能，结合标签传递(label propagation，LP)与矩阵分解(matrix factorization，MF)技术提出基于标签传递的半监督非负矩阵分解(label propagation based semi-supervised non-negative matrix factorization，LpSNMF)方法。首先，LpSNMF 方法通过引入 LP 技术有效地克服了半监督 NMF 方法没有利用标记样本与未标记样本的空间分布信息的缺点。其次，LpSNMF 方法将 LP 技术与 NMF 方法整合到统一框架下，实现了低维特征提取与训练集中未知样本的标签预测的双重目的。接着，提出一种交替迭代优化算法求解目标函数，并分别从理论分析与数值实验两方面证明了算法的收敛性。最后，通过大量实验验证 LpSNMF 方法的有效性。

(4) 为了缓解光照、表情、姿态等外界因素变化对基于全局信息的人脸识别方法性能的影响，研究者们提出了大量基于局部信息的人脸识别方法。结构保持投影(structure preserved projection，SPP)方法作为一种有效的局部人脸识别方法被提出。然而，SPP 方法在特征提取过程中没有充分考虑到数据的类别标签信息与人脸图像的二维空间结构信息，在一定程度上降低了低维特征的判别能力和减弱了 SPP 方法的分类性能。为了克服 SPP 方法的缺点，本书提出了空间平滑判别结构保持投影(spatially smoothed discriminant structure preserved projections，SS-DSPP)有监督局部人脸识别方法。首先，为了增加低维特征的判别能力，SS-DSPP 方法充分利用数据的类别标签信息构建类内邻域图与类间邻域图。其次，为了在特征提取过程中能够保持人脸图像的二维空间结构信息，本书利用基矩阵空间邻域像素的散度提出一种简单且灵活的空间平滑约束(spatially smooth constraint，SSC)准则。最后，在四个标准的人脸图像数据上测试 SS-DSPP 方法的有效性和可行性。大量实验结果验证了 SS-DSPP 方法的性能显著优于其他对比方法。

(5) 尽管有监督局部人脸识别方法的性能要优于全局方法及无监督局部方法，但有监督局部方法需要标记大量样本才能获得较好的性能，且其无法处理包含未标记样本的训练集。而且，它们也忽略了不同子模式集潜在的互补关系。为了解决上述问题，本书整合自适应加权多图标签传递(adaptive weighted multiple graphs based label propagation，AWMGLP)与局部岭回归(local ridge regression，LRR)提出半监督局部岭回归(semi-supervised local ridge regression，SSLRR)方法。SSLRR 方法利用了未标记样本与标记样本的信息，同时考虑了子模式集之间的相互关系。而且，SSLRR方法还能避免“样本外”(out-of-sample)问题。尤为重要的是，SSLRR方法同时实现了训练集中未知样本标签预测与分类器学习的双重目的。此外，本书提出一种简单且有效的迭代更新优化算法求解SSLRR方法目标函数的局部最优解，同时从理论分析与数值实验证明算法的收敛性。大量实验结果表明，SSLRR方法的性能要显著优于其他对比方法。

(6) 受压缩感知理论的启发，稀疏表示(稀疏编码)技术已经广泛、成功地应用于信号、图像、视频处理和生物识别等领域中。尤其是稀疏表示分类算法(sparse representation-based classification，SRC)在人脸识别领域中受到了广泛应用，并且大量基于SRC的扩展方法被提出。然而，这些方法的性能同样容易受人脸图像的光照、表情、姿势和遮挡等变化因素的影响。为了克服上述方法的局限性，本书提出一种称为基于局部约束的联合动态稀疏表示分类(locality constrained joint dynamic sparse representation-based classification，LCJDSRC)的鲁棒的人脸识别算法。LCJDSRC算法是一种基于局部信息的多任务学习算法。该算法不仅充分地考虑了来自同一幅人脸图像中不同子图像间的潜在关系，同时也考虑了数据的局部结构信息。首先，同样将一幅完整的人脸图像划分成几个较小的子图像块。然后，利用提出的局部约束的联合动态稀疏表示算法联合表示这些子图像块。接着，融合所有子图像块的稀疏表示重构误差，并获得最终的识别结果。最后，将LCJDSRC方法与当前比较主流的人脸识别方法分别在四个标准人脸图像数据库上进行大量的实验，实验结果验证了LCJDSRC算法的有效性。

本书的主要工作及结构安排如图1.4所示。

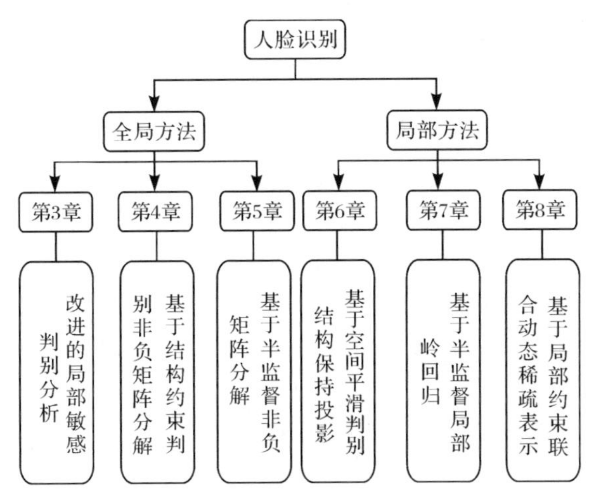

图1.4　本书的主要工作及结构安排

1.4.2 结构安排

本书内容分为 9 章进行展开。

第 1 章:绪论。首先,介绍人脸识别方法研究的背景及意义;然后,回顾人脸识别技术的不同发展阶段及国内外发展现状;接着,分析人脸识别面临的挑战与问题并简单介绍目前常用的标准人脸图像数据库;最后,给出本书主要内容及结构安排。

第 2 章:人脸识别方法简述。从全局和局部角度详细介绍现有比较主流且相关的人脸识别方法,并分析各种方法的优缺点。

第 3 章:改进的局部敏感判别分析。首先,分析局部敏感判别分析算法的优缺点;然后,针对局部敏感判别分析方法不能有效地处理局外点的问题,通过引入类内散度矩阵提出一种改进的局部敏感判别分析的特征提取方法。

第 4 章:基于结构约束判别非负矩阵分解方法。首先,分析非负矩阵分解算法及其扩展算法的优缺点;然后充分考虑基矩阵稀疏性、高维数据的类别标签信息及局部判别几何结构信息,提出一种基于结构约束的判别非负矩阵分解的特征提取方法。

第 5 章:基于半监督非负矩阵分解的全局人脸识别方法。首先,分析有监督非负矩阵分解算法的优缺点;然后,充分考虑少量标签样本和大量无标记样本信息提出一种基于标签传递的半监督非负矩阵分解的特征提取方法。

第 6 章:基于空间平滑判别结构保持投影的局部人脸识别方法。针对于目前已有的局部方法没有充分利用人脸图像所携带的标签信息以及忽视人脸图像的二维空间结构信息的问题,提出一种空间平滑判别结构保持投影的有监督局部人脸识别方法。

第 7 章:基于半监督局部岭回归的局部人脸识别方法。为了解决现有有监督局部方法仅在大量标签样本情况下才能获得较好的性能,同时又不能利用未标记样本信息的问题,提出一种基于半监督局部岭回归的局部人脸识别方法。

第 8 章:局部约束联合动态稀疏表示。为改善现有基于稀疏表示分类算法的性能,提出一种基于局部约束的联合动态稀疏表示分类方法用于局部人脸识别。

第 9 章:总结本书内容并展望未来工作。

参 考 文 献

[1] Jain A K,Li S Z. Handbook of Face Recognition[M]. New York:Springer,2011.

[2] Unar J A,Seng W C,Abbasi A. A review of biometric technology along with trends and prospects[J]. Pattern Recognition,2014,47(8):2673-2688.

[3] ACUITY. Market Intelligence, Biometrics Market Development: Mega Trends and Meta Drivers[M],2007.

[4] 山世光. 人脸识别中若干关键问题的研究[D]. 北京:中国科学院计算技术研究所博士学位论文,2004.

[5] 杨章静. 基于邻域结构的特征提取及其在人脸识别中的应用研究[D]. 南京:南京理工大学博士学位论文,2014.

[6] Galton F. Personal identification and description:II[J]. Nature,1888:201-202.

[7] Galton F. Numeralised profiles for classification and recognition[J]. Nature, 1910, 83: 127-130.

[8] Bledsoe W W,Chan H. A Man-Machine Facial Recognition System-Some Preliminary Results [R]. Panoramic Research Inc,California,Technical Report PRI A,1965.

[9] 赵振华. 人脸识别关键问题研究[D]. 兰州:兰州大学博士学位论文,2012.

[10] Kaufman Jr G J,Breeding K J. The automatic recognition of human faces from profile silhouettes[J]. IEEE Transactions on Systems Man and Cybernetics,1976,2:113-121.

[11] Harmon L D,Khan M K,Lasch R,et al. Machine identification of human faces[J]. Pattern Recognition,1981,13(2):97-110.

[12] Kelly M D. Visual Identification of People by Computer[R]. Stanford University California Department of Computer Science,1970.

[13] Jolliffe I. Principal Component Analysis[M]. New York:John Wiley & Sons,Ltd,2002.

[14] Turk M,Pentland A. Eigenfaces for recognition[J]. Journal of Cognitive Neuroscience, 1991,3(1):71-86.

[15] Brunelli R,Poggio T. Face recognition:features versus templates[J]. IEEE Transactions on Pattern Analysis and Machine Intelligence,1993,10:1042-1052.

[16] Jain A K,Duin R P W,Mao J. Statistical pattern recognition:a review[J]. IEEE Transactions on Pattern Analysis and Machine Intelligence,2000,22(1):4-37.

[17] Belhumeur P N,Hespanha J P,Kriegman D J. Eigenfaces vs fisherfaces:recognition using class specific linear projection[J]. IEEE Transactions on Pattern Analysis and Machine Intelligence,1997,19(7):711-720.

[18] Wiskott L,Fellous J M,Kuiger N,et al. Face recognition by elastic bunch graph matching [J]. IEEE Transactions on Pattern Analysis and Machine Intelligence,1997,19(7):775-779.

[19] Kotropoulos C,Tefas A,Pitas I. Frontal face authentication using morphological elastic graph matching[J]. IEEE Transactions on Image Processing,2000,9(4):555-560.

[20] Penev P S,Atick J J. Local feature analysis:a general statistical theory for object representation[J]. Network:Computation in Neural Systems,1996,7(3):477-500.

[21] Cootes T F,Edwards G J,Taylor C J. Active appearance models[J]. IEEE Transactions on Pattern Analysis and Machine Intelligence,2001,6:681-685.

[22] Georghiades A S,Kriegman D J,Belhurneur P N. Illumination cones for recognition under

variable lighting: faces[C]. IEEE Conference on Computer Vision and Pattern Recognition, 1998: 52-58.

[23] Georghiades A S, Belhumeur P N, Kriegman D J. From few to many: illumination cone models for face recognition under variable lighting and pose[J]. IEEE Transactions on Pattern Analysis and Machine Intelligence, 2001, 23(6): 643-660.

[24] Blanz V, Vetter T. Face recognition based on fitting a 3D morphable model[J]. IEEE Transactions on Pattern Analysis and Machine Intelligence, 2003, 25(9): 1063-1074.

[25] Viola P, Jones M. Robust real-time object detection[J]. International Journal of Computer Vision, 2001, 4: 51-52.

[26] Tenenbaum J B, De Silva V, Langford J C. A global geometric framework for nonlinear dimensionality reduction[J]. Science, 2000, 290(5500): 2319-2323.

[27] Roweis S T, Saul L K. Nonlinear dimensionality reduction by locally linear embedding[J]. Science, 2000, 290(5500): 2323-2326.

[28] Belkin M, Niyogi P. Laplacian eigenmaps and spectral techniques for embedding and clustering[C]. Advances in Neural Information Processing Systems, 2001, 14: 585-591.

[29] Niyogi X. Locality preserving projections[C]. Advances in Neural Information Processing Systems, 2004, 16: 153.

[30] Yan S, Xu D, Zhang B, et al. Graph embedding and extensions: a general framework for dimensionality reduction[J]. IEEE Transactions on Pattern Analysis and Machine Intelligence, 2007, 29(1): 40-51.

[31] Yunquan M, Yun F. Manifold Learning Theory and Applications[M]. New York: CRC Press, 2011.

[32] Donoho D L. Compressed sensing[J]. IEEE Transactions on Information Theory, 2006, 52(4): 1289-1306.

[33] Wright J, Yang A Y, Ganesh A, et al. Robust face recognition via sparse representation[J]. IEEE Transactions on Pattern Analysis and Machine Intelligence, 2009, 31(2): 210-227.

[34] Wright J, Ma Y, Mairal J, et al. Sparse representation for computer vision and pattern recognition[J]. Proceedings of the IEEE, 2010, 98(6): 1031-1044.

[35] Yang M, Zhang L, Yang J, et al. Robust sparse coding for face recognition[C]. IEEE Conference on Computer Vision and Pattern Recognition, 2011: 625-632.

[36] Elhamifar E, Vidal R. Sparse subspace clustering: algorithm, theory, and applications[J]. IEEE Transactions on Pattern Analysis and Machine Intelligence, 2013, 35(11): 2765-2781.

[37] Guha T, Ward R K. Learning sparse representations for human action recognition[J]. IEEE Transactions on Pattern Analysis and Machine Intelligence, 2012, 34(8): 1576-1588.

[38] Zhu Z, Luo P, Wang X, et al. Deep learning identity-preserving face space[C]. IEEE International Conference on Computer Vision, 2013: 113-120.

[39] Sun Y, Chen Y, Wang X, et al. Deep learning face representation by joint identification-verification[C]. Advances in Neural Information Processing Systems, 2014: 1988-1996.

[40] Wang W, Yang J, Xiao J, et al. Face Recognition Based on Deep Learning[M]. New York: Springer International Publishing Human Centered Computing, 2015: 812-820.

[41] Beham M P, Roomi S M M. A review of face recognition methods[J]. International Journal of Pattern Recognition and Artificial Intelligence, 2013, 27(4): 1356005.

[42] Cover T M, Hart P E. Nearest neighbor pattern classification[J]. IEEE Transactions on Information Theory, 1967, 13(1): 21-27.

[43] Cunningham P, Delany S J. *K*-nearest neighbour classifiers[J]. Multiple Classifier Systems, 2007: 1-17.

[44] Wacker A G, Landgrebe D A. Minimum distance classification in remote sensing[J]. LARS Technical Reports, 1972: 25.

[45] Yan S, He X, Hu Y, et al. Bayesian shape localization for face recognition using global and local textures[J]. IEEE Transactions on Circuits and Systems for Video Technology, 2004, 14(1): 102-113.

[46] Li Z, Tang X. Bayesian face recognition using support vector machine and face clustering [C]. IEEE Conference on Computer Vision and Pattern Recognition, 2004: 17-25.

[47] Intrator N, Reisfeld D, Yeshurun Y. Face recognition using a hybrid supervised/unsupervised neural network[J]. Pattern Recognition Letters, 1996, 17(1): 67-76.

[48] Lawrence S, Giles C L, Tsoi A C, et al. Face recognition: a convolutional neural-network approach[J]. IEEE Transactions on Neural Networks, 1997, 8(1): 98-113.

[49] Er M J, Wu S, Lu J, et al. Face recognition with radial basis function(RBF) neural networks [J]. IEEE Transactions on Neural Networks, 2002, 13(3): 697-710.

[50] Guo G, Li S Z, Chan K. Face recognition by support vector machines[C]. IEEE International Conference on Automatic Face and Gesture Recognition, 2000: 196-201.

[51] Wei J, Jian Q Z, Xiang Z. Face recognition method based on support vector machine and particle swarm optimization [J]. Expert Systems with Applications, 2011, 38(4): 4390-4393.

[52] Shen B, Liu B D, Wang Q, et al. SP-SVM: large margin classifier for data on multiple manifolds[C]. AAAI Conference on Artificial Intelligence, 2015, 150-160.

[53] Samaria F, Young S. HMM-based architecture for face identification[J]. Image and Vision Computing, 1994, 12(8): 537-543.

[54] Fink G A. Markov Models for Pattern Recognition: from Theory to Applications[M]. New York: Springer Science & Business Media, 2014.

[55] Yang P, Shan S, Gao W, et al. Face recognition using adaboosted gabor features[C]. IEEE International Conference on Automatic Face and Gesture, 2004: 356-361.

[56] Shen L, Bai L. Mutual boost learning for selecting Gabor features for face recognition[J]. Pattern Recognition Letters, 2006, 27(15): 1758-1767.

[57] 王庆军. 基于流形学习子空间人脸识别方法研究[D]. 哈尔滨:哈尔滨工程大学博士学位论文, 2011.

[58] 刘中华. 光照变化条件下的人脸特征抽取算法研究[D]. 南京:南京理工大学博士学位论

文,2011.

[59] Van Der Maaten L J P,Postma E O,Van Den Herik H J. Dimensionality reduction:a comparative review [J]. Journal of Machine Learning Research,2009,10(1-41):66-71.

[60] Wang J,Zhang B,Qi M,et al. Linear discriminant projection embedding based on patches alignment[J]. Image and Vision Computing,2010,28(12):1624-1636.

[61] Wang Y,Wu Y. Complete neighborhood preserving embedding for face recognition[J]. Pattern Recognition,2010,43(3):1008-1015.

[62] Zou J,Ji Q,Nagy G. A comparative study of local matching approach for face recognition [J]. IEEE Transactions on Image Processing,2007,16(10):2617-2628.

[63] Bartlett M S,Movellan J R,Sejnowski T J. Face recognition by independent component analysis[J]. IEEE Transactions on Neural Networks,2002,13(6):1450-1464.

[64] Lee D D,Seung H S. Learning the parts of objects by non-negative matrix factorization[J]. Nature,1999,401(6755):788-791.

[65] Wang Y,Jia Y,Hu C,et al. Non-negative matrix factorization framework for face recognition[J]. International Journal of Pattern Recognition and Artificial Intelligence,2005,19(4):495-511.

[66] Kim K,Jung K,Kim H J. Face recognition using kernel principal component analysis[J]. IEEE Signal Processing Letters,2002,9(2):40-42.

[67] Liu Q,Lu H,Ma S. Improving kernel Fisher discriminant analysis for face recognition [J]. IEEE Transactions on Circuits and Systems for Video Technology,2004,14(1):42-49.

[68] Bach F R,Jordan M I. Kernel independent component analysis[J]. Journal of Machine Learning Research,2003,3:1-48.

[69] 张军平. 流形学习若干问题研究——机器学习及其应用[M]. 北京:清华大学出版社,2006:135-169.

[70] Yang J,Zhang D,Yang J,et al. Globally maximizing,locally minimizing:unsupervised discriminant projection with applications to face and palm biometrics[J]. IEEE Transactions on Pattern Analysis and Machine Intelligence,2007,29(4):650-664.

[71] He X,Cai D,Yan S,et al. Neighborhood preserving embedding[C]. IEEE International Conference on Computer Vision,2005,2:1208-1213.

[72] Kokiopoulou E,Saad Y. Orthogonal neighborhood preserving projections:a projection-based dimensionality reduction technique[J]. IEEE Transactions on Pattern Analysis and Machine Intelligence,2007,29(12):2143-2156.

[73] Quadrianto N,Lampert C H. Learning multi-view neighborhood preserving projections[C]. International Conference on Machine Learning,2011:425-432.

[74] Qiao L,Chen S,Tan X. Sparsity preserving projections with applications to face recognition [J]. Pattern Recognition,2010,43(1):331-341.

[75] Zhang L,Qiao L,Chen S. Graph-optimized locality preserving projections[J]. Pattern Recognition,2010,43(6):1993-2002.

[76] Zhang L, Chen S, Qiao L. Graph optimization for dimensionality reduction with sparsity constraints[J]. Pattern Recognition, 2012, 45(3): 1205-1210.

[77] Qiao L, Zhang L, Chen S. Dimensionality reduction with adaptive graph[J]. Frontiers of Computer Science, 2013, 7(5): 745-753.

[78] Li H, Jiang T, Zhang K. Efficient and robust feature extraction by maximum margin criterion[J]. IEEE Transactions on Neural Networks, 2006, 17(1): 157-165.

[79] Cai D, He X, Zhou K, et al. Locality sensitive discriminant analysis [C]. International Joint Conference on Artificial Intelligence, 2007: 708-713.

[80] Chen H T, Chang H W, Liu T L. Local discriminant embedding and its variants[C]. IEEE Conference on Computer Vision and Pattern Recognition, 2005, 2: 846-853.

[81] Hu J, Deng W, Guo J, et al. Learning a locality discriminating projection for classification [J]. Knowledge-Based Systems, 2009, 22(8): 562-568.

[82] Cheng J, Liu Q, Lu H, et al. Supervised kernel locality preserving projections for face recognition[J]. Neurocomputing, 2005, 67: 443-449.

[83] Yang W, Sun C, Zhang L. A multi-manifold discriminant analysis method for image feature extraction[J]. Pattern Recognition, 2011, 44(8): 1649-1657.

[84] Lu J, Tan Y P, Wang G. Discriminative multimanifold analysis for face recognition from a single training sample per person[J]. IEEE Transactions on Pattern Analysis and Machine Intelligence, 2013, 35(1): 39-51.

[85] Hettiarachchi R, Peters J F. Multi-manifold LLE learning in pattern recognition[J]. Pattern Recognition, 2015, 48(9): 2947-2960.

[86] Cai D, He X, Han J. Semi-supervised discriminant analysis[C]. IEEE International Conference on Computer Vision, 2007: 1-7.

[87] Song Y, Nie F, Zhang C. Semi-supervised sub-manifold discriminant analysis[J]. Pattern Recognition Letters, 2008, 29(13): 1806-1813.

[88] Sugiyama M, Idé T, Nakajima S, et al. Semi-supervised local Fisher discriminant analysis for dimensionality reduction[J]. Machine Learning, 2010, 78(1-2): 35-61.

[89] Goldberg A B, Zhu X, Singh A, et al. Multi-manifold semi-supervised learning[J]. Journal of Machine Learning Research, 2009, 5: 169-176.

[90] Adini Y, Moses Y, Ullman S. Face recognition: the problem of compensating for changes in illumination direction[J]. IEEE Transactions on Pattern Analysis and Machine Intelligence, 1997, 19(7): 721-732.

[91] Gottumukkal R, Asari V K. An improved face recognition technique based on modular PCA approach[J]. Pattern Recognition Letters, 2004, 25(4): 429-436.

[92] Chen S, Zhu Y. Subpattern-based principle component analysis[J]. Pattern Recognition, 2004, 37(5): 1081-1083.

[93] Tan K, Chen S. Adaptively weighted sub-pattern PCA for face recognition[J]. Neurocomputing, 2005, 64: 505-511.

[94] Kumar K V, Negi A. SubXPCA and a generalized feature partitioning approach to principal component analysis[J]. Pattern Recognition, 2008, 41(4): 1398-1409.

[95] Nanni L, Maio D. Weighted sub-Gabor for face recognition[J]. Pattern Recognition Letters, 2007, 28(4): 487-492.

[96] Zhu Y. Sub-pattern non-negative matrix factorization based on random subspace for face recognition[C]. International Conference on Wavelet Analysis and Pattern Recognition, 2007, 3: 1356-1360.

[97] Xue H, Zhu Y, Chen S. Local ridge regression for face recognition[J]. Neurocomputing, 2009, 72(4): 1342-1346.

[98] Wang J, Zhang B, Wang S, et al. An adaptively weighted sub-pattern locality preserving projection for face recognition[J]. Journal of Network and Computer Applications, 2010, 33(3): 323-332.

[99] Lu Y, Lu C, Qi M, et al. A Supervised Locality Preserving Projections Based Local Matching Algorithm for Face Recognition[M]. Berlin: Springer, 2010.

[100] Sinha P, Balas B, Ostrovsky Y, et al. Face recognition by humans: nineteen results all computer vision researchers should know about[J]. Proceedings of the IEEE, 2006, 94(11): 1948-1962.

[101] Wang J, Ma Z, Zhang B, et al. A structure-preserved local matching approach for face recognition[J]. Pattern Recognition Letters, 2011, 32(3): 494-504.

[102] Liu W, Tao D, Cheng J, et al. Multiview hessian discriminative sparse coding for image annotation[J]. Computer Vision and Image Understanding, 2014, 118: 50-60.

[103] Mallat S G, Zhang Z. Matching pursuits with time-frequency dictionaries[J]. IEEE Transactions on Signal Processing, 1993, 41(12): 3397-3415.

[104] Pati Y C, Rezaiifar R, Krishnaprasad P S. Orthogonal matching pursuit: recursive function approximation with applications to wavelet decomposition[C]. Twenty-Seventh Asilomar Conference on Signals, Systems and Computers, 1993: 40-44.

[105] Chen S S, Donoho D L, Saunders M A. Atomic decomposition by basis pursuit[J]. SIAM Journal on Scientific Computing, 1998, 20(1): 33-61.

[106] Pham D S, Venkatesh S. Joint learning and dictionary construction for pattern recognition [C]. IEEE Conference on Computer Vision and Pattern Recognition, 2008: 1-8.

[107] Zhang Q, Li B. Discriminative *K*-SVD for dictionary learning in face recognition[C]. IEEE Conference on Computer Vision and Pattern Recognition, 2010: 2691-2698.

[108] Jiang Z, Lin Z, Davis L S. Learning a discriminative dictionary for sparse coding via label consistent *K*-SVD[C]. IEEE Conference on Computer Vision and Pattern Recognition, 2011: 1697-1704.

[109] Guo H, Jiang Z, Davis L S. Discriminative dictionary learning with pairwise constraints [C]. Asian Conference on Computer Vision. Berlin: Springer Berlin Heidelberg, 2013: 328-342.

[110] Tao D, Jin L. Discriminative information preservation for face recognition[J]. Neurocomputing, 2012, 91: 11-20.

[111] Mairal J, Bach F, Ponce J, et al. Discriminative learned dictionaries for local image analysis [C]. IEEE Conference on Computer Vision and Pattern Recognition, 2008: 1-8.

[112] Yang M, Zhang L, Feng X, et al. Fisher discrimination dictionary learning for sparse representation[C]. IEEE International Conference on Computer Vision, 2011: 543-550.

[113] Lian X C, Li Z, Lu B L, et al. Max-margin dictionary learning for multiclass image categorization[C]. European Conference on Computer Vision, 2010: 157-170.

[114] Huang J, Zhang T, Metaxas D. Learning with structured sparsity[J]. The Journal of Machine Learning Research, 2011, 12: 3371-3412.

[115] Yuan M, Lin Y. Model selection and estimation in regression with grouped variables[J]. Journal of the Royal Statistical Society: Series B(Statistical Methodology), 2006, 68(1): 49-67.

[116] Jenatton R, Mairal J, Bach F R, et al. Proximal methods for sparse hierarchical dictionary learning[C]. International Conference on Machine Learning, 2010: 487-494.

[117] Jia Y, Salzmann M, Darrell T. Factorized latent spaces with structured sparsity[C]. Advances in Neural Information Processing Systems, 2010: 982-990.

[118] Zhang H, Nasrabadi N M, Zhang Y, et al. Joint dynamic sparse representation for multi-view face recognition[J]. Pattern Recognition, 2012, 45(4): 1290-1298.

[119] Yang M, Zhang L, Zhang D, et al. Relaxed collaborative representation for pattern classification[C]. IEEE Conference on Computer Vision and Pattern Recognition, 2012: 2224-2231.

[120] Wang J, Yang J, Yu K, et al. Locality-constrained linear coding for image classification [C]. IEEE Conference on Computer Vision and Pattern Recognition, 2010: 3360-3367.

[121] Zheng M, Bu J, Chen C, et al. Graph regularized sparse coding for image representation [J]. IEEE Transactions on Image Processing, 2011, 20(5): 1327-1336.

[122] Kim K, Steinke F, Hein M. Semi-supervised regression using hessian energy with an application to semi-supervised dimensionality reduction[J]. Advances in Neural Information Processing Systems, 2009, 22: 979-987.

[123] Zheng M, Bu J, Chen C. Hessian sparse coding[J]. Neurocomputing, 2014, 123: 247-254.

[124] Gao S, Tsang I W H, Chia L T. Laplacian sparse coding, hypergraph Laplacian sparse coding, and applications[C]. IEEE Transactions on Pattern Analysis and Machine Intelligence, 2013, 35(1): 92-104.

[125] Tan H, Ngo C, Wu X. Modeling video hyperlinks with hypergraph for web video reranking [C]. ACM International Conference on Multimedia, 2008: 659-666.

[126] Wang J J Y, Bensmail H, Yao N, et al. Discriminative sparse coding on multi-manifolds [J]. Knowledge-Based Systems, 2013, 54: 199-206.

[127] Zang F, Zhang J. Discriminative learning by sparse representation for classification[J].

Neurocomputing, 2011, 74(12): 2176-2183.

[128] Clemmensen L, Hastie T, Witten D, et al. Sparse discriminant analysis[J]. Technometrics, 2011, 53(4): 406-413.

[129] Lai Z, Wan M, Jin Z, et al. Sparse two-dimensional local discriminant projections for feature extraction[J]. Neurocomputing, 2011, 74(4): 629-637.

[130] Lai Z, Wong W K, Jin Z, et al. Sparse approximation to the eigensubspace for discrimination[J]. IEEE Transactions on Neural Networks and Learning Systems, 2012, 23(12): 1948-1960.

[131] Wang S J, Yang J, Sun M F, et al. Sparse tensor discriminant color space for face verification[J]. IEEE Transactions on Neural Networks and Learning Systems, 2012, 23(6): 876-888.

[132] Zhang L, Yang M, Feng Z, et al. On the dimensionality reduction for sparse representation based face recognition[C]. International Conference on Pattern Recognition, 2010: 1237-1240.

[133] Yang J, Chu D, Zhang L, et al. Sparse representation classifier steered discriminative projection with applications to face recognition[J]. IEEE Transactions on Neural Networks and Learning Systems, 2013, 24(7): 1023-1035.

[134] Huang J, Nie F, Huang H, et al. Supervised and projected sparse coding for image classification[C]. Twenty-Seventh AAAI Conference on Artificial Intelligence, 2013, 92-95.

[135] Zhang H, Zhang Y, Huang T S. Simultaneous discriminative projection and dictionary learning for sparse representation based classification[J]. Pattern Recognition, 2013, 46(1): 346-354.

[136] Feng Z, Yang M, Zhang L, et al. Joint discriminative dimensionality reduction and dictionary learning for face recognition[J]. Pattern Recognition, 2013, 46(8): 2134-2143.

[137] Ptucha R, Savakis A. Joint optimization of manifold learning and sparse representations [C]. IEEE International Conference and Workshops on Automatic Face and Gesture Recognition, 2013: 1-7.

[138] Ptucha R, Savakis A E. LGE-KSVD: robust sparse representation classification[J]. IEEE Transactions on Image Processing, 2014, 23(4): 1737-1750.

[139] 崔鹏. 基于子空间分析与半监督学习人脸识别研究[D]. 哈尔滨:哈尔滨工业大学博士学位论文, 2012.

[140] 乔立山. 基于图的降维技术研究及应用[D]. 南京:南京航空航天大学博士学位论文, 2009.

[141] 方蔚涛. 人脸识别特征抽取算法的研究[D]. 重庆:重庆大学博士学位论文, 2012.

[142] Blackburn D M, Bone M, Phillips P J. Face Recognition Vendor Test 2000: Evaluation Report[R]. Defense Advanced Research Projects Agency Arlington VA, 2001.

[143] 靳薇. 面向身份认证的人脸识别及应用[D]. 西安:西安电子科技大学博士学位论文, 2011.

[144] Samaria F S, Harter A C. Parameterisation of a stochastic model for human face identification[C]. IEEE Workshop on Applications of Computer Vision, 1994: 138-142.

[145] Yale University Face Database. http://cvc.yale.edu/projects/yalefaces/yalefaces.html [2015-10-20].

[146] Lee K C, Ho J, Kriegman D J. Acquiring linear subspaces for face recognition under variable lighting[J]. IEEE Transactions on Pattern Analysis and Machine Intelligence, 2005, 27(5): 684-698.

[147] Sim T, Baker S, Bsat M. The CMU pose, illumination, and expression (PIE) database[C]. IEEE International Conference on Automatic Face and Gesture Recognition, 2002: 46-51.

[148] Martinez A M. The AR face database[J]. CVC Technical Report, 1998, 24: 17-19.

[149] Phillips P J, Moon H, Rizvi S, et al. The FERET evaluation methodology for face-recognition algorithms[J]. IEEE Transactions on Pattern Analysis and Machine Intelligence, 2000, 22(10): 1090-1104.

[150] Graham D B, Allinson N M. Characterising virtual eigensignatures for general purpose face recognition[C]. Face Recognition, Berlin, 1998: 446-456.

[151] UMIST database. https://www.sheffield.ac.uk/eee/research/iel/research/face[2015-4-12].

[152] Gao W, Cao B, Shan S, et al. The CAS-PEAL large-scale Chinese face database and baseline evaluations[J]. IEEE Transactions on Systems, Man and Cybernetics, Part A: Systems and Humans, 2008, 38(1): 149-161.

[153] Hwang B W, Roh M C, Lee S W. Performance evaluation of face recognition algorithms on asian face database[C]. International Conference on Automatic Face and Gesture Recognition, 2004: 278-283.

[154] Bailly-Baillière E, Bengio S, Bimbot F, et al. The BANCA database and evaluation protocol [C]. Audio-and Video-Based Biometric Person Authentication. Berlin: Springer Berlin Heidelberg, 2003: 625-638.

[155] CBSR NIR Face Dataset. http://www.cse.ohio-state.edu/otcbvs-bench[2014-12-25].

[156] Hang B, Zhang L, Zhang D, et al. Directional binary code with application to PolyU near-infrared face database[J]. Pattern Recognition Letters, 2010, 31(14): 2337-2344.

[157] PolyU NIR Face Database. http://www4.comp.polyu.edu.hk/~biometrics/polyudb_face.html[2015-2-10].

[158] Huang G B, Ramesh M, Berg T, et al. Labeled Faces in the Wild: A Database for Studying Face Recognition in Unconstrained Environments[R]. Technical Report 07-49. University of Massachusetts, Amherst, 2007.

第2章　人脸识别方法简述

2.1　基于全局信息的人脸识别方法

基于全局信息的人脸识别方法是将整幅人脸图像所有信息作为整个特征向量，它反映了人脸图像的全局属性。假定高维样本矩阵 $X=[x_1\ x_2\ \cdots\ x_N]\in\mathbf{R}^{D\times N}$ 由 C 个不同类的 N 个样本组成，n_c 表示第 c 类样本数且 $\sum_{c=1}^{C} n_c=N$。令 $Y=[y_1\ y_2\ \cdots\ y_N]\in\mathbf{R}^{d\times N}(d\ll D)$ 表示样本 X 的低维表示。

2.1.1　基于全局信息的线性方法

1. 主成分分析

主成分分析(PCA)[1]是多元统计分析中最常用的方法之一。PCA方法的目的是寻找最优投影矩阵将高维数据投影到低维空间中并使得低维数据的方差最大，图2.1给出PCA方法的示意图。

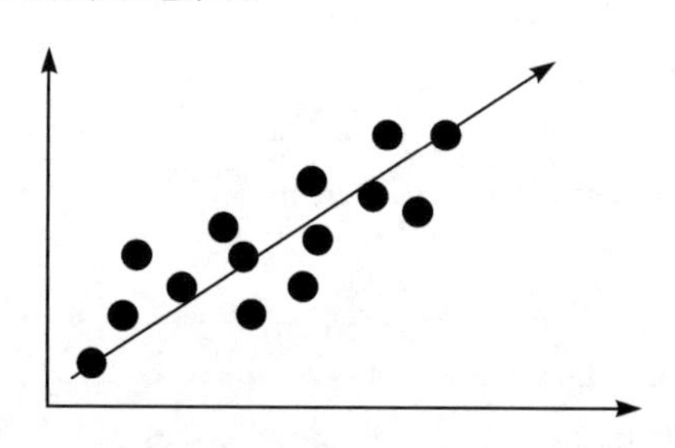

图2.1　PCA方法示意图(箭头直线表示方差最大的方向)

PCA方法的目标函数定义为

$$\max \varepsilon(Y)=\sum_{i=1}^{N}\|y_i-\bar{y}\|_2^2 \tag{2.1}$$

式中，$\bar{y}=\frac{1}{N}\sum_{i=1}^{N}y_i$ 为低维样本的均值向量。

令矩阵 W 为投影矩阵且满足单位正交化约束，即 $y_i=W^{\mathrm{T}}x_i$ 且 $W^{\mathrm{T}}W=I$，则式(2.1)可重写为

$$\max \varepsilon(W)=\sum_{i=1}^{N}\|W^{\mathrm{T}}x_i-W^{\mathrm{T}}\bar{x}\|_2^2=\sum_{i=1}^{N}\|W^{\mathrm{T}}(x_i-\bar{x})\|_2^2$$
$$=\operatorname{tr}\Big(W^{\mathrm{T}}\Big(\sum_{i=1}^{N}(x_i-\bar{x})(x_i-\bar{x})^{\mathrm{T}}\Big)W\Big)=\operatorname{tr}(W^{\mathrm{T}}\Sigma_x W)$$
$$\text{s. t. } W^{\mathrm{T}}W=I \tag{2.2}$$

式中，$\Sigma_x=\sum_{i=1}^{N}(x_i-\bar{x})(x_i-\bar{x})^{\mathrm{T}}=\frac{1}{N}X\left(I-\frac{1}{N}ee^{\mathrm{T}}\right)X^{\mathrm{T}}$ 和 $\bar{x}=\frac{1}{N}\sum_{i=1}^{N}x_i$ 分别为数据 X 的协方差矩阵与均值向量；$e=[1\ 1\ \cdots\ 1]\in\mathbf{R}^N$ 为全 1 向量。式(2.2)的求解问题可转化为广义特征值分解问题

$$\Sigma_x W=\lambda W \tag{2.3}$$

投影矩阵 $W=[w_1\ w_2\ \cdots\ w_d]\in\mathbf{R}^{D\times d}$ 为协方差矩阵 Σ_x 前 d 个最大特征值所对应的特征向量。

PCA 方法又称 K-L 变换(Karhunen-Loeve transform，KLT)[2]。PCA 方法寻找一组正交基底向量 $W=[w_1\ w_2\ \cdots\ w_d]\in\mathbf{R}^{D\times d}(d\ll D)$ 使之对原始数据的重构误差最小。因此，PCA 方法的目标函数也可定义为

$$\min \varepsilon(W)=\sum_{i=1}^{N}\left\|x_i-\sum_{j=1}^{d}(w_j^{\mathrm{T}}x_i)w_j\right\|_2^2$$
$$\text{s. t. } W^{\mathrm{T}}W=I \tag{2.4}$$

式(2.4)可转化为

$$\min \varepsilon(W)=\sum_{i=1}^{N}\|x_i-W(W^{\mathrm{T}}x_i)\|_2^2=\|X-WW^{\mathrm{T}}X\|_2^2$$
$$\text{s. t. } W^{\mathrm{T}}W=I \tag{2.5}$$

经过推导，式(2.5)可进一步转化为

$$\begin{aligned}\min \varepsilon(W)&=\|X-WW^{\mathrm{T}}X\|_2^2\\&=\operatorname{tr}((X-WW^{\mathrm{T}}X)^{\mathrm{T}}(X-WW^{\mathrm{T}}X))\\&=\operatorname{tr}(X^{\mathrm{T}}X-2X^{\mathrm{T}}WW^{\mathrm{T}}X-X^{\mathrm{T}}WW^{\mathrm{T}}WW^{\mathrm{T}}X)\\&=\operatorname{tr}(X^{\mathrm{T}}X-X^{\mathrm{T}}WW^{\mathrm{T}}X)\end{aligned} \tag{2.6}$$
$$\text{s. t. } W^{\mathrm{T}}W=I$$

由于 $X^{\mathrm{T}}X$ 是常量，因此式(2.6)转化为

$$\max \varepsilon(W)=\operatorname{tr}(X^{\mathrm{T}}WW^{\mathrm{T}}X)$$
$$\text{s. t. } W^{\mathrm{T}}W=I \tag{2.7}$$

通过数学推导，式(2.7)可以转化为关于矩阵 W 的二次型最大化问题进行求解。因此，式(2.7)同样可以转化为矩阵特征值分解问题，即求解高维样本的协方差矩阵 $\Sigma_x=XX^{\mathrm{T}}$ 前 d 个最大特征值所对应的特征向量。

PCA 方法已经被广泛应用于人脸识别中，它所提取的主成分称为特征脸

(Eigenface)。PCA 方法可以很好地挖掘高维数据的全局线性结构,但对非线性结构的高维数据,它无法揭示其内在非线性结构及分布规律。另外,PCA 方法属于一种无监督特征提取方法,虽然它所学到的投影方向能够保证低维数据的方差最大或者能够很好地重构原始高维数据,但未必有利于分类[3]。

2. 线性判别分析

不同于无监督 PCA 方法,线性判别分析(LDA)[4]方法是一种有监督特征提取方法。由于 LDA 方法在特征提取过程中考虑到了数据自身所携带的类别标签信息,因此其分类性能要优于 PCA 方法。LDA 方法的目的是寻找一组投影向量使得数据投影到低维空间中具有较大类间散度,同时具有较小的类内散度,图 2.2 给出 LDA 方法示意图。

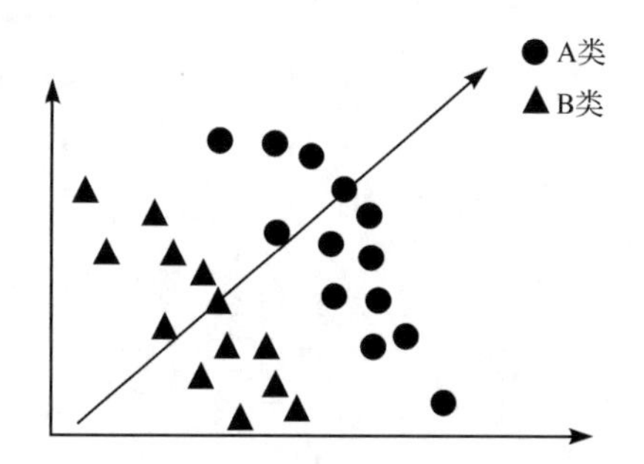

图 2.2 LDA 方法示意图(箭头直线表示最优投影方向)

LDA 方法的目标函数定义为

$$\max \varepsilon(W) = \frac{\operatorname{tr}(W^{\mathrm{T}} S_b W)}{\operatorname{tr}(W^{\mathrm{T}} S_w W)}$$
$$\text{s. t. } W^{\mathrm{T}} W = I \tag{2.8}$$

式中,S_b 与 S_w 分别为高维数据的类间散度矩阵与类内散度矩阵,它们的定义分别为

$$S_b = \sum_{c=1}^{C} n_c (m_c - \bar{m})(m_c - \bar{m})^{\mathrm{T}} = NC - S_w \tag{2.9}$$

$$S_w = \sum_{c=1}^{C} n_c \sum_{x_i \in X_c} (x_c^i - \bar{m}_c)(x_c^i - \bar{m}_c)^{\mathrm{T}} = X\left(I - \sum_{c=1}^{N_c} \frac{1}{n_c} e^c e^{c\mathrm{T}}\right) X^{\mathrm{T}} \tag{2.10}$$

式中,$\bar{m} = \frac{1}{N}\sum_{i=1}^{N} x_i$ 和 $\bar{m}_c = \frac{1}{n_c}\sum_{x_i \in X_c} x_i$ 分别为高维样本 X 总体均值向量和第 c 类样本 X_c 的均值向量;e^c 为 N 维向量,若 $c=c_i$,则 $e^c(i)=1$,否则 $e^c(i)=0$。$\varepsilon(W)$ 称为广义瑞利商。式(2.8)的求解等价于式(2.11)的广义特征值分解问题,即

$$S_b W = \lambda S_w W \tag{2.11}$$

当类内散度矩阵 S_w 满秩，即 S_w 为非奇异矩阵时，投影矩阵 W 可以通过矩阵 $S_w^{-1}S_b$ 特征值分解得到。

由于 LDA 方法考虑到了高维数据所携带的标签信息，因此其在模式识别与分类任务中能够取得较好的性能，但 LDA 方法仍然存在不足，主要表现在以下几个方面。①LDA 方法要求所观察到的高维数据必须符合高斯分布，然而特定领域中的数据未必符合高斯分布；②由于数据类间散度矩阵 S_b 中的非零特征值最多只能有 $C-1$ 个，因此 LDA 方法只能将原始数据最多降到 $C-1$ 维；③在人脸识别、图像分类、基因微阵列数据分类等实际应用领域中，样本的特征维度 D 远大于样本的数量 N，即 $D\gg N$，从而导致类内散度矩阵 S_w 为奇异矩阵。因此，不能直接使用 LDA 方法。为了解决内散度矩阵 S_w 的奇异性问题，在很多情况下，先采用 PCA 方法对原始数据进行降维，然后再利用 LDA 方法提取判别特征。在人脸识别中，PCA+LDA 方法所提取的特征向量称为费舍尔脸(Fisherface)。

3. 非负矩阵分解

非负矩阵分解(NMF)[5]方法属于一种无监督特征提取方法，用于非负数据低秩近似表示。由于 NMF 方法具有较好的可解释性及“部分构成整体”的直观特性，因此已经被广泛成功应用于人脸识别、图像检索、聚类分析等众多领域中。假定由 D 维空间中 N 个非负数据样本点组成高维数据矩阵 $X=[x_1\ x_2\ \cdots\ x_N]\in\mathbf{R}_+^{D\times N}$，NMF 方法的目的是寻找低秩且非负的基矩阵 $A=[a_{ij}]\in\mathbf{R}_+^{D\times R}$ 与因子矩阵 $S=[s_{ij}]\in\mathbf{R}_+^{N\times R}$ 并且要求满足 $X=AS^{\mathrm{T}}$，其中 $R\ll\min(D,N)$。因此，NMF 方法的目标函数可描述为

$$\min_{A,S}\varepsilon(A,S)=\sum_{i=1}^{N}\sum_{j=1}^{D}(X_{ij}-(AS^{\mathrm{T}})_{ij})^2=\|X-AS^{\mathrm{T}}\|_F^2$$
$$\text{s.t. } A\geqslant 0, S\geqslant 0 \tag{2.12}$$

式中，$\|\cdot\|_F$ 为矩阵的 Frobenius 范数。式(2.12)可重写为

$$\begin{aligned}\min_{A,S}\varepsilon(A,S)&=\|X-AS^{\mathrm{T}}\|_F^2\\&=\mathrm{tr}((X-AS^{\mathrm{T}})(X-AS^{\mathrm{T}})^{\mathrm{T}})\\&=\mathrm{tr}(XX^{\mathrm{T}}-2XSA^{\mathrm{T}}+AS^{\mathrm{T}}SA^{\mathrm{T}})\end{aligned} \tag{2.13}$$
$$\text{s.t. } A\geqslant 0, S\geqslant 0$$

对式(2.13)构建拉格朗日函数得

$$\varphi(A,S,\Psi,\Phi)=\mathrm{tr}(XX^{\mathrm{T}}-2XSA^{\mathrm{T}}+AS^{\mathrm{T}}SA^{\mathrm{T}})+\mathrm{tr}(\Psi A)+\mathrm{tr}(\Phi S) \tag{2.14}$$

式中，$\Psi=[\Psi_{ij}]\in\mathbf{R}^{D\times R}$ 和 $\Phi=[\Phi_{ij}]\in\mathbf{R}^{N\times R}$ 为拉格朗日乘子。分别对拉格朗日函数的变量 A_{ij} 和 S_{ij} 求偏导并令导数等于零，则有

$$\frac{\partial\varphi(A,S,\Psi,\Phi)}{\partial A_{ij}}=-2(XS)_{ij}+2(AS^{\mathrm{T}}S)_{ij}+\Psi_{ij}=0 \tag{2.15}$$

$$\frac{\partial\varphi(A,S,\Psi,\Phi)}{\partial S_{ij}}=-2(X^{\mathrm{T}}A)_{ij}+2(SA^{\mathrm{T}}A)_{ij}+\Phi_{ij}=0 \tag{2.16}$$

式(2.15)和式(2.16)两边分别乘以 A_{ij} 和 S_{ij} 可得

$$-2(XS)_{ij}A_{ij}+2(AS^{\mathrm{T}}S)_{ij}A_{ij}+\Psi_{ij}A_{ij}=0 \tag{2.17}$$

$$-2(X^{\mathrm{T}}A)_{ij}S_{ij}+2(SA^{\mathrm{T}}A)_{ij}S_{ij}+\Phi_{ij}S_{ij}=0 \tag{2.18}$$

根据 KTT 条件 $\Psi_{ij}A=0$ 和 $\Phi_{ij}S=0$,可得如下更新公式:

$$A_{ij}\leftarrow A_{ij}\frac{[XS]_{ij}}{[AS^{\mathrm{T}}S]_{ij}} \tag{2.19}$$

$$S_{ij}\leftarrow S_{ij}\frac{[X^{\mathrm{T}}A]_{ij}}{[SA^{\mathrm{T}}A]_{ij}} \tag{2.20}$$

由于 NMF 方法加入非负约束条件,因此所得到的基底矩阵 A 与因子矩阵 S 具有一定的稀疏性。与 PCA 方法相比,在 NMF 方法中,一幅人脸图像可以看成由人脸图像的基本部件通过简单线性加权形成的,这一个特点比较符合人眼的视觉感知特性。

4. 半监督非负矩阵分解

为了充分利用高维数据中部分标记样本的标签信息,Lee 等[6]提出一种半监督非负矩阵分解(SNMF)方法。该方法利用共同因子矩阵(common factor matrix)将高维数据矩阵与部分标签矩阵整合到 NMF 框架中。类似于 NMF 方法,假定非负的高维数据矩阵 $X=[x_1\ x_2\ \cdots\ x_N]\in\mathbf{R}_+^{D\times N}$包含来自 C 个类的 N 个样本。$Y=[y_1\ y_2\ \cdots\ y_N]\in\mathbf{R}_+^{C\times N}$表示数据矩阵 X 的类别标签矩阵,其中,$y_i\in\mathbf{R}_+^C$ 表示二值向量,若 x_i 是标记样本且属于第 j 类,则 $y_{ij}=1$,否则 $y_{ij}=0$。若 x_i 是未标记样本,则 y_i 所有元素均为零。

SNMF 方法的目标函数可表示为

$$\min_{A,B,S}\varepsilon(A,B,S)=\|X-AS^{\mathrm{T}}\|_F^2+\lambda\|L\odot(Y-BS^{\mathrm{T}})\|_F^2$$
$$\text{s.t. } A\geqslant 0,B\geqslant 0,S\geqslant 0 \tag{2.21}$$

式中,$A=[a_{ij}]\in\mathbf{R}_+^{D\times R}$和 $B=[b_{ij}]\in\mathbf{R}_+^{C\times R}$分别为高维数据 X 和类别标签矩阵 Y 的基矩阵;$S=[s_{ij}]\in\mathbf{R}_+^{N\times R}$表示数据矩阵 X 与类别标签矩阵 Y 的共同因子矩阵;平衡参数 λ 为控制半监督项($\|L\odot(Y-BS^{\mathrm{T}})\|_F^2$)在总体目标函数中的重要程度;符号$\odot$为矩阵元素点乘操作运算;矩阵 $L\in\mathbf{R}_+^{C\times N}$为二值矩阵用于处理数据中的未标记样本,其定义为

$$[L]_{:,i}=\begin{cases}1_C, & x_i\ \text{是标记样本}\\ 0, & \text{其他}\end{cases} \tag{2.22}$$

式中,$1_C=[1\ 1\ \cdots\ 1]\in\mathbf{R}^C$ 为全 1 向量;$0=[0\ 0\ \cdots\ 0]\in\mathbf{R}^C$ 为全 0 向量。

采用类似于 NMF 的求解方法,可以得到目标函数(2.21)的更新公式为

$$A_{ij} \leftarrow A_{ij} \frac{[XS]_{ij}}{[AS^{\mathrm{T}}S]_{ij}} \tag{2.23}$$

$$B_{ij} \leftarrow B_{ij} \frac{[(L \odot Y)S]_{ij}}{[L \odot (BS^{\mathrm{T}})S]_{ij}} \tag{2.24}$$

$$S_{ij} \leftarrow S_{ij} \frac{[X^{\mathrm{T}}A + \lambda (L \odot Y)^{\mathrm{T}}B]_{ij}}{[SA^{\mathrm{T}}A + \lambda (L \odot (BS^{\mathrm{T}}))^{\mathrm{T}}B]_{ij}} \tag{2.25}$$

PCA、LDA、NMF 和 SNMF 四种方法均是基于高维数据具有全局线性结构的假设而提出的，即它们认为高维数据不同变量之间的关系是相互独立的，因此，它们能够较好地处理具有全局线性结构的高维数据。在实际应用领域中，高维数据不同变量之间具有强相关性或呈现非线性结构，此时，这些方法无法揭示蕴含在高维数据中的非线性结构，以至于无法真实反映出高维数据的内在结构。因此，如何有效地揭示高维数据内在非线性结构成为研究的重点。

2.1.2　基于全局信息的非线性方法

非线性方法主要包括基于核的方法和基于流形学习的方法。本节着重介绍几种具有代表性的流形学习方法。基于流形学习的特征提取方法假设高维空间中的样本点处于或者近似处于低维非线性流形上。该类方法的主要目的是挖掘高维数据的低维非线性流形结构并在特征提取过程中尽可能保持其结构信息。首先，给出流形学习中所涉及的相关定义[7-9]。

定义 2.1　假设存在 Hausdorff 空间 M，对于空间 M 中的任意点 $q\,(q \in M)$，均存在点 q 邻域 U 与 D 维欧氏空间($\mathbf{R}^D$)中开集 V 同胚，那么 M 称为 D 维流形。图 2.3 给出部分二维流形实例。

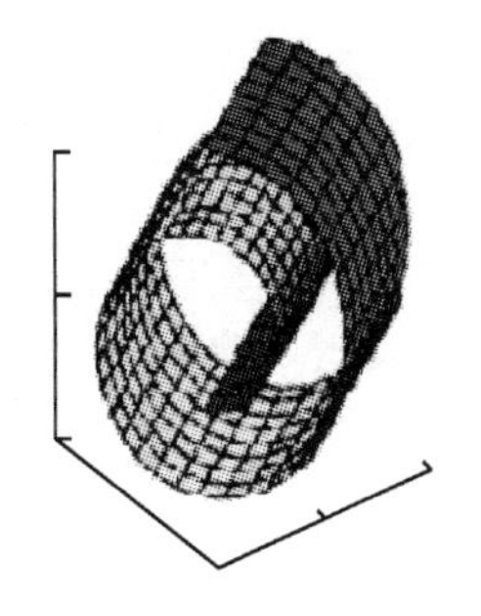
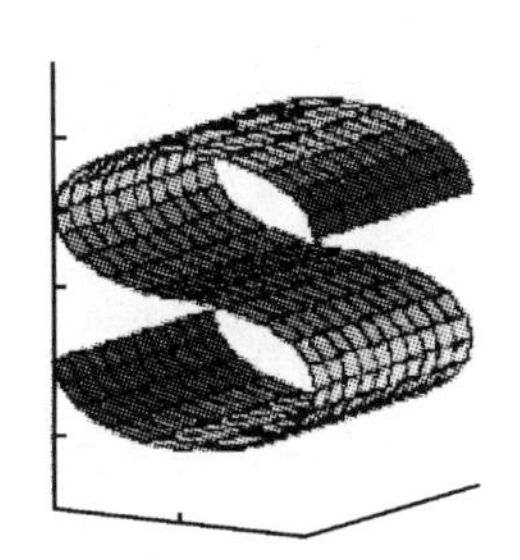
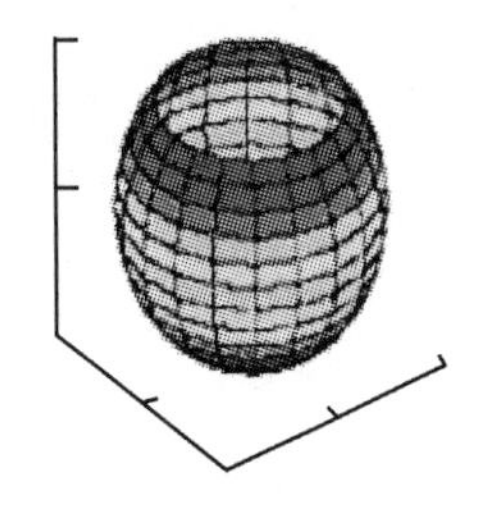

图 2.3　二维流形实例示意图

定义 2.2　拓扑空间定义为集对(X,τ)，其中，X 表示非空集，τ 表示满足以下条件的子集簇：①τ 中任意多元素的并是封闭的；②τ 中有限元素的交是封闭的；③τ 中元素包含空集($\varnothing$)与集合 X。

定义 2.3　若集合 X 中任意两点 x 与 y 分别存在邻域 U 与 V，并使得其交集为空集($U\cap V=\varnothing$)，则称(X,τ)为Hausdorff空间。

定义2.4　若拓扑空间X和Y存在映射$f:X\to Y$，f是一一映射，并且f及逆映射f^{-1}均为连续映射，则称X与Y同胚。

给定高维数据集$X=[x_1\ x_2\ \cdots\ x_N]\in\mathbf{R}^{D\times N}$，并假设数据集$X$是由低维特征空间$Y=[y_1\ y_2\ \cdots\ y_N]\in\mathbf{R}^{d\times N}$通过非线性变换$f$所生成的，即$x_i=f(y_i)+\varepsilon_i$，$i=1,2,\cdots,N$，其中$f:Y\to\mathbf{R}^D$表示光滑嵌入映射，且$d\ll D$。流形学习的目的是利用所给定的观测数据集$X$构建从高维空间到低维空间的隐式或者显式的映射函数$f^{-1}:\mathbf{R}^D\to\mathbf{R}^d$，并获得观测数据$X$的低维表示$Y=[y_1\ y_2\ \cdots\ y_N]\in\mathbf{R}^{d\times N}$。图2.4为流形学习过程的实例图，其中，图2.4(a)为二维Swiss-Roll流形；图2.4(b)为采集到的三维样本点数据；图2.4(c)为通过流形学习方法重现出的低维表示。

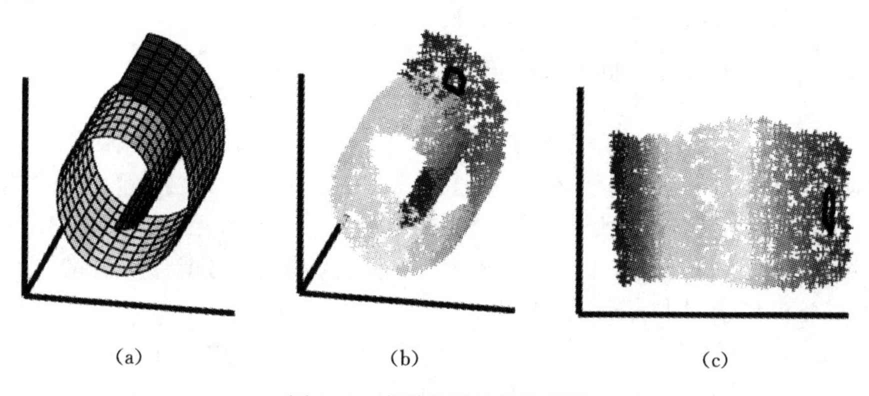

(a)　　(b)　　(c)

图2.4　流形学习过程示意图

1. *局部线性嵌入*

局部线性嵌入(LLE)[7]方法的思想是在低维特征空间中保持原始高维数据在高维空间中的局部线性重构关系不变，具体过程如图2.5所示。LLE方法认为人脸图像的流形具有局部线性结构，即任意人脸图像均可以由其近邻人脸图像线性重构表示。

LLE方法的目标函数为

$$\min_y \varepsilon(y)=\sum_{i=1}^{N}\left\|y_i-\sum_{j=1}^{k}s_{ij}y_j\right\|^2 \tag{2.26}$$

式中，s_{ij}为样本x_j对样本x_i的重构系数，其值可以通过最优化如下问题求解，即

$$\min_s \varepsilon(s)=\sum_{i=1}^{N}\left\|x_i-\sum_{j=1}^{k}s_{ij}x_j\right\|^2$$

$$\text{s.t.}\ \sum_{j=1}^{k}s_{ij}=1 \tag{2.27}$$

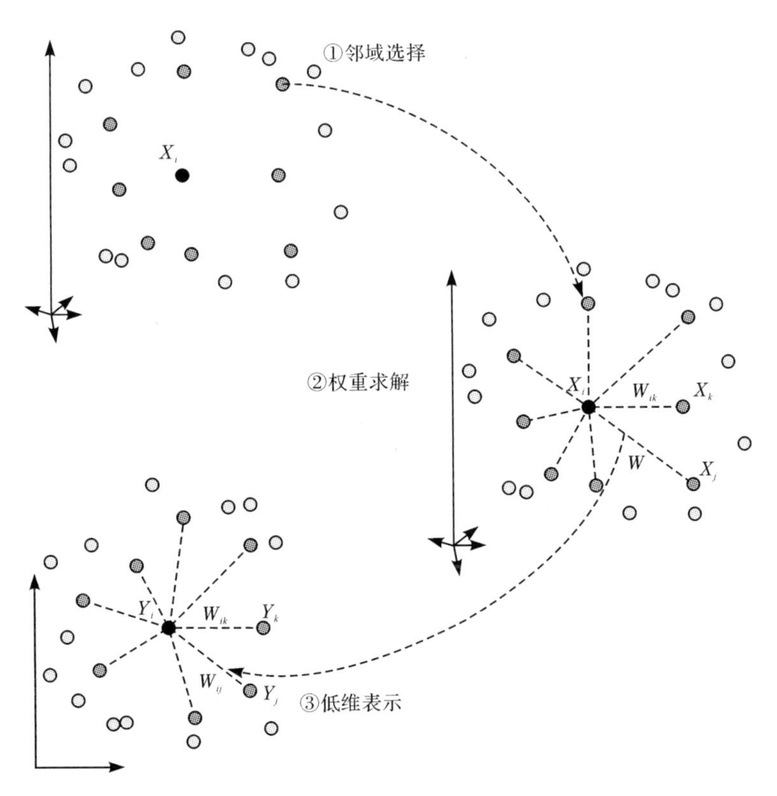

图 2.5　LLE 方法实例图

根据 $\sum_{j=1}^{k} s_{ij} = 1$, 式(2.27)可写为

$$
\begin{aligned}
\min_{S} \varepsilon(S) &= \sum_{i=1}^{N} \left\| x_i - \sum_{j=1}^{k} s_{ij} x_j \right\|^2 \\
&= \sum_{i=1}^{N} \left\| \sum_{j=1}^{k} s_{ij} (x_i - x_j) \right\|^2 \\
&= \sum_{i=1}^{N} \| (X_i - X_i^k) S_i \|^2 \\
&= \sum_{i=1}^{N} ((X_i - X_i^k) S_i)^{\mathrm{T}} ((X_i - X_i^k) S_i) \\
&= \sum_{i=1}^{N} S_i^{\mathrm{T}} ((X_i - X_i^k)^{\mathrm{T}} (X_i - X_i^k)) S_i \\
&= \sum_{i=1}^{N} S_i^{\mathrm{T}} Z_i S_i
\end{aligned}
\tag{2.28}
$$

式中,$X_i = [x_i \ x_i \ \cdots \ x_i] \in \mathbf{R}^{d \times k}$, $X_i^k = [x_{i1} \ x_{i2} \ \cdots \ x_{ik}] \in \mathbf{R}^{d \times k}$ 为样本 x_i 的 k 个近

邻样本的集合；$S_i=[s_{i1}\ s_{i2}\ \cdots\ s_{ik}]\in\mathbf{R}^{d\times k}$ 为样本 x_i 的局部重构系数矩阵；$Z_i=(X_i-X_i^k)^{\mathrm{T}}(X_i-X_i^k)$ 为样本 x_i 的局部协方差矩阵。式(2.27)求解的问题可看成带约束的最小二乘问题，于是，对式(2.28)采用拉格朗日乘子法得到如下函数：

$$\varphi(S,\lambda)=\sum_{i=1}^{N}S_i^{\mathrm{T}}Z_iS_i-\lambda\Big(\sum_{j=1}^{k}s_{ij}-1\Big) \tag{2.29}$$

对式(2.29)求偏导，并令导数等于零，则有

$$\frac{\partial\varphi(S,\lambda)}{\partial S_i}=Z_iS_i-\lambda=0 \tag{2.30}$$

对式(2.30)采用简单的求解方法，令 $\lambda=1$，则 $Z_iS_i=1$，于是有

$$\begin{aligned}S_i&=Z_i^{-1}\\ S_i&=\frac{S_i}{\sum\limits_{j=1}^{k}s_{ij}}\end{aligned} \tag{2.31}$$

当求解所有样本的最优重构系数 $S_i(i=1,2,\cdots,N)$ 后，将它们存储在大小为 $N\times N$ 的矩阵 S 中，即

$$S_{ij}=\begin{cases}s_{ij}, & x_j \text{ 是 } x_i \text{ 的 } k \text{ 近邻}\\ 0, & \text{其他}\end{cases} \tag{2.32}$$

式(2.26)可进一步写为

$$\begin{aligned}\min_{Y}\varepsilon(Y)&=\sum_{i=1}^{N}\Big\|y_i-\sum_{j}s_{ij}y_j\Big\|^2\\ &=\sum_{i=1}^{N}\|y_i-yS_i\|^2\\ &=\mathrm{tr}\Big\{Y\Big(\sum_{i=1}^{N}(I_i-S_i)(I_i-S_i)^{\mathrm{T}}\Big)Y^{\mathrm{T}}\Big\}\\ &=\mathrm{tr}(Y(I-S)(I-S)^{\mathrm{T}}Y^{\mathrm{T}})\\ &=\mathrm{tr}(YMY^{\mathrm{T}})\end{aligned} \tag{2.33}$$

式中，矩阵 $M=(I-S)(I-S)^{\mathrm{T}}$ 称为局部散度矩阵；矩阵 $I_i\in\mathbf{R}^{k\times k}$ 和 $I\in\mathbf{R}^{N\times N}$ 分别为单位矩阵。

结合约束条件 $YY^{\mathrm{T}}=I$，利用拉格朗日乘子法得到如下公式：

$$\varphi(Y,\lambda)=YMY^{\mathrm{T}}-\lambda(YY^{\mathrm{T}}-I) \tag{2.34}$$

对式(2.34)求偏导并令导数等于零，则有

$$\frac{\partial\varphi(Y,\lambda)}{\partial Y}=YM-\lambda Y=0 \tag{2.35}$$

同样，式(2.35)可以转化为矩阵特征值分解问题。

2. 拉普拉斯特征映射

拉普拉斯特征映射(LE)[8]是基于图谱理论提出的一种局部流形学习方法。与 LLE 方法类似,LE 方法同样具有简单且直观的降维目标,即通过保持高维数据的局部近邻关系来挖掘高维数据潜在的低维流形结构。换句话说,在高维空间中分布较近的样本点在低维空间中仍然分布较近。LE 方法的目标函数定义为

$$\min_{y} \varepsilon(y)=\sum_{i=1}^{N}\sum_{j=1}^{N}\|y_i-y_j\|^2 S_{ij} \tag{2.36}$$

式中,S_{ij} 为高维样本 x_i 与 x_j 的相似度,其定义为

$$S_{ij}=\begin{cases}1, & x_i\in N_k(x_j)\text{或者 } x_j\in N_k(x_i)\\ 0, & \text{其他}\end{cases} \tag{2.37}$$

或

$$S_{ij}=\begin{cases}\exp\left(\dfrac{-\|x_i-x_j\|^2}{t^2}\right), & x_i\in N_k(x_j)\text{或者 } x_j\in N_k(x_i)\\ 0, & \text{其他}\end{cases} \tag{2.38}$$

式中,$N_k(x_i)$为样本 x_i 的 k 个近邻样本的集合;$t>0$ 是热核参数,其决定相似函数的衰退率。

通过推导,式(2.36)可重写为

$$\begin{aligned}\min_{y} \varepsilon(Y) &= \sum_{i=1}^{N}\sum_{j=1}^{N}\|y_i-y_j\|^2 S_{ij}\\ &= \sum_{i=1}^{N}\sum_{j=1}^{N}(y_i-y_j)^{\mathrm{T}} S_{ij}(y_i-y_j)\\ &= \sum_{i=1}^{N}\sum_{j=1}^{N}(y_i^{\mathrm{T}}S_{ij}y_i-y_i^{\mathrm{T}}S_{ij}y_j-y_j^{\mathrm{T}}S_{ij}y_i+y_j^{\mathrm{T}}S_{ij}y_j)\\ &= 2\sum_{i=1}^{N}\sum_{j=1}^{N}(y_i^{\mathrm{T}}S_{ij}y_i-y_i^{\mathrm{T}}S_{ij}y_j)\\ &= 2\mathrm{tr}(Y^{\mathrm{T}}(D-S)Y)\\ &= \mathrm{tr}(Y^{\mathrm{T}}LY)\end{aligned} \tag{2.39}$$

式中,矩阵 D 为对角矩阵,其对角元素为 $D_{ii}=\sum_{j}S_{ij}$;$L=D-S$ 为拉普拉斯矩阵。

求解高维数据的低维表示问题同样可以转化为求解特征值分解问题,即求解式(2.39)的最小特征值所对应的特征向量

$$LY=\lambda DY \tag{2.40}$$

设$[\lambda_1 \ \cdots \ \lambda_d]$为式(2.40)中前 d 个最小特征值,它们对应的特征向量

$[y_1 \ \cdots \ y_N]^{\mathrm{T}} \in \mathbf{R}^{d \times N}$就是高维数据的低维表示。尽管 LLE 和 LE 两种方法能够有效地处理非线性高维数据，但它们仅仅只能给出训练样本的低维表示，却不能直接显式地给出测试样本的低维表示，即所谓的“样本外”问题。对于测试样本，则需要将整个算法重新执行一次。因此，在一定程度上增加了计算复杂度和空间复杂度。

3. 邻域保持嵌入

邻域保持嵌入(NPE)是 LLE 方法的线性近似方法[10]。NPE 方法旨在寻找最优投影矩阵使得在低维空间中尽可能保持原始高维数据的局部线性重构关系。假设矩阵 W 是将高维数据映射到低维空间中的投影矩阵，即 $y_i = W^{\mathrm{T}} x_i$，NPE 方法的目标函数表示为

$$\begin{aligned}
\min_{W} \varepsilon(W) &= \sum_{i=1}^{N} \left\| y_i - \sum_j S_{ij} y_j \right\|^2 \\
&= \sum_{i=1}^{N} \left\| W^{\mathrm{T}} x_i - \sum_j S_{ij} W^{\mathrm{T}} x_j \right\|^2 \\
&= \sum_{i=1}^{N} \| W^{\mathrm{T}} (x_i - S_i X) \|^2 \\
&= \mathrm{tr}\left\{ W^{\mathrm{T}} \sum_{i=1}^{N} ((x_i - S_i X)(x_i - S_i X)^{\mathrm{T}}) W \right\} \\
&= \mathrm{tr}(W^{\mathrm{T}} X (I-S)(I-S)^{\mathrm{T}} X^{\mathrm{T}} W) \\
&= \mathrm{tr}(W^{\mathrm{T}} X M X^{\mathrm{T}} W)
\end{aligned} \tag{2.41}$$

式中，矩阵 $M=(I-S)(I-S)^{\mathrm{T}}$。

为了避免退化解，引入约束条件 $W^{\mathrm{T}} X X^{\mathrm{T}} W = I$，经过推导，式(2.41)的求解问题可转换为如下特征值分解问题：

$$XMX^{\mathrm{T}} W = \lambda X X^{\mathrm{T}} W \tag{2.42}$$

NPE 方法是以保持数据的局部邻域结构为目的，并且通过局部最小二乘近似来求解边的权值矩阵，它在人脸识别中被称为 NPEfaces 方法[10]，NPE 方法仍然需要人工预先设定邻域大小。

4. 局部保持投影

局部保持投影(LPP)方法[11]是 LE 方法的线性扩展。LPP 方法的主要目标是通过挖掘高维数据内在局部几何结构，寻找最优投影方向将高维数据映射到低维空间中仍然保持原始高维数据的局部结构。LPP 方法的思想是高维空间中的近邻样本投影到低维空间中仍然很近，因此 LPP 方法的目标函数为

$$\min_{y} \varepsilon(y) = \sum_{i=1}^{N}\sum_{j=1}^{N} \| y_i - y_j \|^2 S_{ij} \tag{2.43}$$

式中，权重矩阵 S 可根据式(2.37)或式(2.38)计算。

令 W 为投影矩阵，则 $y_i = W^{\mathrm{T}} x_i (i=1,2,\cdots,N)$，于是 LPP 方法的目标函数可重写为

$$\min_{W} \varepsilon(W) = \sum_{i=1}^{N}\sum_{j=1}^{N} \| W^{\mathrm{T}} x_i - W^{\mathrm{T}} x_j \|^2 S_{ij} \tag{2.44}$$

通过推导，式(2.44)可重写为

$$\begin{aligned}
\min_{W} \varepsilon(W) &= \sum_{i=1}^{N}\sum_{j=1}^{N} \| W^{\mathrm{T}} x_i - W^{\mathrm{T}} x_j \|^2 S_{ij} \\
&= \sum_{i=1}^{N}\sum_{j=1}^{N} (W^{\mathrm{T}} x_i - W^{\mathrm{T}} x_j)(W^{\mathrm{T}} x_i - W^{\mathrm{T}} x_j)^{\mathrm{T}} S_{ij} \\
&= \sum_{i=1}^{N}\sum_{j=1}^{N} (W^{\mathrm{T}} x_i - W^{\mathrm{T}} x_j)(x_i^{\mathrm{T}} W - x_j^{\mathrm{T}} W)^{\mathrm{T}} S_{ij} \\
&= 2\sum_{i=1}^{N}\sum_{j=1}^{N} W^{\mathrm{T}} x_i S_{ij} x_i^{\mathrm{T}} W - 2\sum_{i=1}^{N}\sum_{j=1}^{N} W^{\mathrm{T}} x_i S_{ij} x_j^{\mathrm{T}} W \\
&= 2\sum_{i=1}^{N} W^{\mathrm{T}} x_i \left(\sum_{j=1}^{N} S_{ij}\right) x_i^{\mathrm{T}} W - 2\sum_{i=1}^{N}\sum_{j=1}^{N} W^{\mathrm{T}} x_i S_{ij} x_j^{\mathrm{T}} W \\
&= 2\sum_{i=1}^{N} W^{\mathrm{T}} x_i (S_{i1} + S_{i2} + \cdots + S_{iN}) x_i^{\mathrm{T}} W - 2\sum_{i=1}^{N}\sum_{j=1}^{N} W^{\mathrm{T}} x_i S_{ij} x_j^{\mathrm{T}} W \\
&= 2\sum_{i=1}^{N} W^{\mathrm{T}} x_i D_{ii} x_i^{\mathrm{T}} W - 2\sum_{i=1}^{N}\sum_{j=1}^{N} W^{\mathrm{T}} x_i S_{ij} x_j^{\mathrm{T}} W \\
&= 2\mathrm{tr}(W^{\mathrm{T}} X (D - S) X^{\mathrm{T}} W) \\
&= \mathrm{tr}(W^{\mathrm{T}} X L X^{\mathrm{T}} W)
\end{aligned} \tag{2.45}$$

其约束条件为

$$W^{\mathrm{T}} X D X^{\mathrm{T}} W = 1 \tag{2.46}$$

式(2.45)可以转化为如下特征值分解问题：

$$X^{\mathrm{T}} L X W = \lambda X^{\mathrm{T}} D X W \tag{2.47}$$

设$[\lambda_1 \ \cdots \ \lambda_d]$为式(2.47)中前 d 个最小特征值，$[w_1 \ \cdots \ w_d]$为其对应的特征向量，则投影矩阵 W 表示为

$$W = [w_1 \ \cdots \ w_d] \tag{2.48}$$

LPP 方法在人脸识别问题中称为 Laplacianfaces 方法[11]。LPP 方法存在需要人工预先设定邻域大小参数和热核参数的局限性，而参数设置对其性能影响比较显著。

5. 稀疏保持投影

尽管 NPE 和 LPP 两种方法在人脸识别任务中能够取得较好的性能，并避免了“样本外”问题，但它们的性能在一定程度上依赖于邻域图的参数选择。同时，它们是通过计算样本的欧氏距离来构建邻域图的，而欧氏距离对噪声非常敏感。因此，邻域图很容易受噪声的影响从而无法真实反映高维数据的局部几何结构[12]。为了克服上述问题，Qiao 等[12]基于稀疏表示(SR)在人脸识别中的成功应用及稀疏表示系数具有自然判别能力的特性，提出了一种新的维数约简方法，称为稀疏保持投影(SPP)。SPP 方法旨在低维空间中保持高维数据之间的稀疏表示关系。首先，SPP 方法认为每个高维样本可以由其他剩余样本稀疏表示，其数学公式可以描述为

$$\begin{aligned} &\min_{S_i}\| S_i \|_1 \\ &\text{s. t. } x_i = XS_i \\ &\qquad 1 = 1^{\mathrm{T}} S_i \end{aligned} \tag{2.49}$$

式中，$\|\cdot\|_1$ 为向量 ℓ_1 范数；$S_i = [s_{i,1}\ s_{i,2}\ \cdots\ s_{i,i-1}\ 0\ s_{i,i+1}\ \cdots\ s_{i,N}]^{\mathrm{T}} \in \mathbf{R}^{N\times 1}$，元素 $s_{i,j}(i\neq j)$ 为样本 x_j 对样本 x_i 的重构系数，其值越大表示重构贡献越大；$1\in \mathbf{R}^N$ 为全 1 向量。约束项 $x_i = XS_i$ 保证对高维数据具有旋转与尺度不变性，而约束项 $1 = 1^{\mathrm{T}} S_i$ 保证对高维数据具有平移不变性。式(2.49)可重写为

$$\begin{aligned} &\min_{S_i}\| S_i \|_1 \\ &\text{s. t. } \bar{x}_i = \bar{X} S_i \end{aligned} \tag{2.50}$$

式中，$\bar{x}_i = [x_i\ 1]^{\mathrm{T}} \in \mathbf{R}^{D+1}$；$\bar{X} = [X\ 1^{\mathrm{T}}]^{\mathrm{T}} \in \mathbf{R}^{(D+1)\times N}$。式(2.50)可以通过求解标准最小化 ℓ_1 范数问题得到解决。

当求解每个样本 $x_i(i=1,2,\cdots,N)$ 的最优权重向量 $\widetilde{S}_i$ 后，定义稀疏表示矩阵 $S=(\widetilde{S}_{ij})_{N\times N}$ 为

$$S = [\widetilde{S}_1\ \widetilde{S}_2\ \cdots\ \widetilde{S}_N] \tag{2.51}$$

最后，类似于 NPE 方法，SPP 方法旨在寻找最优投影矩阵将高维数据投影到低维空间中尽可能保持高维数据间的稀疏表示关系，其目标函数定义为

$$\min_{W} \varepsilon(W) = \sum_{i=1}^{N} \| W^{\mathrm{T}} x_i - W^{\mathrm{T}} X \widetilde{S}_i \|^2 \tag{2.52}$$

式中，W 为投影矩阵。经过运算，式(2.52)可表示为

$$\min_{W} \varepsilon(W) = \sum_{i=1}^{N} \| W^{\mathrm{T}} x_i - W^{\mathrm{T}} X \widetilde{S}_i \|^2$$

$$= \mathrm{tr}\left\{W^{\mathrm{T}}\left(\sum_{i=1}^{N}(x_i - X\widetilde{S}_i)(x_i - X\widetilde{S}_i)^{\mathrm{T}}\right)W\right\} \tag{2.53}$$

令 e_i 为 N 维向量(第 i 个元素为 1,其余元素为 0),式(2.53)等价于

$$\begin{aligned}\min_W \varepsilon(W) &= \mathrm{tr}\left\{W^{\mathrm{T}}\left(\sum_{i=1}^{N}(Xe_i - X\widetilde{S}_i)(Xe_i - X\widetilde{S}_i)^{\mathrm{T}}\right)W\right\} \\ &= \mathrm{tr}\left\{W^{\mathrm{T}}X\left(\sum_{i=1}^{N}(e_i - \widetilde{S}_i)(e_i - \widetilde{S}_i)^{\mathrm{T}}\right)X^{\mathrm{T}}W\right\} \\ &= \mathrm{tr}\left\{W^{\mathrm{T}}X\left(\sum_{i=1}^{N}(e_ie_i^{\mathrm{T}} - \widetilde{S}_ie_i^{\mathrm{T}} - e_iS_i^{\mathrm{T}} + \widetilde{S}_iS_i^{\mathrm{T}})\right)X^{\mathrm{T}}W\right\} \\ &= \mathrm{tr}(W^{\mathrm{T}}X(I - S - S^{\mathrm{T}} + S^{\mathrm{T}}S)X^{\mathrm{T}}W)\end{aligned} \tag{2.54}$$

为了避免退化解,加入约束条件 $\mathrm{tr}(W^{\mathrm{T}}XX^{\mathrm{T}}W)=1$,于是,SPP 方法的最终目标函数可表示为如下最优问题:

$$\min_W \frac{\mathrm{tr}(W^{\mathrm{T}}X(I-S-S^{\mathrm{T}}+S^{\mathrm{T}}S)X^{\mathrm{T}}W)}{\mathrm{tr}(W^{\mathrm{T}}XX^{\mathrm{T}}W)} \tag{2.55}$$

将式(2.55)进一步表示为

$$\max_W \frac{\mathrm{tr}(W^{\mathrm{T}}X\hat{S}X^{\mathrm{T}}W)}{\mathrm{tr}(W^{\mathrm{T}}XX^{\mathrm{T}}W)} \tag{2.56}$$

式中,$\hat{S}=S+S^{\mathrm{T}}-S^{\mathrm{T}}S$。将式(2.55)最小化问题转换为式(2.56)最大化问题可以保证求得更加稳定的数值解[13]。实际求解问题中,往往将式(2.56)的迹比问题近似转为比迹问题[14]

$$\max_W \mathrm{tr}((W^{\mathrm{T}}XX^{\mathrm{T}}W)^{-1}W^{\mathrm{T}}X\hat{S}X^{\mathrm{T}}W) \tag{2.57}$$

对式(2.57)可以通过求解广义特征值问题求解,即

$$X\hat{S}X^{\mathrm{T}}W=\lambda XX^{\mathrm{T}}W \tag{2.58}$$

由于稀疏表示系数在一定程度上包含了数据的判别信息,因此即使在无监督情况下,SPP 方法仍然包含自然判别信息,SPP 方法在人脸识别中称为 SPPfaces 方法。虽然 SPP 方法被视为一种较好的特征提取方法,但它仍存在如下问题。①由于需要求解 N 个 ℓ_1 范数最小化问题获得样本的稀疏表示矩阵 S,而每个 ℓ_1 范数最小化问题的计算复杂度近似为 $O(N^3)$[15],因此对于所有样本的计算复杂度为 $O(N^4)$。于是,较高的计算复杂度导致 SPP 方法不适用于大规模数据分类问题。②虽然 SPP 包含自然判别信息,但它同样没有利用样本的类别标签信息,因而并不适用于所有分类问题。

6. 边缘费舍尔分析

LLE、LE、LPP、NPE 和 SPP 五种方法均属于无监督特征提取方法,虽然它们

考虑了数据的局部结构信息，但忽视了数据的类别标签信息。因此，在一定程度上降低了低维特征的判别能力，从而限制了这些方法在分类任务中的性能。为了增强低维特征的判别能力，Yan 等[16]基于图嵌入框架提出了一种称为边缘费舍尔分析(MFA)的流形学习方法用于特征提取。与其他流形学习方法类似，MFA 方法同样利用样本近邻关系刻画样本在高维空间中的分布关系，但不同的是，MFA 方法考虑到了数据的类别标签信息。具体地说，MFA 方法利用数据的类别标签信息分别构建本征图(intrinsic graph)和惩罚图(penalty graph)刻画高维数据的几何结构，如图 2.6 所示。

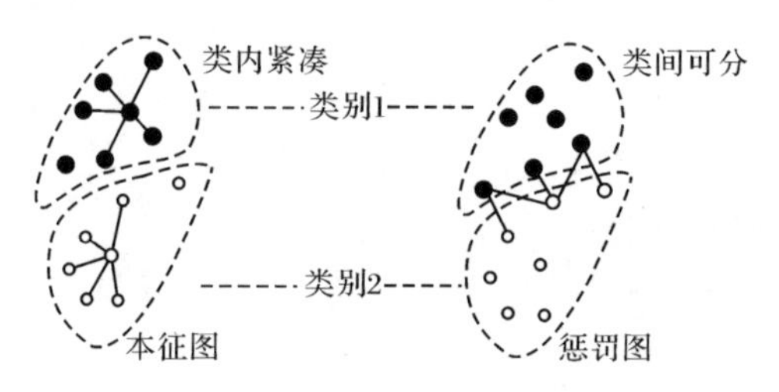

图 2.6 MFA 方法中的本征图和惩罚图实例[16]

在本征图中，每个样本 $x_i(i=1,2,\cdots,N)$ 仅与其同类样本中的 k_1 个近邻样本相连，其邻接权重矩阵定义为

$$S_{ij}^I=\begin{cases}1, & x_i\in N_k^+(x_j)\text{或者}x_j\in N_k^+(x_i)\\0, & \text{其他}\end{cases}\tag{2.59}$$

式中，$N_k^+(x_i)$ 为与样本 x_i 同类的 k_1 个近邻样本集合。

在惩罚图中，每个样本 $x_i(i=1,2,\cdots,N)$ 仅与异类样本之间的 k_2 个近邻样本相连，其邻接权重矩阵定义为

$$S_{ij}^P=\begin{cases}1, & (i,j)\in P_{k_2}(c_i)\text{或者}(i,j)\in P_{k_2}(c_j)\\0, & \text{其他}\end{cases}\tag{2.60}$$

式中，$P_{k_2}(c_i)$ 为集合 $I=\{(x_i,x_j)\mid x_i\in\pi_{c_i},x_j\notin\pi_{c_i}\}$ 中 k_2 个近邻点对样本集合，它反映了不同类样本之间的边缘分布情况。

MFA 方法的主要目的不仅是使低维空间中每个样本点与其同类样本中的 k_1 个近邻样本更加紧凑，而且使其与异类样本中的 k_2 个近邻样本更远，其目标函数为

$$\min_y\sum_i\sum_{i\in N_{k_1}(x_j)\vee j\in N_{k_1}(x_i)}\|y_i-y_j\|^2S_{ij}^I\tag{2.61}$$

$$\max_y\sum_i\sum_{(i,j)\in P_{k_2}(c_j)\vee(i,j)\in P_{k_2}(c_i)}\|y_i-y_j\|^2S_{ij}^P\tag{2.62}$$

同样，令 $y_i=W^{\mathrm{T}}x_i(i=1,2,\cdots,N)$，式(2.61)和式(2.62)可转化为

$$\min_{y}\sum_{i}\sum_{i\in N_{k_1}(x_j)\vee j\in N_{k_1}(x_i)}\|y_i-y_j\|^2S_{ij}^I=\min_{W}\mathrm{tr}(W^{\mathrm{T}}XL^IX^{\mathrm{T}}W)\tag{2.63}$$

$$\max_{y}\sum_{i}\sum_{(i,j)\in P_{k_2}(c_i)\vee(i,j)\in P_{k_2}(c_j)}\|y_i-y_j\|^2S_{ij}^P=\max_{W}\mathrm{tr}(W^{\mathrm{T}}XL^PX^{\mathrm{T}}W)\tag{2.64}$$

式中，$L^I=D^I-W^I$ 和 $L^P=D^P-W^P$ 分别为本征图与惩罚图的拉普拉斯矩阵，D^I 和 D^P 分别为对角矩阵，对角元素分别为 $D_{ii}^I=\sum_j W_{ij}^I$ 和 $D_{ii}^P=\sum_j W_{ij}^P$。

最后，MFA 方法优化问题可以转化为如下的广义特征值求解问题：

$$XL^PX^{\mathrm{T}}W=\lambda X(L^I+L^P)X^{\mathrm{T}}W\tag{2.65}$$

MFA 方法可以视为局部化的 LDA 方法。但与 LDA 方法基于高斯分布的假设相比，MFA 方法是一种非参方法，它不需要对样本分布作任何假设，而是通过数据近邻关系来挖掘高维数据分布统计特性。此外，MFA 方法还克服了 LDA 方法不能处理具有多模态分布结构的数据的缺点[15]。

2.2　基于局部信息的人脸识别方法

不同于基于全局信息的人脸识别方法，基于局部信息的人脸识别方法是利用人脸图像局部特征进行人脸识别的。局部特征对应人脸图像中的某个局部区域，它侧重于反映人脸图像的细节特征。目前，基于 Gabor 小波法[17,18]、局部二值模式(local binary pattern，LBP)[19,20]、子图像(子模式)[21-23]等大量局部方法已经被广泛应用于人脸识别。基于子模式的方法操作简单且直观，而且还能够有效地解决小样本问题，同时对遮挡、表情、光照等因素引起的变化具有较好的鲁棒性，本章着重介绍几种基于子模式的方法。

假设数据集 $X=[x_1\ x_2\ \cdots\ x_N]$包含来自 C 个不同类的 N 幅人脸图像，每类分别有 $n_c(c=1,2,\cdots,C)$幅图像，每幅人脸图像的大小为 $H_1\times H_2$。首先，将整幅人脸图像按照区域划分为 $n_1\times n_2$ 大小的 M 块子图像。然后，将所有子图像转化为长度为 $d(d=n_1\times n_2)$的列向量，那么第 i 幅人脸图像的子图像集表示为 $X_i=[x_i^1\ x_i^2\ \cdots\ x_i^M]$，所有人脸图像的第 m 个子图像集表示为 $X^m=[x_1^m\ x_2^m\ \cdots\ x_N^m]$。人脸图像划分子图像块和相对应的子图像集构建过程如图 2.7 所示。

2.2.1　基于局部信息的线性方法

1. 模块化主成分分析

模块化主成分分析(ModPCA)方法[21]在所有子图像集形成的新训练样本集

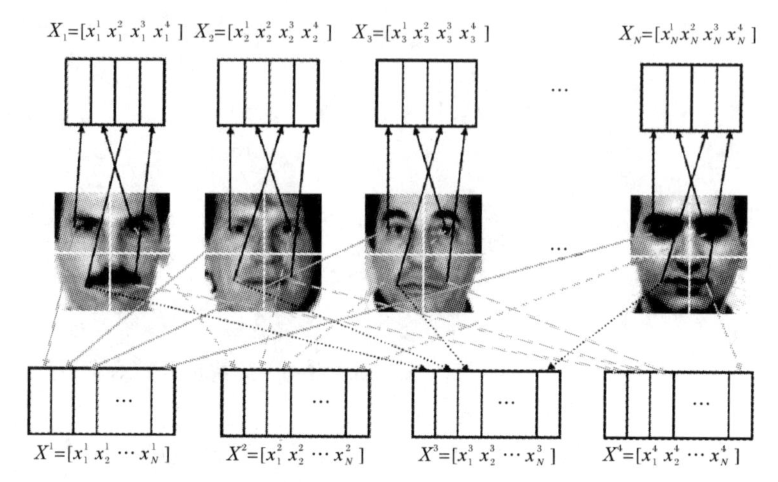

图 2.7 人脸图像划分子块和相对应的子图像(或子模式)集合构建过程示意图
人脸图像来自 Yale 数据库[25]和 $M=4$

上执行标准的 PCA 方法来提取低维特征。假设 $X_{\text{new}}=[x_1^1\ \cdots\ x_N^1\ x_1^2\ \cdots\ x_N^2\ \cdots\ x_1^M\ \cdots\ x_N^M]\in\mathbf{R}^{d\times NM}$表示新生成的训练样本集,$Y_{\text{new}}=[y_1^1\ \cdots\ y_N^1\ y_1^2\ \cdots\ y_N^2\ \cdots\ y_1^M\ \cdots\ y_N^M]\in\mathbf{R}^{\bar{d}\times NM}$为 X_{new}的低维表示。假设 W 为投影矩阵,$y_j^m=W^{\mathrm{T}}x_j^m(j=1,2,\cdots,N;m=1,2,\cdots,M)$,则 ModPCA 方法的目标函数定义为

$$\begin{aligned}\max_{W}\varepsilon(W)&=\frac{1}{M\times N}\sum_{m=1}^{M}\sum_{j=1}^{N}\|y_j^m-\bar{y}\|^2\\&=\frac{1}{M\times N}\sum_{m=1}^{M}\sum_{j=1}^{N}\|W^{\mathrm{T}}(x_j^m-\bar{x})\|^2\\&=\frac{1}{M\times N}\mathrm{tr}\left\{W^{\mathrm{T}}\left(\sum_{m=1}^{M}\sum_{j=1}^{N}(x_j^m-\bar{x})(x_j^m-\bar{x})^{\mathrm{T}}\right)W\right\}\\&=\frac{1}{M\times N}\mathrm{tr}(W^{\mathrm{T}}\Sigma_{\text{new}}W)\\\text{s.t.}\ W^{\mathrm{T}}W&=I\end{aligned}\tag{2.66}$$

式中,$\bar{y}=\frac{1}{M\times N}\sum_{m=1}^{M}\sum_{j=1}^{N}y_j^m$ 和 $\bar{x}=\frac{1}{M\times N}\sum_{m=1}^{M}\sum_{j=1}^{N}x_j^m$ 分别为 Y_{new} 和 X_{new} 的均值向量;$\Sigma_{\text{new}}=\sum_{m=1}^{M}\sum_{j=1}^{N}(x_j^m-\bar{x})(x_j^m-\bar{x})^{\mathrm{T}}$ 为 X_{new} 的协方差矩阵。类似于标准 PCA 方法,式(2.66) 可以转换为求解广义特征值分解问题。

ModPCA 方法考虑了样本的局部信息,并且避免了小样本问题。另外,将样本划分为较小的子图像,能够将局外点或者噪声点限制在局部范围内,从而弱化了光照和表情变化对人脸识别的影响。因此,ModPCA 方法比 PCA 方法更具有

鲁棒性。由于 ModPCA 方法将所有子图像向量形成新的训练集，在特征提取过程中没有考虑子图像之间的差异，因此在一定程度上也削弱了 ModPCA 方法的性能。例如，在人脸识别中，将眼睛、鼻子和嘴巴等不同人脸局部特征串联成整体进行低维特征提取，这显然不符合逻辑。通过实验也能发现 ModPCA 方法在人脸识别中未能达到较好的效果。

2. 子模式主成分分析

不同于 ModPCA 方法，子模式主成分分析（SpPCA）方法[22]是通过对每个子模式集利用 PCA 方法提取局部低维特征，然后将所有子模式的局部低维特征串联形成全局低维特征用于后续任务。SpPCA 方法具体过程描述如下。

假定矩阵 $X^m=[x_1^m \ \ x_2^m \ \ \cdots \ \ x_N^m]$ 表示第 m 个子模式集，矩阵 $Y^m=[y_1^m \ \ y_2^m \ \ \cdots \ \ y_N^m]$ 表示 X^m 的低维表示。根据标准 PCA 方法准则有

$$\max_{y^m} \frac{1}{N}\sum_{i=1}^{N} \| y_i^m - \bar{y}^m \|^2 \tag{2.67}$$

式中，$\bar{y}^m = \frac{1}{N}\sum_{i=1}^{N} y_i^m$ 为第 m 个子模式集 X^m 的均值向量。

令 W^m 为投影矩阵，将子模式 x_i^m 投影到低维子空间中，即 $y_i^m = W^{m^{\mathrm{T}}} x_i^m$。通过代数运算，SpPCA 方法的目标函数可写为

$$\begin{aligned}\max_{W^m} \varepsilon(W^m) &= \frac{1}{N}\sum_{m=1}^{M}\sum_{i=1}^{N} \| y_i^m - \bar{y}^m \|^2 \\ &= \frac{1}{N}\sum_{m=1}^{M}\sum_{i=1}^{N} \| W^{m^{\mathrm{T}}}(x_i^m - \bar{x}^m) \|^2 \\ &= \frac{1}{N}\sum_{m=1}^{M} \mathrm{tr}\left\{ W^{m^{\mathrm{T}}} \left(\sum_{i=1}^{N} (x_i^m - \bar{x}^m)(x_i^m - \bar{x}^m)^{\mathrm{T}} \right) W^m \right\} \\ &= \frac{1}{N}\sum_{m=1}^{M} \mathrm{tr}(W^{m^{\mathrm{T}}} \Sigma^m W^m)\end{aligned} \tag{2.68}$$

式中，$\Sigma^m = \sum_{i=1}^{N} (x_i^m - \bar{x}^m)(x_i^m - \bar{x}^m)^{\mathrm{T}}$ 为第 m 个子模式集 X^m 的协方差矩阵；$\bar{x}^m = \frac{1}{N}\sum_{i=1}^{N} x_i^m$ 为 X^m 的均值向量。为了保证投影矩阵的正交性，SpPCA 方法的最终目标函数可写为

$$\begin{aligned}&\max_{W^m} \frac{1}{N}\sum_{m=1}^{M} \mathrm{tr}(W^{m^{\mathrm{T}}} \Sigma^m W^m) \\ &\text{s. t. } W^{m^{\mathrm{T}}} W^m = I, \quad m = 1,2,\cdots,M\end{aligned} \tag{2.69}$$

式(2.69)可以利用拉格朗日乘子法求解，经过推导，投影矩阵 $W^m(m=1,2,\cdots,M)$

的求解可以转化为如下特征值分解问题：

$$\Sigma^m W^m = \lambda^m W^m, \quad m=1,2,\cdots,M \tag{2.70}$$

设$[\lambda_1^m \ \cdots \ \lambda_d^m]$为式(2.70)中前 d 个最大特征值，$[w_1^m \ \cdots \ w_d^m]$为其对应的特征向量，则最终投影矩阵表示为

$$W=[W^1 \ \cdots \ W^m \ \cdots \ W^M] \tag{2.71}$$

当 $M=1$ 时，SpPCA 方法退化为标准的 PCA 方法，因此 PCA 方法是 SpPCA 方法的一个特例。不同于 ModPCA 方法，SpPCA 方法将每个样本相同位置的子图像区域形成的子模式训练集单独利用 PCA 方法进行低维特征提取，因此 SpPCA 方法仍然忽视了不同子模式间的相关性、数据的类别标签信息及子模式集的局部流形结构。

3. 自适应加权子模式主成分分析

尽管 SpPCA 方法考虑到了人脸图像不同子模式之间的空间结构信息，但它忽略了不同子模式对人脸识别的重要程度。为此，Tan 等[23]提出了自适应加权子模式主成分分析(Aw-SpPCA)方法。与 SpPCA 方法不同，Aw-SpPCA 方法在分类过程中考虑了不同子模式对人脸识别的不同贡献。不同子模式的贡献计算如下。

第一步：首先，对每个子模式的训练集的构建参考集(gallery set)$G_m(m=1,2,\cdots,M)$与探测集(probe set)$P_m(m=1,2,\cdots,M)$。第 m 个子模式参考集 G_m 中的数据与第 m 个子模式训练集的数据 X^m 一致，即 $G_m=X^m(m=1,2,\cdots,M)$，而探测集中的数据是由训练集中每类样本的子模式均值向量与中值向量构成的，即 $P_m=\{\bar{X}_c^m,\hat{X}_c^m\}(c=1,\cdots,C;m=1,2,\cdots,M)$，$\bar{X}_c^m$ 和 $\hat{X}_c^m$ 分别表示子模式集 X^m 中第 c 类样本的均值向量和中值向量。然后，对每个参考集 $G_m(m=1,2,\cdots,M)$分别执行 PCA 方法，并计算相应的投影矩阵 $U_m(m=1,2,\cdots,M)$，其中，矩阵 U_m 中的列向量是由 r 个最大特征值对应的特征向量组成的。最后，给出子模式样本 x_i^m 和 x_j^m 之间的相似性定义：

$$\text{Similarity}(x_i^m,x_j^m)=-(x_i^m-x_j^m)^{\mathrm{T}}U_mU_m^{\mathrm{T}}(x_i^m-x_j^m) \tag{2.72}$$

第二步：首先，根据式(2.72)计算每个探测集 $P_m(m=1,2,\cdots,M)$中每个子模式与其相应的参考集 $G_m(m=1,2,\cdots,M)$中所有样本的相似度。然后，根据相似性值大小将参考集 $G_m(m=1,2,\cdots,M)$中的样本进行降序排序，并将相似度最大的样本所属类别看成探测集 $P_m(m=1,2,\cdots,M)$中子模式的预测类别。若探测集中子模式的预测类别与真实类别一致，则认为分类正确，反之，分类错误。最后，用变量 C_m 标记 P_m 探测集中正确分类的个数，第 m 个子模式的分类贡献为

$$Q_m=\frac{C_m}{2M} \tag{2.73}$$

对于测试人脸图像 x_{test}，首先，按照相同的方式将其划分为 M 个模式 $[x_{\text{test}}^1 \ \cdots \ x_{\text{test}}^M]$。然后，采用第二步中相同的方式，计算每个子模式的类别。最后，为了得到 x_{test} 的最终类别，需要构建距离矩阵 $D(x_{\text{test}})=(d_{cm})_{C\times M}\in \mathbf{R}^{C\times M}$，其中，$d_{cm}$ 表示第 m 个子模式 x_{test}^m 到训练样本第 m 个子模式集 X^m 中的第 c 个人的距离，定义为

$$d_{cm}=\begin{cases} Q_m, & \text{子模式 } x_{\text{test}}^m \text{ 被分为第 } c \text{ 类} \\ 0, & \text{其他} \end{cases} \tag{2.74}$$

于是，测试人脸图像 x_{test} 被分为第 c 类的总体置信度为

$$T_c(x_{\text{test}})=\sum_{m=1}^{M} d_{cm} \tag{2.75}$$

最终，测试人脸图像 x_{test} 的类别可以通过如下公式计算：

$$\text{Identity}(x_{\text{test}})=\arg\max_c (T_c(x_{\text{test}})),\quad 1\leqslant c\leqslant C \tag{2.76}$$

由于 Aw-SpPCA 方法在分类过程中考虑到了人脸图像不同区域模块对识别的贡献，因此 Aw-SpPCA 方法对具有光照、表情变化的人脸图像具有一定的鲁棒性。但它仍然存在缺点。众所周知，人眼睛区域在人脸识别中起着比较大的作用，因此 Aw-SpPCA 方法将会给眼睛区域赋予较大的权值。当未知人脸图像出现佩戴墨镜的情况，即最重要信息遭到破坏时，Aw-SpPCA 方法的性能将会急剧下降。由于在实际分类问题中无法事先预判待检测图片是否被遮挡或者哪一部分被遮挡，因此并不能保证 Aw-SpPCA 方法这种加权方式能起到积极的作用。

4. 局部岭回归

为了克服 ModPCA、SpPCA 和 Aw-SpPCA 三种方法在特征提取过程中都没有考虑到人脸图像的类别标签信息的缺点，Xue 等[25]提出了局部岭回归(LRR)有监督局部人脸识别方法，该方法充分考虑了人脸图像所携带的类别标签信息。

令矩阵 $Y=[y_1 \ y_2 \ \cdots \ y_N]^{\mathrm{T}}\in \mathbf{R}^{N\times C}$ 表示训练样本的类别标签矩阵。LRR 方法首先对每个子模式集采用岭回归(ridge regression，RR)[26]方法训练相应的分类器，目标函数定义为

$$\min_{W^m} \| Y-X^{m^{\mathrm{T}}}W^m \|_2^2+\lambda\| W^m \|_2^2,\quad m=1,2,\cdots,M \tag{2.77}$$

式中，$X^m=[x_1^m \ x_2^m \ \cdots \ x_N^m]$ 为第 m 个模式构成的子模式集；矩阵 W^m 为子模式集 X^m 与类别标签矩阵 Y 之间的线性关系矩阵；$\lambda\geqslant 0$ 为正则化参数。经过代数运算，式(2.77)可转化为

$$\begin{aligned}\min_{W^m} \varepsilon(W^m) &= \| Y-X^{m^{\mathrm{T}}}W^m \|_2^2+\lambda \| W^m \|_2^2 \\ &= \mathrm{tr}((Y-X^{m^{\mathrm{T}}}W^m)^{\mathrm{T}}(Y-X^{m^{\mathrm{T}}}W^m))+\lambda \mathrm{tr}(W^{m^{\mathrm{T}}}W^m)\end{aligned}$$

$$
\begin{aligned}
&= \mathrm{tr}((Y^{\mathrm{T}} - W^{m^{\mathrm{T}}} X^m)(Y - X^{m^{\mathrm{T}}} W^m)) + \lambda \mathrm{tr}(W^{m^{\mathrm{T}}} W^m) \\
&= \mathrm{tr}(Y^{\mathrm{T}} Y - 2W^{m^{\mathrm{T}}} X^m Y + W^{m^{\mathrm{T}}} X^m X^{m^{\mathrm{T}}} W^m + \lambda W^{m^{\mathrm{T}}} W^m)
\end{aligned}
\tag{2.78}
$$

对式(2.78)求偏导并令导数等于零，则最优 W^m 可表示为

$$
W^m = (X^m X^{m^{\mathrm{T}}} + \lambda I)^{-1} X^m Y \tag{2.79}
$$

式中，$I \in \mathbf{R}^{d\times d}$为单位矩阵。

由式(2.77)可知，LRR 方法属于完全监督学习方法，因此 LRR 方法无法利用训练样本集中未标记样本的信息。另外，由于每个矩阵 $W^m(m=1,\cdots,M)$均是独立求解得到的，因此 LRR 方法在学习过程中忽略了不同子模式集之间的相关性。

2.2.2 基于局部信息的非线性方法

由于 ModPCA、SpPCA、Aw-SpPCA 和 LLR 四种方法是通过对全局线性方法进行扩展而形成的，因此它们仅考虑了子模式的全局结构，而忽视了子模式的流形结构。为了克服上述问题，基于流形学习的子模式方法相继被提出。本节主要介绍几种经典的方法。

1. 自适应加权子模式局部保持投影

自适应加权子模式局部保持投影(Aw-SpLPP)方法[27]是根据 LPP 方法进行扩展的。Aw-SpLPP 方法对每个子模式集合利用 LPP 方法进行降维。因此，对于第 m 个子模式集 X^m，LPP 方法的目标函数定义为

$$
\min_{y^m} \sum_{i=1}^{N}\sum_{j=1}^{N} \| y_i^m - y_j^m \|^2 S_{ij}^m \tag{2.80}
$$

式中，S_{ij}^m为 y_i^m 与 y_j^m 之间的相似度，定义为

$$
S_{ij}^m = \begin{cases} \exp\left(\dfrac{-\| x_i^m - x_j^m \|^2}{t^2}\right), & x_i^m \in N_k(x_j^m) \text{或者} x_j^m \in N_k(x_i^m) \\ 0, & \text{其他} \end{cases} \tag{2.81}
$$

式中，$N_k(x_i^m)$为子模式 x_i^m 的 k 个近邻样本的集合；t 为决定相似函数衰退率的热核参数。

假设矩阵 W^m 是将子模式 x_i^m 投影到低维子空间中的投影矩阵，即 $y_i^m = W^{m^{\mathrm{T}}} x_i^m$。通过运算，式(2.80)可以转化为

$$
\begin{aligned}
\min_{W^m} \varepsilon(W^m) &= \sum_{i=1}^{N}\sum_{j=1}^{N} \| y_i^m - y_j^m \|^2 S_{ij}^m \\
&= \sum_{i=1}^{N}\sum_{j=1}^{N} \| W^{m^{\mathrm{T}}} x_i^m - W^{m^{\mathrm{T}}} x_j^m \|^2 S_{ij}^m
\end{aligned}
$$

$$= \sum_{i=1}^{N}\sum_{j=1}^{N} W^{m^{\mathrm{T}}}((x_i^m - x_j^m)S_{ij}^m (x_i^m - x_j^m)^{\mathrm{T}})W^m$$
$$= \mathrm{tr}(W^{m^{\mathrm{T}}} X^m (D^m - S^m) X^{m^{\mathrm{T}}} W^m)$$
$$= \mathrm{tr}(W^{m^{\mathrm{T}}} X^m L^m X^{m^{\mathrm{T}}} W^m) \tag{2.82}$$

式中，$L^m = D^m - S^m$ 为矩阵 S^m 的拉普拉斯矩阵；D^m 为对角矩阵，其对角元素是矩阵 S^m 所有对应行或者列元素的和，即 $D_{ii}^m = \sum_{j=1}^{N} S_{ij}^m$。

为了确保投影矩阵的唯一性，引入如下约束条件：

$$W^{m^{\mathrm{T}}} X^m D^m X^{m^{\mathrm{T}}} W^m = I \tag{2.83}$$

因此，第 m 个子模式 X^m 的 LPP 最终目标函数可以写为

$$\begin{aligned} &\min_{W^m} \mathrm{tr}(W^{m^{\mathrm{T}}} X^m L^m X^{m^{\mathrm{T}}} W^m) \\ &\mathrm{s.t.}\ W^{m^{\mathrm{T}}} X^m D^m X^{m^{\mathrm{T}}} W^m = I \end{aligned} \tag{2.84}$$

目标函数式(2.84)可以通过广义特征值分解求解。

在 Aw-SpLPP 方法中，第 m 个子模式对最终人脸识别结果的贡献(权值)可以利用该模式集中每个样本与其近邻样本之间的类别标签计算，具体公式为

$$\mathrm{Weight}_m = \frac{1}{N \times k}\sum_{j=1}^{N} k_j^m \tag{2.85}$$

式中，k 为每个样本的近邻数；k_j^m 为第 m 个子模式集 X^m 中第 j 个样本的 k 个近邻中属于同类的样本数。

2. 结构保持投影

尽管 Aw-SpLPP 方法考虑了子模式集的流形结构，但它忽视了不同子模式之间的内在构形关系。为此，Lu 等[28]提出了一种称为结构保持投影(SPP)的特征提取方法用于人脸识别。SPP 方法的目的是寻找既能保持每幅人脸图像不同子模式之间的构形关系，又能保持各个属于相同人脸成分子模式集的流形结构的低维特征。在 SPP 方法中，每幅人脸图像的不同子模式的构形关系可以通过它们之间的线性重构系数表示，即每幅人脸图像的任意子模式都可以由来自同幅人脸图像的其他子模式线性重构。

假定 $X_i = [x_i^1\ x_i^2\ \cdots\ x_i^M]$ 是第 i 幅人脸图像的 M 个子模式向量集合，$Y_i = [y_i^1\ y_i^2\ \cdots\ y_i^M]$ 是 X_i 的低维表示。X_i 的重构系数可以通过最小化如下目标函数求得：

$$\min_{\omega} \sum_{j=1}^{M} \left\| x_i^j - \sum_{m \in \{-j\}} \omega_i^{jm} x_i^m \right\|^2 \tag{2.86}$$

式中，ω_i^{jm} 为重构系数，$\{-j\} = \{1,2,\cdots,j-1,j+1,\cdots,M\}$。为了在低维子空间

中保持每幅人脸图像的构形结构关系，SPP 方法需要最小化如下目标函数：

$$\min_{y}\sum_{i=1}^{N}\sum_{j=1}^{M}\left\|y_i^j-\sum_{m\in\{-j\}}\omega^m y_i^m\right\|^2 \tag{2.87}$$

SPP 方法的另一个目的是保持来自每幅人脸图像相同位置的子模式集的局部流形结构。令 $X^m=[x_1^m\ \ x_2^m\ \ \cdots\ \ x_N^m]$为第 m 个子模式集，$Y^m=[y_1^m\ \ y_2^m\ \ \cdots\ \ y_N^m]$为 X^m 的低维表示。与 LPP 方法类似，SPP 方法也是通过利用数据集中近邻数据点的近邻关系来保持数据的局部流形结构，因此，其目标函数定义为

$$\min_{y}\sum_{m=1}^{M}\sum_{i=1}^{N}\sum_{j=1}^{N}\|y_i^m-y_j^m\|^2 S_{ij}^m \tag{2.88}$$

式中，S_{ij}^m为子模式 x_i^m 与 x_j^m 之间的相似度。无监督模型(SPP)中，S_{ij}^m定义为

$$S_{ij}^m=\begin{cases}\exp\left(\dfrac{-\|x_i^m-x_j^m\|^2}{t^2}\right), & x_i^m\in N_k(x_j^m)\text{或者 }x_j^m\in N_k(x_i^m)\\ 0, & \text{其他}\end{cases} \tag{2.89}$$

式中，$N_k(x_i^m)$为子模式 x_i^m 的 k 个近邻样本集；t 为决定相似函数衰退率的热核参数。在监督模型(S-SPP)中，S_{ij}^m定义为

$$S_{ij}^m=\begin{cases}\exp\left(\dfrac{-\|x_i^m-x_j^m\|^2}{t^2}\right), & x_i^m\in N_k^+(x_j^m)\text{或者 }x_j^m\in N_k^+(x_i^m)\\ 0, & \text{其他}\end{cases} \tag{2.90}$$

式中，$N_k^+(x_i^m)$为与子模式 x_i^m 来自同类的 k 个近邻样本集。由式(2.90)可以看出，SPP 方法的监督模型 S-SPP 也仅考虑了同类样本的局部流形结构，而忽视了类间样本的判别结构信息。

结合式(2.87)和式(2.88)，得到 SPP 方法的目标函数为

$$\min_{y}\left(\sum_{m=1}^{M}\sum_{i=1}^{N}\sum_{j=1}^{N}\|y_i^m-y_j^m\|^2 S_{ij}^m+\sum_{i=1}^{N}\sum_{j=1}^{M}\left\|y_i^j-\sum_{m\in\{-j\}}\omega_i^{jm}y_i^m\right\|^2\right) \tag{2.91}$$

假设矩阵 W 是将子模式 x_i^m 投影到低维子空间中的投影矩阵，即 $y_i^m=W^{\mathrm{T}}x_i^m$。通过代数运算，SPP 方法的最终目标函数可写为

$$\begin{aligned}&\min\ \mathrm{tr}\left\{W^{\mathrm{T}}\left(\sum_{m=1}^{M}X^m L^m X^{m^{\mathrm{T}}}+\sum_{i=1}^{N}X_i(I-\Omega_i)^{\mathrm{T}}(I-\Omega_i)X_i^{\mathrm{T}}\right)W\right\}\\ &\text{s. t. } W^{\mathrm{T}}ZZ^{\mathrm{T}}W=I\end{aligned} \tag{2.92}$$

式中，Ω_i 为第 i 幅人脸图像的重构系数矩阵；I 为单位矩阵；$L^m=D^m-S^m$ 为子模式集 X_m 的拉普拉斯矩阵；D^m 为对角矩阵，其对角元素是 S^m 矩阵所有对应行或者列元素的和，即 $D_{ii}^m=\sum_{j=1}^{N}S_{ij}^m$；$Z=[x_1^1\ \ x_1^2\ \ \cdots\ \ x_1^M\ \ x_2^1\ \ x_2^2\ \ \cdots\ \ x_2^M\ \ \cdots\ \ x_N^1\ \ x_N^2\ \ \cdots\ \ x_N^M]$ 为所有子模式集合。

最后，投影矩阵 W 同样可以通过求解广义特征值问题求解。虽然 SPP 方法

能够取得较好的性能,但它仍然存在不足。SPP 方法是一种无监督特征提取方法,没有充分考虑样本本身所携带的标签信息,以至于所提取的低维特征不具有很强的判别能力,从而降低方法的识别性能。

2.3 本章小结

本章主要从全局与局部两方面介绍了目前主流且相关的人脸识别方法,并分析了各种方法的优缺点。首先,介绍了基于全局信息的方法,其中包括四种线性方法(PCA、LDA、NMF、SNMF)和六种基于流形学习的非线性方法(LLE、LE、LPP、NPE、SPP、MFA)。然后,介绍了六种基于局部信息的人脸识别方法(Mod-PCA、SpPCA、Aw-SpPCA、LRR、Aw-LPP、SPP)。在这些方法中,LDA 和 LRR 两种方法为有监督人脸识别方法,SNMF 方法为半监督人脸识别方法,其他三种方法均为无监督人脸识别方法。

参考文献

[1] Jolliffe I. Principal Component Analysis[M]. New York:John Wiley & Sons,Ltd,2002.

[2] Kirby M,Sirovich L. Application of the Karhunen-Loeve procedure for the characterization of human faces[J]. IEEE Transactions on Pattern Analysis and Machine Intelligence,1990,12(1):103-108.

[3] 王建中. 基于流形学习的数据降维方法及其在人脸识别中的应用[D]. 长春:东北师范大学博士学位论文,2010.

[4] Jain A K,Duin R P W,Mao J. Statistical pattern recognition:a review[J]. IEEE Transactions on Pattern Analysis and Machine Intelligence,2000,22(1):4-37.

[5] Lee D D,Seung H S. Learning the parts of objects by non-negative matrix factorization[J]. Nature,1999,401(6755):788-791.

[6] Lee H,Yoo J,Choi S. Semi-supervised nonnegative matrix factorization[J]. IEEE Signal Processing Letters,2010,17(1):4-7.

[7] Tenenbaum J B,De Silva V,Langford J C. A global geometric framework for nonlinear dimensionality reduction[J]. Science,2000,290(5500):2319-2323.

[8] Roweis S T,Saul L K. Nonlinear dimensionality reduction by locally linear embedding[J]. Science,2000,290(5500):2323-2326.

[9] Silva V D,Tenenbaum J B. Global versus local methods in nonlinear dimensionality reduction[C]. Advances in Neural Information Processing Systems,2002:705-712.

[10] He X,Cai D,Yan S,et al. Neighborhood preserving embedding[C]. IEEE International Conference on Computer Vision,2005,2:1208-1213.

[11] Niyogi X. Locality preserving projections[C]. Advances in Neural Information Processing

Systems, 2004, 16: 153.

[12] Qiao L, Chen S, Tan X. Sparsity preserving projections with applications to face recognition [J]. Pattern Recognition, 2010, 43(1): 331-341.

[13] Cai D, He X, Han J. Spectral Regression for Dimensionality Reduction [R]. Technical Report UIUCDCS-R-2007-2856. Computer Science Department, UIUC, 2007.

[14] Jia Y, Nie F, Zhang C. Trace ratio problem revisited[J]. IEEE Transactions on Neural Networks, 2009, 20(4): 729-735.

[15] Baraniuk R G. Compressive sensing[J]. IEEE Signal Processing Magazine, 2007, 24(4).

[16] Yan S, Xu D, Zhang B, et al. Graph embedding and extensions: a general framework for dimensionality reduction[J]. IEEE Transactions on Pattern Analysis and Machine Intelligence, 2007, 29(1): 40-51.

[17] Liu C, Wechsler H. Gabor feature based classification using the enhanced Fisher linear discriminant model for face recognition[J]. IEEE Transactions on Image Processing, 2002, 11(4): 467-476.

[18] Yang M, Zhang L. Gabor feature based sparse representation for face recognition with Gabor occlusion dictionary[C]. European Conference on Computer Vision. Berlin: Springer Berlin Heidelberg, 2010: 448-461.

[19] Ahonen T, Hadid A, Pietikainen M. Face description with local binary patterns: application to face recognition[J]. IEEE Transactions on Pattern Analysis and Machine Intelligence, 2006, 28(12): 2037-2041.

[20] Hadid A, Ylioinas J, Bengherabi M, et al. Gender and texture classification: a comparative analysis using 13 variants of local binary patterns[J]. Pattern Recognition Letters, 2015: 1-8.

[21] Gottumukkal R, Asari V K. An improved face recognition technique based on modular PCA approach[J]. Pattern Recognition Letters, 2004, 25(4): 429-436.

[22] Chen S, Zhu Y. Subpattern-based principle component analysis[J]. Pattern Recognition, 2004, 37(5): 1081-1083.

[23] Tan K, Chen S. Adaptively weighted sub-pattern PCA for face recognition[J]. Neurocomputing, 2005, 64: 505-511.

[24] Yale University Face Database. http://cvc.yale.edu/projects/yalefaces/yalefaces.html [2015-09-01].

[25] Xue H, Zhu Y, Chen S. Local ridge regression for face recognition[J]. Neurocomputing, 2009, 72(4): 1342-1346.

[26] An S, Liu W, Venkatesh S. Face recognition using kernel ridge regression[C]. IEEE Conference on Computer Vision and Pattern Recognition, 2007: 1-7.

[27] Wang J, Zhang B, Wang S, et al. An adaptively weighted sub-pattern locality preserving projection for face recognition[J]. Journal of Network and Computer Applications, 2010, 33(3): 323-332.

[28] Lu Y, Lu C, Qi M, et al. A supervised locality preserving projections based local matching algorithm for face recognition[C]. Advances in Computer Science and Information Technology. Berlin: Springer Berlin Heidelberg, 2010: 28-37.

第3章　改进的局部敏感判别分析

3.1　引　　言

类似于LLE、LE和LPP，这类基于局部流形学习的算法虽然能很好地保持高维数据局部几何结构，但它们本质上属于一种非监督的学习方法。由于它们在算法中没有充分利用样本所携带的类别标签信息，因此未能很好地揭示高维数据中具有判别能力的结构信息，以至于这类方法在模式识别和分类任务中备受限制。为了克服上述局限性，Cai等[1]于2007年将监督学习和流形学习相结合，提出一种有监督流形学习的特征提取方法——局部敏感判别分析(locality sensitive discriminant analysis，LSDA)方法。LSDA方法不仅能够更好地保持流形局部几何结构，同时还能提取到具有判别能力的低维特征。

LSDA算法的主要思想是通过最大化每个局部区域中不同类的边缘，即使高维数据近邻中的同类样本投影到低维空间中仍然更近，同时使不同类的样本彼此相互远离，从而使高维数据在低维特征空间中可分性强。图3.1为LSDA算法过程的描述，其中图3.1(a)为样本选择邻域，相同形状表示隶属于同类别的数据点，而不同形状表示不同类别的数据点；图3.1(b)为同类样本点近邻图，称为类内图(within-class graph，记为G_w)；图3.1(c)为不同类样本点的近邻图，称为类间图(between-class graph，记为G_b)；图3.1(d)为最大化不同类别边缘。

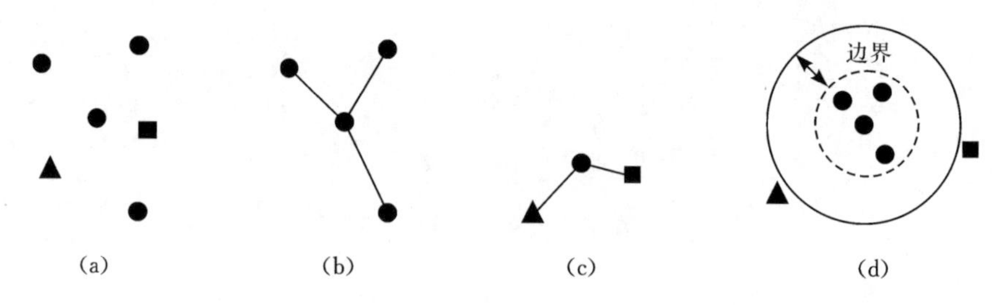

图3.1　LSDA算法过程的描述

首先，构建邻域图G，选取每一个样本$x_i(i=1,2,\cdots,N)$的k个近邻点，记为$N(x_i)=\{x_i^1,x_i^2,\cdots,x_i^k\}$，其权值矩阵定义为

$$W_{i,j}=\begin{cases}1, & x_i\in N(x_j)\text{或者}x_j\in N(x_i)\\0, & \text{其他}\end{cases}\tag{3.1}$$

然后，将邻域图 G 化为类内图 G_w 和类间图 G_b，其权值定义为

$$W_{w,ij}=\begin{cases}1, & x_i\in N_w(x_j)\text{或者}x_j\in N_w(x_i)\\0, & \text{其他}\end{cases}\tag{3.2}$$

$$W_{b,ij}=\begin{cases}1, & x_i\in N_b(x_j)\text{或者}x_j\in N_b(x_i)\\0, & \text{其他}\end{cases}\tag{3.3}$$

式中，$N_w(x_i)=\{x_i^j\,|\,l(x_i^j)=l(x_i),1\leqslant j\leqslant k\}$ 为样本 x_i 的同类近邻的样本点集合，$N_b(x_i)=\{x_i^j\,|\,l(x_i^j)\neq l(x_i),1\leqslant j\leqslant k\}$ 为样本 x_i 的不同类近邻样本的点集，$l(x_i)$ 记为样本 x_i 的类别。显然，$N_w(x_i)\cap N_b(x_i)=\varnothing$、$N_w(x_i)\cup N_b(x_i)=N(x_i)$ 和 $W=W_w+W_b$。

LSDA 定义两目标函数为

$$\min\frac{1}{2}\sum_{ij}\|y_i-y_j\|^2W_{w,ij}\tag{3.4}$$

$$\max\frac{1}{2}\sum_{ij}\|y_i-y_j\|^2W_{b,ij}\tag{3.5}$$

经过数学推导，LSDA 的目标函数重写为

$$\begin{aligned}&\max_A A^{\mathrm{T}}X(\beta L_b+(1-\beta)W_w)X^{\mathrm{T}}A\\&\mathrm{s.t.}\ A^{\mathrm{T}}XD_wX^{\mathrm{T}}A=I\end{aligned}\tag{3.6}$$

式中，$L_b=D_b-W_b$ 为 G_b 拉普拉斯矩阵；D_w 和 D_b 为对角矩阵，其定义为 $D_{w,ii}=\sum_j W_{w,ij}$，$D_{b,ii}=\sum_j W_{b,ij}$；β 为平衡参数（$0\leqslant\beta\leqslant1$）。

最后，LSDA 的目标函数求解可以转化为求解广义特征值问题

$$X(\beta L_b+(1-\beta)W_w)X^{\mathrm{T}}A=\lambda XD_wX^{\mathrm{T}}A\tag{3.7}$$

令 $A=[a_1\ a_2\ \cdots\ a_d]$ 为式(3.7)前 d 个最大特征值对应的特征向量，则LSDA 线性映射可以表示为 $x_i\rightarrow y_i=A^{\mathrm{T}}x_i,i=1,2,\cdots,N$。

在 LSDA 算法中，首先对每个样本选择 k 个近邻样本，然后将其 k 近邻样本集分为同类样本集和不同类样本集，由同类近邻样本构建的近邻图称为类间图 G_b，同样由不同类近邻样本构建的近邻图称为类内图 G_w。由此可以看出，类间近邻点和类内近邻点是来自一个固定大小 k 的邻域。基于这种邻域选择方式，无法避免一些样本点可能找不到与其同类近邻样本点，此类样本称为局外点(outlier)，文献[2]中也称为局部过学习(over-learning of locality)问题。然而，由于在LSDA 算法中仅考虑高维数据的局部几何结构，对其局外点未加以约束限制，因此不能保证局外点较好地映射到低维特征空间中，从而降低 LSDA 算法的性能。图 3.2 是人造数据示意图，其中图 3.2(a)为两类三维人造数据分布，图 3.2(b)为经过 LSDA 降维的二维结果。从图 3.2 中可以看出，经过 LSDA 方法降维，局外点与其类间边缘距离虽然增大了，但是未能使其与类内距离更近，从而未能保证类间

可分,以至于降低分类准确率。

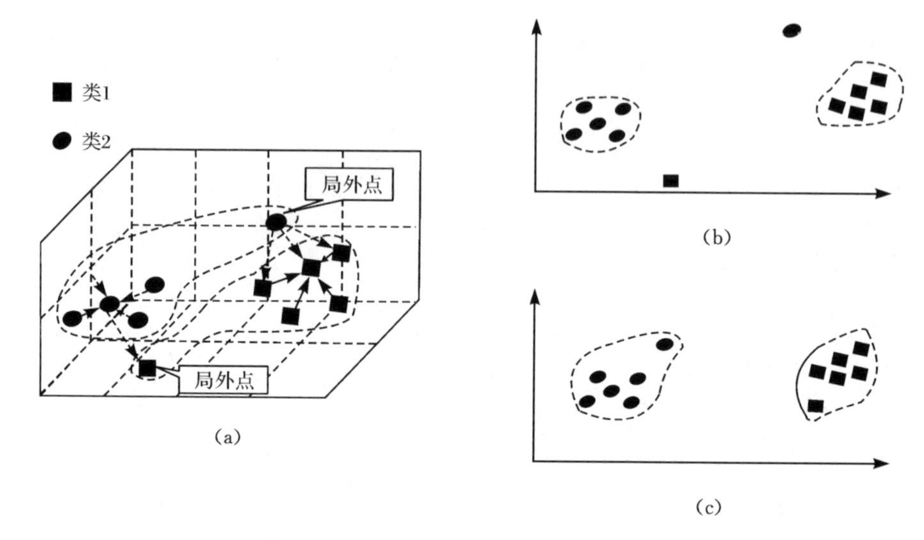

图 3.2　人造数据示意图

尽管图 3.2 为人造数据点,但是在实际应用中也经常存在这种情况。本章以人脸识别问题为例,由于人脸图像受姿态、光照条件、表情变化等众多因素的影响,同一个人的两张图像的差异大于与不同人的图像,也可以说,同一个人的两张人脸图像的欧氏距离大于它与其他人的人脸图像的欧氏距离,因此在人脸识别任务中不可能避免局外点问题。图 3.3 为 Yale 人脸图像数据[3]中任意一个样本所对应的 $k(k=11)$个近邻样本,其中图 3.3(a)为来自于 Yale 人脸图像数据库中的任意一个样本,图 3.3(b)为从 Yale 人脸数据库中所有人脸图像中选取与图 3.3(a)中人脸图像相似性最大的前 11 张人脸图像。从图 3.3 中可以看出所选的样本中没有一个样本与图 3.3(a)中的人脸实例同类,因此,图 3.3(a)中的人脸图像称为局外点。

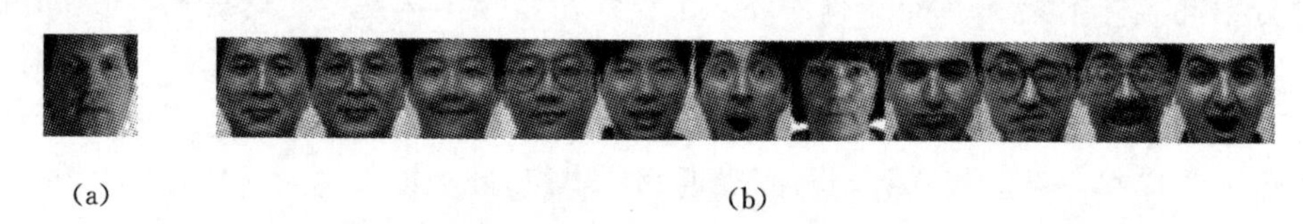

图 3.3　Yale 人脸图像数据库中一个样本所对应的 $k(k=11)$个近邻样本

针对上述问题,目前存在两种解决方法。其一,通过增大样本的邻域参数 k 值,确保每个样本都能找到与其同类的样本,也就是在类内图中每个样本均能与其同类的样本相连。虽然此方法简单且便于实现,但是如果邻域参数 k 取值太大,那么会导致 LSDA 算法中局部线性的假设失效,从而导致算法不能很好地保持高维数据流形局部几何结构。其二,采用类似于其他有监督的流形学习方法(如 MFA[4] 和 LDE[5])中的构图方法来构建类间图和类内图,这两种算法中的构图方法是对每一个样本分别从同类中选择 k_1 个样本作为近邻来构建其类内图和不同类中选取 k_2 个样本作为近邻来构建其类间图。然而,这两种方法虽然有效地解决了局外点问题,但是却额外引进了一个参数 k_2,同时参数 k_1 和 k_2 取值直接影响特征提取的效果,在实际应用中很难选取合适大小的参数值,而且如何选择也无可靠的理论支持,因此只能凭借经验选取。

3.2 改进的局部敏感判别分析

为了有效地解决 LSDA 算法中存在的局外点问题,本章提出一种新的特征提取方法,称为改进的局部敏感判别分析(improved locality sensitive discriminant analysis,ILSDA)方法。在 ILSDA 算法中引入类内散度矩阵 S_w,通过最小化散度矩阵使其局外点样本与其类中心更近,从而提取更为紧凑的低维特征表示。类似于 LSDA 算法,在 ILSDA 算法中首先同样对每个样本点选取 k 个近邻样本生成近邻图,然后将其近邻图分成类间图 G_b 用来刻画样本类间可分性,以及类内图 G_w 用来刻画样本类内紧致性,但其权值设置不同于 LSDA,采用的热核函数赋值分别为

$$W_{b,ij}=\begin{cases}\exp\left(-\dfrac{\| x_i-x_j \|^2}{t}\right), & x_i\in N(x_j)\text{或者}\, x_j\in N(x_i)\text{且}\, l(x_i)=l(x_j)\\ 0, & \text{其他}\end{cases} \tag{3.8}$$

$$W_{w,ij}=\begin{cases}\exp\left(\dfrac{\| x_i-x_j \|^2}{t}\right), & x_i\in N(x_j)\text{或者}\, x_j\in N(x_i)\text{且}\, l(x_i)=l(x_j)\\ 0, & \text{其他}\end{cases} \tag{3.9}$$

式中,$t\geqslant 0$ 为热核参数;$N(x_i)$ 和 $l(x_i)$ 的定义与 LSDA 算法中一致。

为了扩大近邻中不同类的边缘距离,同时提取更为紧凑的低维特征,定义如下三个目标函数:

$$\min \frac{1}{2}\sum_{i=1,j=1} \| y_i - y_j \|^2 W_{w,ij} \tag{3.10}$$

$$\max \frac{1}{2}\sum_{i=1,j=1} \| y_i - y_j \|^2 W_{b,ij} \tag{3.11}$$

$$\min \sum_{c=1}^{C}\sum_{j=1}^{n_c} \| y_j^c - \mu_c \|^2 \tag{3.12}$$

式(3.10)和式(3.11)分别表示使近邻中同类样本投影之后在低维特征空间彼此更近和使近邻中不同类样本投影之后在低维特征空间中相互远离,其定义分别与

式(3.4)和式(3.5)一致。式(3.12)为类内散度矩阵,y_j^c 为第 c 类第 j 个样本的低维表示,$\mu_c=\frac{1}{n_c}\sum_{i=1}^{n_c}y_i^c$ 为第 c 类均值。从全局的角度看,类内散度矩阵也用来刻画每类样本的紧致性,最小化类内散度矩阵可以使局外点映射到低维空间中与其类中心更近。

通过数学推导,式(3.10)和式(3.11)可以简化为

$$\begin{aligned}\min_A \varepsilon(A)&=\frac{1}{2}\sum_{i=1,j=1}\|y_i-y_j\|^2W_{w,ij}\\&=\frac{1}{2}\sum_{i=1,j=1}\|A^{\mathrm T}x_i-A^{\mathrm T}x_j\|^2W_{w,ij}\\&=\left(\sum_{i=1}A^{\mathrm T}x_iD_{w,ii}x_i^{\mathrm T}A-\sum_{i=1,j=1}A^{\mathrm T}x_iW_{w,ij}x_j^{\mathrm T}A\right)\\&=\mathrm{tr}(A^{\mathrm T}X(D_w-W_w)X^{\mathrm T}A)\\&=\mathrm{tr}(A^{\mathrm T}XL_wX^{\mathrm T}A)\end{aligned}\tag{3.13}$$

$$\begin{aligned}\max_A \varepsilon(A)&=\frac{1}{2}\sum_{i=1,j=1}\|y_i-y_j\|^2W_{b,ij}\\&=\frac{1}{2}\sum_{i=1,j=1}\|A^{\mathrm T}x_i-A^{\mathrm T}x_j\|^2W_{b,ij}\\&=\left(\sum_{i}A^{\mathrm T}x_iD_{b,ii}x_i^{\mathrm T}A-\sum_{i=1,j=1}A^{\mathrm T}x_iW_{b,ij}x_j^{\mathrm T}A\right)\\&=\mathrm{tr}(A^{\mathrm T}X(D_b-W_b)X^{\mathrm T}A)\\&=\mathrm{tr}(A^{\mathrm T}XL_bX^{\mathrm T}A)\end{aligned}\tag{3.14}$$

式中,D_w、D_b 和 L_b 的定义与 LSDA 算法中的定义一致;$L_w=D_w-W_w$ 为类内图 G_w 的拉普拉斯矩阵。

式(3.12)可以简化为

$$\begin{aligned}\min_A \varepsilon(A)&=\sum_{c=1}^{C}\sum_{j=1}^{n_c}\|y_j^c-\mu_c\|^2\\&=\sum_{c=1}^{C}\left(\sum_{j=1}^{n_c}(y_j^c-\mu_c)(y_j^c-\mu_c)^{\mathrm T}\right)\\&=\sum_{c=1}^{C}\left(\sum_{j=1}^{n_c}(y_j^c(y_j^c)^{\mathrm T}-\mu_c(y_j^c)^{\mathrm T}-y_j^c\mu_c^{\mathrm T}+\mu_c\mu_c^{\mathrm T})\right)\\&=\sum_{c=1}^{C}\left(\sum_{j=1}^{n_c}(y_j^c(y_j^c)^{\mathrm T})-n_c\mu_c\mu_c^{\mathrm T}\right)\\&=\sum_{c=1}^{C}\left(\sum_{j=1}^{n_c}(y_j^c(y_j^c)^{\mathrm T})-\frac{1}{n_c}(y_j^c+\cdots+y_{n_c}^c)(y_j^c+\cdots+y_{n_c}^c)^{\mathrm T}\right)\end{aligned}$$

$$= \sum_{c=1}^{C}\left(\sum_{j=1}^{n_c}(A^{\mathrm{T}}x_j^c)(A^{\mathrm{T}}x_j^c)^{\mathrm{T}} - \frac{1}{n_c}(A^{\mathrm{T}}x_j^c + \cdots + A^{\mathrm{T}}x_{n_c}^c)(A^{\mathrm{T}}x_j^c + \cdots + A^{\mathrm{T}}x_{n_c}^c)^{\mathrm{T}}\right)$$

$$= \mathrm{tr}\left(A^{\mathrm{T}}\sum_{c=1}^{C}X_c\left(I - \frac{1}{n_c}e_c e_c^{\mathrm{T}}\right)X_c^{\mathrm{T}}A\right) \tag{3.15}$$

式中，$X_c = [x_1^c \ \ x_2^c \ \ \cdots \ \ x_{n_c}^c]$和 $e_c = (1\ 1\ \cdots\ 1)^{\mathrm{T}} \in \mathbf{R}^{n_c}$ 为 n_c 维向量。

通过结合式(3.13)～式(3.15)，ILSDA 的目标函数定义为

$$\begin{cases}\max\limits_{A}\ \mathrm{tr}(A^{\mathrm{T}}(P - \alpha S_w)A) \\ \mathrm{s.\,t.}\ A^{\mathrm{T}}A = I\end{cases} \tag{3.16}$$

式中，$P = X(L_b - L_w)X^{\mathrm{T}}$；$S_w = \sum\limits_{c=1}^{C}X_c\left(I - \frac{1}{n_c}e_c e_c^{\mathrm{T}}\right)X_c^{\mathrm{T}}$ 和 $a \geqslant 0$ 为平衡参数。

为了求得最优投影矩阵 A，利用拉格朗日乘法有

$$\frac{\partial}{\partial A}\{A^{\mathrm{T}}(P - \alpha S_w)A - \lambda(A^{\mathrm{T}}A - I)\} = 0 \tag{3.17}$$

因此，式(3.17)转换为广义特征问题

$$(P - \alpha S_w)A = \lambda A \tag{3.18}$$

令 $\lambda_1, \lambda_2, \cdots, \lambda_d$ 为式(3.18)前 d 个最大的特征值，$a_1, a_2, \cdots, a_d$ 为特征值对应的特征向量。从原始高维数据中提取的 d 维的变换矩阵 A 为

$$A = [a_1 \ \ a_2 \ \ \cdots \ \ a_d]^{\mathrm{T}} \tag{3.19}$$

现在回到图 3.1 中，图 3.1(c)为 ILSDA 方法绛维之后的结果，通过与图 3.1(b)相比可以看出，图 3.1(c)中的局外点在低维特征子空间中更靠近其类中心。

3.3　计算效率分析

在实际应用中(如人脸识别和基因分类等)，由于所获得的数据的维数 D 往往较大，因此矩阵 $P - \alpha S_w$ 的特征值求解过程很耗时。为了提高算法计算效率，本节提出一种有效的算法。

为了简单起见，假设数据已被中心化，即数据均值为零，令 S_t 为数据总体散度矩阵，$q_1, q_2, \cdots, q_l$ ($l = \mathrm{rank}(S_t)$)为矩阵 S_t 非零特征值对应的正交单位特征向量，$q_{l+1}, q_2, \cdots, q_D$ 为矩阵 S_t 零特征值对应的正交单位特征向量，$\Omega_t = \mathrm{span}(q_1, q_2, \cdots, q_l)$ 和 $\Omega_t^{\perp} = \mathrm{span}(q_{l+1}, q_2, \cdots, q_D)$ 分别为向量 $q_1, q_2, \cdots, q_l$ 和向量 $q_{l+1}, q_2, \cdots, q_D$ 所张开的空间。

定理 3.1　设 $Q = [q_1 \ \ q_2 \ \cdots \ q_l]$为矩阵 S_t 非零特征对应的正交单位特征向量，$u \in \mathbf{R}^{l\times 1}$为矩阵 $Q^{\mathrm{T}}(P - aS_w)Q$ 特征值 λ 对应的特征向量，则 Qu 为矩阵 $P - aS_w$ 特征值 λ 对应的特征向量。

证明　由于 $u \in \mathbf{R}^{l\times 1}$是矩阵 $Q^{\mathrm{T}}(P - aS_w)Q$ 特征值 λ 对应的特征向量，因此有

$$Q^{\mathrm{T}}(P-aS_w)Q=\lambda u \tag{3.20}$$

式(3.20)乘以向量 Q,经过简单运算,可得

$$(QQ^{\mathrm{T}}P-aQQ^{\mathrm{T}}S_w)Qu=\lambda Qu \tag{3.21}$$

令 $R=[q_{l+1}\ q_{l+2}\ \cdots\ q_D]$,同时由于 $q_1,q_2,\cdots,q_D$ 来自总体散度矩阵 S_t 的零空间,可以很容易证明 $q_j^{\mathrm{T}}x_i=0(i=1,\cdots,N;j=l+1,\cdots,D)$,因此可得

$$RR^{\mathrm{T}}P=RR^{\mathrm{T}}X(L_w-L_b)X^{\mathrm{T}}=0 \tag{3.22}$$

$$\begin{aligned} RR^{\mathrm{T}}S_w &= RR^{\mathrm{T}}\sum_{c=1}^{C}X_c\left(I-\frac{1}{n_c}e_ce_c^{\mathrm{T}}\right)X_c^{\mathrm{T}} \\ &= \sum_{c=1}^{C}RR^{\mathrm{T}}X_c\left(I-\frac{1}{n_c}e_ce_c^{\mathrm{T}}\right)X_c^{\mathrm{T}}=0 \end{aligned} \tag{3.23}$$

结合式(3.21)~式(3.23)可以得到

$$((QQ^{\mathrm{T}}+RR^{\mathrm{T}})P-\alpha(QQ^{\mathrm{T}}+RR^{\mathrm{T}})S_w)Qu=\lambda Qu \tag{3.24}$$

令 $V=[Q\ R]$,则 $VV^{\mathrm{T}}=QQ^{\mathrm{T}}+RR^{\mathrm{T}}$,将其代入式(3.18)中可以得到

$$(VV^{\mathrm{T}}P-\alpha VV^{\mathrm{T}}S_w)Qu=\lambda Qu \tag{3.25}$$

由于 V 是单位向量,因此式(3.25)可以等价于

$$(P-\alpha S_w)Qu=\lambda Qu \tag{3.26}$$

式(3.26)也可以等价于

$$Q^{\mathrm{T}}(P-\alpha S_w)Qu=\lambda u \tag{3.27}$$

显而易见,矩阵 $Q^{\mathrm{T}}(P-\alpha S_w)Q$ 的大小为 $l\times l$,矩阵$(P-\alpha S_w)$的大小为 $D\times D$,然而 $l=\mathrm{rank}(S_t)\ll D$,所以矩阵 $Q^{\mathrm{T}}(P-\alpha S_w)Q$ 的大小远小于矩阵$(P-\alpha S_w)$,从而提高了算法的计算效率。ILSDA 算法详细过程如算法 3.1 所示。

算法 3.1 改进局部敏感判别分析(ILSDA)算法

输入:高维训练样本数据 $X=[x_1\ x_2\ \cdots\ x_N]$,参数 k、α、t
输出:投影矩阵 A

1. 计算样本集中每个样本 $x_i(i=1,2,\cdots,N)$的 k 近邻,并构建样本近邻 G;
2. 通过近邻图分别构建类间图 G_b 和类内图 G_w;
3. 通过式(3.8)和式(3.9)分别计算类间图 G_b 和类内图 G_w 邻接权值矩阵 W_b 和 W_w;
4. 通过式(3.15)计算样本的类内散度矩阵 S_w;
5. 计算样本总体散度矩阵 S_t 非零特征值对应的特征向量 Q;
6. 通过式(3.27)广义特征问题,求得矩阵 $U=[u_1\ u_2\ \cdots\ u_d]$,其中 $u_1,u_2,\cdots,u_d$ 为矩阵前 d 个最大的特征对应的特征向量;
7. 计算其最优投影矩阵 $A=QU$。

3.4　实验与分析

本节将所提出的 ILSDA 算法与目前较为流行的特征提取方法包括 PCA[6]、LDP[7]、MMC[8]、SLPP[9]、LPDP[10]、MFA[4]和 LSDA[1]在 3 个标准人脸图像数据库(Yale[11]、FERET[12]和 Extended YaleB[13])和 2 个标准基因数据库(Colon[14]和 Lymphoma[15])进行了大量的对比实验。表 3.1 给出了各种方法的具体信息。在这些方法中,PCA 和 MMC 两种方法是基于全局欧氏结构的特征提取方法,而余下的方法都是基于流形学习的特征提取方法。对人脸图像进行相应的预处理,即首先在尺度和方向将人脸图像数据库中的所有人脸图像进行归一化,并使眼睛在同一位置对准,然后裁剪其面部区域作为最终人脸图像。实验中,采用最近邻分类器进行识别和分类。

表 3.1　各种方法的具体信息

方法	发表年份	无监督	有监督	全局结构	局部结构
PCA	1997	√		√	
LDP	2009		√		√
MMC	2006		√	√	
SLPP	2005		√		√
LPDP	2010		√		√
MFA	2007		√		√
LSDA	2007		√		√
ILSDA	2015		√		√

3.4.1　人脸图像识别

本节主要测试 ILSDA 算法的人脸识别性能。

1. Yale 人脸图像数据库实验

实验中,将人脸图像调整到 32×32 像素。图 3.4 中显示了 Yale 人脸图像数据库中的部分人脸图像。

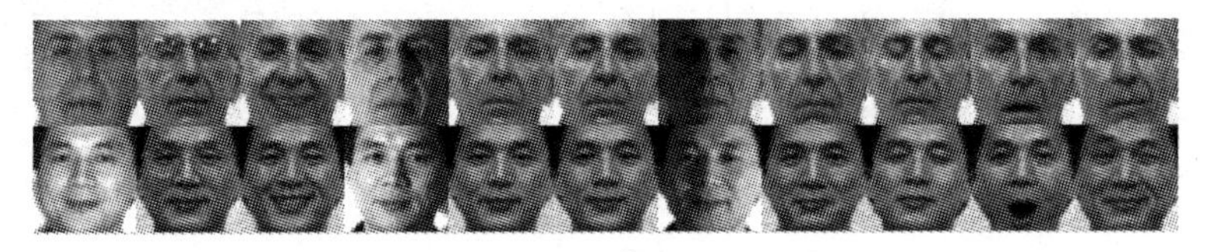

图 3.4　Yale 人脸图像数据库的部分人脸图像

实验一，随机选择每个人的 p 张（$p\in\{2,3,4,5\}$）人脸图像作为训练样本集，余下的人脸图像用来测试样本集。为了验证算法的可靠性，将随机选择样本过程重复20次，并将20次实验的平均识别率作为最终的实验结果。在ILSDA算法中近邻参数 k 取值为5，高斯热核参数 t 取值为1，式(3.21)中参数 a 取值为500。LDP和LSDA两种算法中的 k 取值与ILSDA算法中保持一致。根据文献[3]的思想，SLPP和LPDP算法中的 k 取值为 $p-1$，同样MFA算法中的 k_1 取值为 $p-1$，而 k_2 取值较大，在本实验中一般为 $4\times k_1$。在LDP、SLPP、LPDP、MFA和LSDA五种算法中为了避免奇异问题，需要用PCA进行预处理，同时保持98%的能量。图3.5中给出了不同算法在不同训练样本数量下获得的平均识别率随着特征维数变化的曲线图。从图3.5中可以得到以下结论。首先，与无监督PCA算法相比，所有基于有监督算法的识别结果都要高于PCA，其原因是基于有监督的算法充分利用了高维样本所携带的类别标签信息，在低维空间中能够提取更具有鉴别能力的低维特征。其次，随着特征维数的增加，所有算法的识别率均相应地提高。

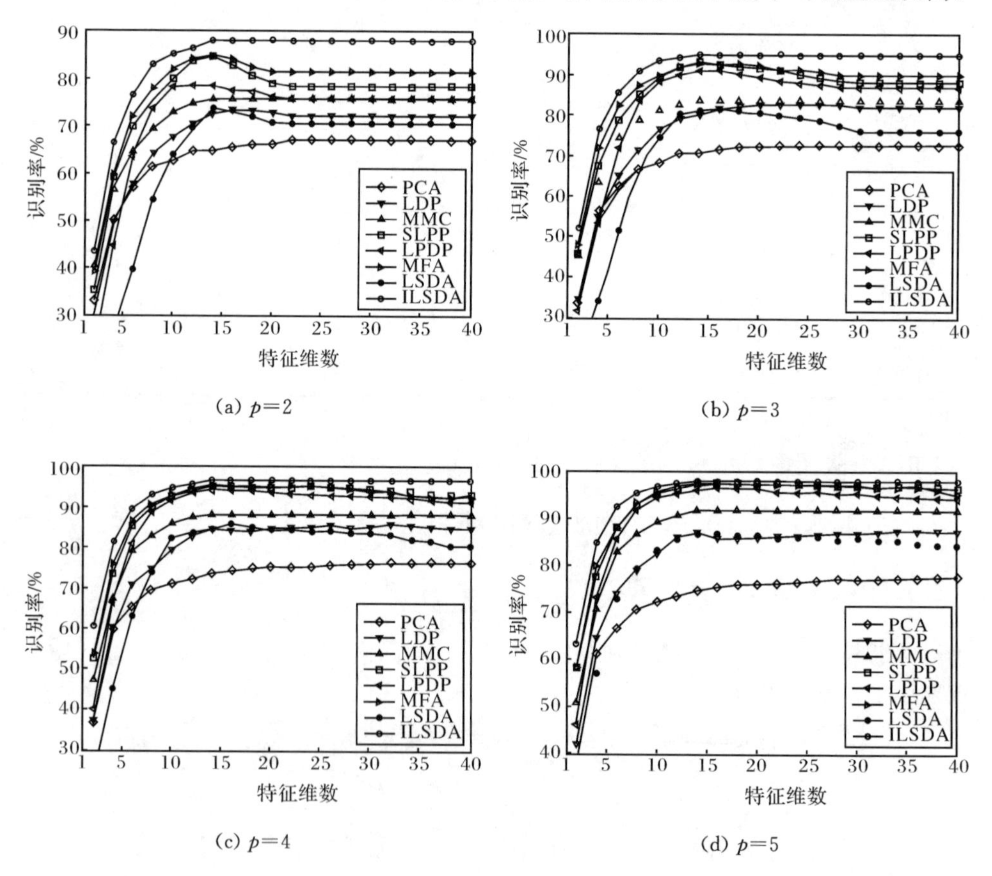

图3.5　Yale标准人脸图像数据库上不同算法的平均识别率与特征维数变化的曲线图

当特征维数增加到一定值时，大多数算法识别率曲线保持不变或者稍微有些变化。最后，所提出ILSDA算法的识别率在任何特征维数下均要高于其他算法。表3.2给出了不同特征提取算法最大平均识别率与对应的特征维数。从表3.2中可以看出，ILSDA算法最大识别率都要高于其他方法，另外，由于类内散布矩阵引入算法中，ILSDA算法识别率要远远高于原始LSDA算法，尤其在训练样本很少的情况下差异更为显著。

表3.2　不同算法在Yale标准人脸图像数据库上最优识别率与对应的特征维数

方法	$p=2$	$p=3$	$p=4$	$p=5$
PCA	67.11%(22)	72.96%(30)	76.90%(36)	77.67%(40)
LDP	73.19%(16)	82.87%(26)	86.05%(32)	87.44%(34)
MMC	75.74%(14)	85.67%(12)	88.48%(14)	91.78%(14)
LPDP	78.56%(14)	91.25%(14)	94.71%(14)	96.72%(14)
SLPP	84.59%(14)	93.58%(14)	95.86%(24)	97.72%(16)
MFA	84.78%(14)	93.08%(14)	96.05%(16)	97.56%(16)
LSDA	73.67%(14)	81.71%(16)	86.10%(18)	86.83%(14)
ILSDA	88.07%(14)	95.17%(14)	97.14%(14)	98.00%(14)

实验二，主要测试平衡参数α对所提出的ILSDA算法性能的影响。表3.3给出了参数α不同取值对应的最大识别率及对应的特征维数。从表3.3中可以看出，参数α取值对ILSDA算法的性能有很大影响。当参数$\alpha=0.01$时，算法的平均识别率很低，然而随着参数α取值的增大，算法平均识别率也随之上升。当参数$\alpha=500$时，算法平均识别率达到最大，然而随着参数α取值的继续增大，最大平均识别率反而降低。因为参数α值过大，将会导致算法过于强调类内散度矩阵的重要性，从而导致局部类间与类内的判别信息丢失。因此，参数α应该设置一个较为适中的值。

表3.3　参数α不同取值对应的最优识别率与对应的特征维数

α	$p=2$	$p=3$	$p=4$	$p=5$
0.01	68.33%(16)	74.92%(14)	79.43%(20)	81.61%(36)
0.1	68.48%(16)	75.13%(26)	79.76%(30)	82.17%(26)
1	69.93%(14)	78.21%(12)	84.86%(18)	91.61%(38)
10	82.67%(14)	91.17%(12)	95.52%(14)	96.72%(12)
100	87.59%(14)	94.71%(14)	96.86%(14)	97.78%(14)
500	88.07%(14)	95.17%(14)	97.14%(14)	98.00%(14)
1000	88.04%(14)	95.17%(14)	97.10%(14)	97.94%(14)
1500	88.07%(14)	95.17%(14)	97.14%(14)	97.94%(14)

实验三，主要估计近邻参数 k 取值大小对 ILSDA 算法性能的影响。首先，从每类人脸图像中随机选取 5 个样本作为训练，剩下的样本用来测试。同样每次实验均重复 20 次。在实验中，将 k 值分别设置为 3、5、7、9 和 11。参数 k 不同取值所获得的最优平均识别率分别为 97.89%、98.00%、97.72%、97.67% 和 97.44%。从实验结果可以看出算法在近邻参数 k 不同取值所获得的最大平均识别率之间的差异不到 1%，即说明 ILSDA 算法的性能对近邻参数 k 取值不敏感。

实验四，测试热核参数 t 取值对 ILSDA 算法的性能影响。类似于实验三，同样从每个人中随机选取 5 个样本作为训练，剩下的样本用来测试，每次实验均重复 20 次。在实验中，由于将人脸图像经过单位化预处理，即图像向量的 ℓ_2-范数模长等于 1，因此将参数 t 值分别设置为 0.1、1、10、100 和 200。表 3.4 中给出了参数 t 不同取值对应的最优平均识别率及对应的特征维数。从表 3.4 中可以看出，对于参数 t 不同的取值所获得的最优平均识别率基本保持不变，即表明 ILSDA 算法对热核参数 t 取值不敏感，因此，在实验中一般将其设置为 1。

表 3.4　不同 t 值对应的最优识别率与对应的特征维数

t	0.1	1	10	100	200
p=5	97.94%(14)	98.00%(14)	97.89%(14)	97.89%(14)	97.89%(14)

2. FERET 人脸图像数据库实验

本实验选择 FERET 人脸图像数据库中的一个子集，该子集中的图像包括表情、光照和姿态多种变化。子集中包含 200 个人的 1400 图像，每个人 7 张图像。在实验中，同样将图像的大小调整到 32×32 像素。图 3.6 中显示了FERET 人脸图像数据库中的部分人脸图像。

图 3.6　FERET 人脸图像数据库中部分人脸图像

实验一，从各类人脸图像中随机选择 p 张（$p\in\{3,4,5\}$）人脸图像作为训练样本，其他人脸图像用来测试。为了验证算法的可靠性，每次实验均重复 10 次。ILSDA 算法中近邻参数 k 取值为 9，高斯热核参数 t 取值为 1，参数 α 取值为 100，其他算法中的参数设置与 Yale 人脸图像数据库实验中一致。图 3.7 中给出了不同方法在不同训练样本数量下所获得的平均识别率随着特征维数变化的曲线图。从图 3.7 中的实验结果可以看出，ILSDA 方法在任意特征维数上的平均识别率均要高于其他方法，其结果与 Yale 人脸图像数据库的实验结果一致，而且当识别率随着特征维数增大而增加到一定值后，识别率基本保持不变。然而，当识别率到达最大值之后，其他算法除 PCA，均会随着特征维数的增大而迅速降低。表 3.5 给出了不同方法最优平均识别率与其对应的特征维度。从表 3.5 中的实验结果同样可以看出，ILSDA 方法的最优平均识别率要远远高于原始的LSDA 方法。

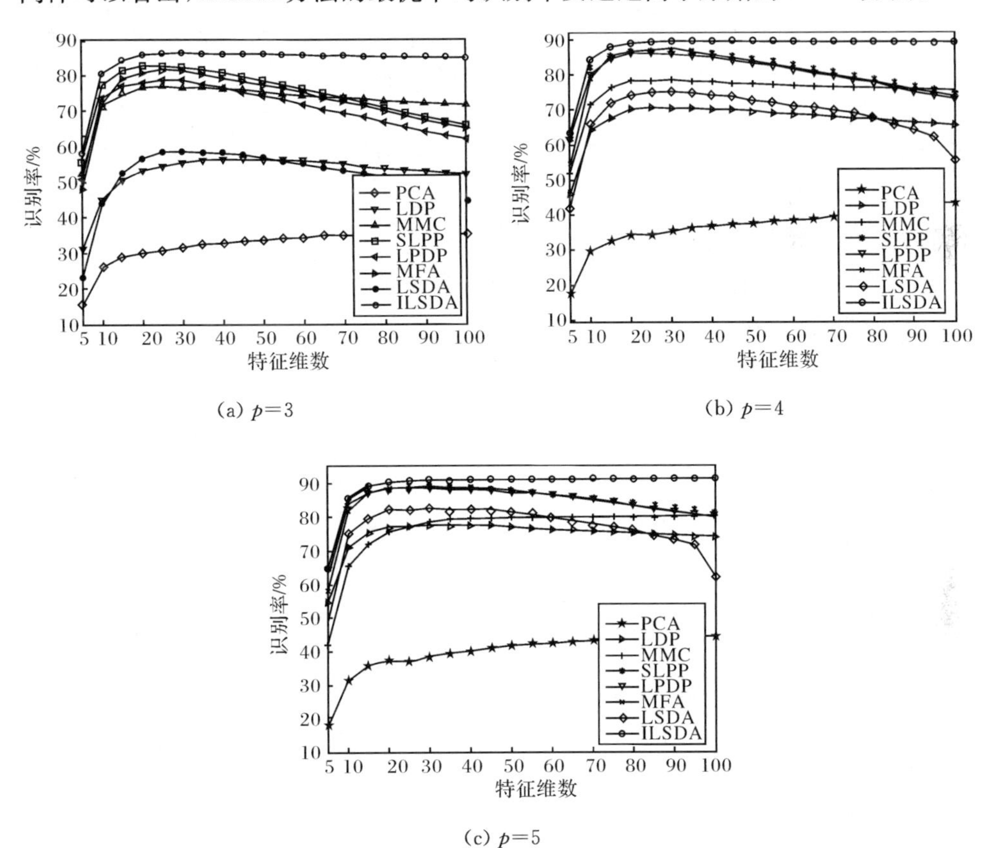

图 3.7　不同方法在 FEFRT 人脸图像数据上的识别率与特征维数变化的曲线图

表 3.5　不同方法在 FEFRT 人脸图像数据库上的最优识别率与对应的特征维数

方法	$p=3$	$p=4$	$p=5$
PCA	35.18%(100)	40.18%(100)	44.12%(100)
LDP	56.47%(45)	70.58%(20)	77.55%(45)
MMC	76.97%(25)	76.95%(30)	80.05%(100)

续表

方法	$p=3$	$p=4$	$p=5$
LPDP	78.69%(25)	86.32%(20)	88.55%(20)
SLPP	82.67%(20)	87.13%(30)	89.20%(30)
MFA	81.36%(20)	86.79%(20)	89.60%(20)
LSDA	58.63%(30)	75.05%(30)	82.55%(30)
ILSDA	86.44%(30)	89.73%(45)	91.27%(95)

实验二,针对参数 α 不同取值对算法性能影响进行测试。表 3.6 给出了参数 α 不同取值对应的最优平均识别率和对应的特征维数。从表 3.6 中可以看出,当参数 $\alpha=0.01$ 时,最优平均识别率同样特别低,但随着参数 α 的增加,识别率也相应提高。当参数 $\alpha=100$ 时,算法的识别率到达最大,然后再随着参数 α 值的增大,识别率不再增大,反而减小,其变化趋势与 Yale 人脸图像数据库上的一致,所以参数 α 取值对算法性能有很大影响。

表 3.6　参数 α 不同取值在 FEFRT 人脸图像数据库上的最优识别率与对应的特征维数

α	$p=3$	$p=4$	$p=5$
0.01	35.79%(15)	47.90%(25)	54.85%(25)
0.1	36.49%(15)	49.12%(25)	56.33%(30)
1	44.64%(20)	58.68%(30)	65.88%(30)
10	76.90%(20)	83.52%(30)	87.75%(35)
100	86.00%(30)	89.73%(45)	91.27%(95)
500	76.75%(30)	77.68%(35)	75.58%(50)
1000	73.10%(30)	72.58%(30)	67.15%(55)
1500	71.41%(30)	70.12%(35)	63.28%(50)

实验三,分析邻域参数 k 不同取值对算法的性能影响。实验中,从每个人中随机选取 5 个样本作为训练,余下的样本用来测试,每次实验均重复 10 次。表 3.7 给出了近邻参数 k 不同取值所获得的最优平均识别率及对应的特征维数。从表 3.7中的实验结果可以看出,近邻参数 k 不同取值对算法的性能有一定的影响。实验结果显示,当近邻参数 $k=9$ 时,ILSDA 算法能够获得最佳识别率,其结果说明了基于局部流形学习算法在设置近邻参数 k 的取值时既不能太小,也不能太大。因为较小的邻域不能很好地反映高维数据流形局部几何结构,而太大的邻域取值将会违背局部的线性假设。

表 3.7　近邻参数 k 不同取值在 FEFRT 人脸图像数据库上的最优平均识别率与相应的特征维数

k	3	5	7	9	11
p=5	83.97%(65)	89.02%(60)	90.50%(80)	91.27%(95)	91.17%(45)

3. Extended YaleB 人脸图像数据库实验

实验中，同样将图片的大小调整到 32×32 像素。图 3.8 中显示了Extended YaleB 标准人脸图像数据库中的部分图像。

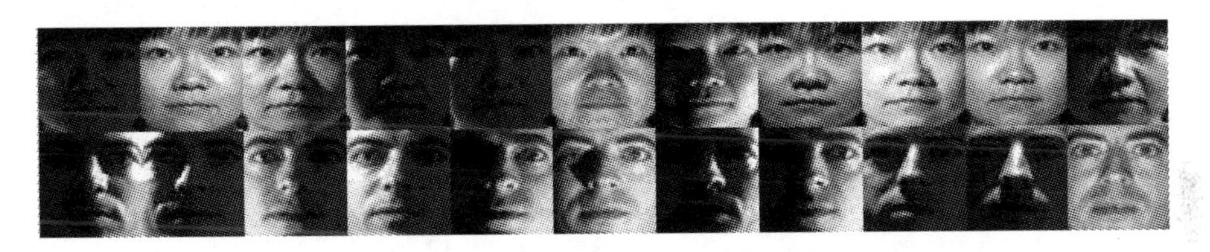

图 3.8　Extended YaleB 标准人脸图像数据库的部分图像

实验一，从每个人中随机选择 p 张（$p\in\{10,15,20\}$）人脸图像作为训练样本，其他人脸图像都用来测试。为了验证算法的可靠性，同样将每次实验均重复 10 次。ILSDA 算法中近邻参数 k 取值为 10，高斯热核参数 t 取值为 1，参数 α 取值为 100。MFA 算法中 k_1 和 k_2 分别设置为 10 和 20，而其他算法中的近邻参数 k 取值与 ILSDA 算法中一样。表 3.8 给出了不同算法在不同训练样本数量下所获得的最优平均识别率及对应的特征维数。从表 3.8 中的实验结果可以看出，ILSDA 算法的性能优于其他算法，同时要显著高于原始的 LSDA 算法。

表 3.8　不同方法在 Extended YaleB 人脸图像数据库上的最优平均识别率与对应的特征维数

方法	p=10	p=15	p=20
PCA	47.55%(100)	55.98%(100)	60.68%(100)
LDP	77.04%(100)	84.98%(100)	89.74%(100)
MMC	86.58%(40)	91.40%(40)	94.66%(40)
LPDP	86.72%(80)	92.71%(100)	95.48%(100)
SLPP	88.09%(60)	93.20%(100)	95.70%(100)
MFA	87.98%(55)	93.31%(85)	95.51%(100)
LSDA	84.41%(100)	90.48%(100)	93.94%(100)
ILSDA	89.56%(40)	94.09%(40)	96.77%(40)

实验二，类似于 Yale 和 FERET 两个人脸图像数据库实验，同样对参数 α 不同取值对算法的性能影响进行测试。表 3.9 给出了参数 α 不同取值对应的最大平均识别率与之对应的特征维数。从表 3.9 中的实验结果可以看出，参数 α 取值对算法性能的影响与 Yale 和 FERET 两个人脸图像数据库实验一致。也就是随着参数 α 取值的增大，最优平均识别率也相应提高，当识别率达到最大时，再随着参数 α 取值的增大，最优平均识别率反而降低。

表 3.9　参数 α 不同取值在 Extended YaleB 人脸图像数据库上的最优平均识别率与对应的特征维数

α	p=10	p=15	p=20
0.01	49.37%(100)	58.37%(100)	63.73%(100)
0.1	49.39%(65)	58.42%(100)	63.89%(100)
1	57.93%(100)	67.46%(100)	73.86%(100)
10	82.87%(100)	88.83%(100)	92.51%(100)
100	89.56%(40)	94.09%(40)	96.77%(40)
500	89.74%(40)	93.74%(40)	96.08%(40)
1000	89.62%(40)	93.41%(40)	95.57%(40)
1500	89.49%(40)	93.13%(40)	95.22%(40)

3.4.2　基因数据分类

在本实验中，主要选用了两个公开使用的基因微阵列数据库 Colon[14] 和 Lymphoma[15]对算法的性能进行测试。其中，Colon 数据库包括 40 个肿瘤样本和 22 个正常组织样本，每个样本中包含 2000 个基因。Lymphoma 数据库包含 96 个样本(42 个 B 淋巴瘤细胞样本和 54 个其他类型的样本)，每个样本中有 4026 个基因。在实验中，首先根据文献[16]，将数据样本分成训练集和测试集。从 Colon 数据库中随机选择 p 个($p\in\{35,40,35,50\}$)样本作为训练样本，从 Lymphoma 数据库中随机选择 p 个($p\in\{30,40,50,60\}$)样本作为训练样本，余下的样本都用来测试。表 3.10 给出了实验中数据的基本描述。类似于人脸识别实验，同样为了验证算法的可靠性，每次实验均重复 10 次。ILSDA 算法中近邻 k 设置为 10，在 Colon 数据库中参数 α 设置为 1，而在 Lymphoma 数据库中 α 设置为 100。MFA 算法中 k_1 和 k_2 分别设置为 10 和 20，而其他算法中的近邻参数 k 的取值与 ILSDA 算法中一致。表 3.11 和表 3.12 分别给出了不同算法的最优平均识别率与对应的特征维数。同样也测试了参数 α 不同取值对算法性能的影响，表 3.13 和表 3.14 分别给出了算法在参数 α 不同取值时的最优平均识别率及对应的特征维数。从表 3.11 和表 3.12 中的实验结果可以看出，ILSDA 算法的识别率要高于其他算法，其结果与人脸图像数据库实验结果一致。从表 3.13 和表 3.14 中的实验结果同样可以看出，参数 α 取值对算法性能的影响与人脸数据库实验一致。显然，实验结果进一步验证了 ILSDA 算法的有效性。

表 3.10　实验数据描述

		$p=35$		$p=40$		$p=45$		$p=50$	
Colon 数据库		C1	C2	C1	C2	C1	C2	C1	C2
	训练集	12	23	14	26	15	30	17	33
	测试集	10	17	8	14	7	10	5	7
		$p=30$		$p=40$		$p=50$		$p=60$	
Lymphoma 数据库		C1	C2	C1	C2	C1	C2	C1	C2
	训练集	19	11	25	15	32	18	38	22
	测试集	43	23	37	19	30	16	24	12

表 3.11　不同算法在 Colon 数据库上的最优平均识别率与对应的特征维数

方法	$p=35$	$p=40$	$p=45$	$p=50$
PCA	75.18%(5)	76.82%(6)	76.47%(7)	80.83%(7)
LDP	77.04%(1)	79.55%(3)	82.94%(2)	85.00%(2)
MMC	83.33%(9)	85.45%(12)	86.47%(12)	86.67%(13)
LPDP	82.59%(1)	85.00%(1)	83.53%(1)	82.50%(1)
SLPP	83.70%(1)	85.00%(1)	84.12%(1)	86.67%(1)
MFA	82.96%(1)	85.95%(1)	85.29%(2)	85.00%(1)
LSDA	78.89%(3)	82.73%(2)	84.12%(2)	86.67%(3)
ILSDA	86.67%(8)	88.64%(8)	88.82%(10)	89.17%(10)

表 3.12　不同算法在 Lymphoma 数据库上的最优平均识别率与对应的特征维数

方法	$p=30$	$p=40$	$p=50$	$p=60$
PCA	80.91%(5)	82.68%(35)	84.78%(6)	87.22%(10)
LDP	85.76%(3)	86.96%(3)	88.70%(9)	90.83%(9)
MMC	86.82%(9)	86.96%(15)	87.17%(39)	90.56%(17)
LPDP	87.42%(3)	90.18%(3)	91.09%(11)	93.33%(15)
SLPP	88.94%(1)	90.18%(1)	91.74%(1)	93.61%(5)
MFA	89.70%(2)	90.36%(2)	91.96%(1)	91.94%(3)
LSDA	85.45%(3)	90.36%(3)	90.43%(5)	91.94%(6)
ILSDA	89.70%(8)	90.54%(9)	92.61%(13)	93.89%(10)

表 3.13　参数 α 不同取值时 ILSDA 算法在 Colon 数据库上的最优平均识别率与对应的特征维数

α	$p=35$	$p=40$	$p=45$	$p=50$
0.01	82.59%(4)	84.09%(4)	84.12%(7)	85.83%(8)
0.1	83.70%(4)	85.00%(11)	84.71%(7)	85.00%(8)
1	86.67%(8)	88.64%(8)	88.82%(10)	89.17%(10)
10	85.19%(9)	89.09%(3)	87.06%(5)	87.50%(3)
100	84.44%(4)	85.45%(10)	84.71%(7)	87.50%(2)
500	84.07%(4)	85.00%(1)	84.12%(18)	86.67%(2)
1000	84.07%(4)	85.00%(1)	84.12%(18)	86.67%(2)
1500	84.07%(4)	85.00%(1)	84.67%(18)	86.67%(2)

表 3.14　参数 α 不同取值时 ILSDA 算法在 Lymphoma 数据库上的最优平均识别率与对应的特征维数

α	$p=30$	$p=40$	$p=50$	$p=60$
0.01	81.36%(13)	87.68%(8)	89.78%(11)	91.39%(17)
0.1	81.36%(13)	88.21%(12)	89.78%(10)	91.94%(15)
1	84.39%(5)	87.50%(14)	90.22%(17)	92.22%(15)
10	89.85%(5)	90.00%(9)	92.17%(13)	93.61%(19)
100	89.70%(8)	90.54%(9)	92.61%(13)	93.89%(10)
500	89.70%(7)	90.54%(9)	92.83%(13)	93.89%(10)
1000	89.70%(7)	90.54%(4)	92.83%(13)	93.89%(10)
1500	89.70%(7)	90.54%(9)	92.83%(13)	93.89%(10)

3.5　本章小结

本章首先从人造数据点和实际应用中的两个角度对局部敏感判别分析所存在的局外点问题进行了详细分析，并针对此问题提出了一种有效的特征提取方法——改进的局部敏感判别分析。通过将类内散度矩阵引入算法中，不仅有效地解决了局部敏感判别分析存在的局外点问题，而且还获得了更具有判别信息的低维特征。另外，为降低算法的计算复杂性，本章还提出了一种有效的方法来计算投影矩阵。最后，通过 MATLAB 实现了本章提出的算法及目前应用较为广泛的特征提取算法，分别在三个标准人脸数据库和两个公开使用的基因数据库上进行大量的对比实验，实验结果验证了本章提出的算法的有效性。

参考文献

[1] Cai D, He X, Zhou K, et al. Locality sensitive discriminant analysis[C]. International Joint Conference on ArtificialIntelligence, 2007: 708-713.

[2] Vlassis N, Motomura Y, Kröse B. Supervised dimension reduction of intrinsically low-dimensional data[J]. Neural Computation, 2002, 14(1): 191-215.

[3] Yan S, He X, Hu Y, et al. Bayesian shape localization for face recognition using global and local textures[J]. IEEE Transactions on Circuits and Systems for Video Technology, 2004, 14(1): 102-113.

[4] Yan S, Xu D, Zhang B, et al. Graph embedding and extensions: a general framework for dimensionality reduction[J]. IEEE Transactions on Pattern Analysis and Machine Intelligence, 2007, 29(1): 40-51.

[5] Chen H T, Chang H W, Liu T L. Local discriminant embedding and its variants[C]. IEEE Conference on Computer Vision and Pattern Recognition, 2005, 2: 846-853.

[6] Jolliffe I. Principal Component Analysis[M]. New York: John Wiley & Sons, Ltd, 2002.

[7] Hu J, Deng W, Guo J, et al. Learning a locality discriminating projection for classification[J]. Knowledge-Based Systems, 2009, 22(8): 562-568.

[8] Li H, Jiang T, Zhang K. Efficient and robust feature extraction by maximum margin criterion [J]. IEEE Transactions on Neural Networks, 2006, 17(1): 157-165.

[9] Cheng J, Liu Q, Lu H, et al. Supervised kernel locality preserving projections for face recognition[J]. Neurocomputing, 2005, 67: 443-449.

[10] Gui J, Jia W, Zhu L, et al. Locality preserving discriminant projections for face and palmprint recognition[J]. Neurocomputing, 2010, 73(13): 2696-2707.

[11] Yale University Face Database. http://cvc. yale. edu/projects/yalefaces/yalefaces. html [2015-02-11].

[12] Phillips P J, Moon H, Rizvi S, et al. The FERET evaluation methodology for face-recognition algorithms[J]. IEEE Transactions on Pattern Analysis and Machine Intelligence, 2000, 22(10): 1090-1104.

[13] Lee K C, Ho J, Kriegman D J. Acquiring linear subspaces for face recognition under variable lighting[J]. IEEE Transactions on Pattern Analysis and Machine Intelligence, 2005, 27(5): 684-698.

[14] Alon U, Barkai N, Notterman D A, et al. Broad patterns of gene expression revealed by clustering analysis of tumor and normal colon tissues probed by oligonucleotide arrays[J]. Proceedings of the National Academy of Sciences, 1999, 96(12): 6745-6750.

[15] Alizadeh A A, Eisen M B, Davis R E, et al. Distinct types of diffuse large B-cell lymphoma identified by gene expression profiling[J]. Nature, 2000, 403(6769): 503-511.

[16] Li B, Zheng C H, Huang D S, et al. Gene expression data classification using locally linear discriminant embedding[J]. Computers in Biology and Medicine, 2010, 40(10): 802-810.

第4章 基于结构约束判别非负矩阵分解方法

4.1 引 言

尽管NMF方法已经成功应用于聚类、模式识别、信息检索等诸多领域[1]，但仍然存在以下不足。

首先，NMF方法仅在欧氏空间中学习原始高维数据的部件表示(parts-based representation)，因此忽略了高维数据的本征几何结构。研究者们已经指出，人脸图像、文本等高维数据位于或近似地位于嵌入高维空间的低维流形上。因此，为了在矩阵分解过程中保持高维数据的本征几何结构，大量基于NMF方法的扩展方法被提出[2-4]。众所周知，k近邻图在拉普拉斯特征映射(LE)[5]、约束大边缘局部投影(constrained large margin local projection，CMLP)[6]等基于图框架的流形学习方法中起着非常重要的作用。于是，Cai等[2]利用k近邻图来刻画高维数据局部几何结构，并提出了一种称为局部保持非负矩阵分解(locality preserving non-negative matrix factorization，LPNMF)的特征提取方法用于数据聚类。类似地，Gu等[3]基于每个数据点可由其邻域数据点线性重构的思想，提出了一种称为邻域保持投影非负矩阵分解(neighborhood preserving non-negative matrix factorization，NPNMF)方法。随后，Cai等[4]提出了图正则化非负矩阵分解(graph regularized non-negative matrix factorization，GNMF)方法用于特征提取与图像表示。在GNMF方法中，作者将图正则化项结合到NMF方法中考虑高维数据的几何结构信息。

其次，NMF属于一种无监督矩阵分解方法。虽然NMF方法能够获得高维数据的部件表示，但在矩阵分解过程中没有考虑到高维数据的判别信息。因此，NMF方法在模式识别问题中未能获得很好的效果。于是，研究者们提出了大量有监督的NMF方法来改善NMF方法的识别性能。例如，Wang等[7]将类内散度与类间散度的差异作为正则化约束项加入NMF方法中，提出了费舍尔非负矩阵分解(Fisher non-negative matrix factorization，FNMF)方法。Zafeiriou等[8]提出了判别非负矩阵分解(discriminant non-negative matrix factorization，DNMF)方法用于人脸图像识别。与FNMF方法类似，DNMF方法同样将类内散度和类间散度加入NMF方法中。因此，FNMF和DNMF两种方法可被看成利用费舍尔线性判别分析(Fisher linear discriminant analysis，FLDA)[9]思想对NMF方法进行扩展而形成的方法。尽管 FNMF 和 DNMF 方法均考虑到了高维数据的类别标签信息,但它们却忽视了高维数据的局部几何结构信息。于是,An 等[10]提出了一种称为 NMF-KNN[10]的特征提取方法。在 NMF-KNN 方法中,作者通过构建类间 k 近邻图 (inter-class k-NN graph)与类内 k 近邻图(intra-class k-NN graph)来刻画高维数据的判别几何结构信息。受边缘费舍尔分析(MFA)方法思想的启发,Yang 等[11]将本征图与惩罚图引入 NMF 方法中,提出了一种称为非负图嵌入(non-negative graph embedding,NGE)的统一框架用于矩阵分解。NGE 方法在利用本征图与惩罚图保持高维数据相似性的同时,最小化高维数据的重构误差。此外,NGE 方法也可以应用于无监督与半监督学习中。Nikitidis 等[12]提出了子类判别非负矩阵分解(subclass discriminant non-negative matrix factorization,SDNMF)方法。不同于其他有监督的 NMF 方法均假设每类数据来自单峰分布,SDNMF 方法假设每类数据来自多峰分布,并将聚类判别准则整合到 NMF 框架中。因此,SDNMF 方法不仅可以弥补其他方法的缺点,还能获得更好的分类效果。

虽然上述基于改进 NMF 的方法考虑了数据的局部信息和数据类别标签信息,但是不能保证学习到的基底图像的稀疏和结构性。为此,Hoyer 等[13]根据稀疏编码原则提出了非负稀疏编码(non-negative sparse coding,NNSC)方法。该算法在非负矩阵分解的基础上加入稀疏约束,从而达到减少重构残差和量化基图像稀疏度的目的。因此,NNSC 学习到的基图像可由计算公式来衡量其稀疏程度。不同于 LNMF 方法[14]与 NNSC 方法,Pascual-Montano 等[15]提出非平滑非负矩阵分解(non-smooth NMF,nsNMF)方法,该方法可控制学习得到的基矩阵和编码矩阵的稀疏程度。然而,LNMF、NNSC 和 nsNMF 三种方法中的计算基矩阵和编码矩阵的稀疏度与矩阵分解过程是相互独立的,并没有直接彻底地探索基矩阵的稀疏结构信息,因此它们所得到的基图像在一定程度上还是不能很好地阐释“部分”的概念。为了解决上述问题,Jenatton 等[16]提出结构稀疏非负矩阵分解(structured sparse NMF,SSNMF)算法,该方法能够有效地提取结构化的基向量。但 SSNMF 方法目标函数的求解在很大程度上取决于先验信息,所以需要事先预定一系列的结构参数。为了克服 SSNMF 存在的问题并降低算法对参数的敏感性,Zheng 等[17]在提出空间非负矩阵分解(spatial non-negative matrix factorization,SNMF)方法。与 SSNMF 方法相比,SNMF 方法无需预先定义参数。在 SNMF 方法中,作者通过引入像素散度惩罚(pixel dispersion penalty,PDP)的概念来描述一幅图像的结构信息。PDP 用于衡量基底图像中非零像素灰度值像素的分散程度。SNMF 方法将 PDP 作为一个新的约束项加入原始 NMF 目标函数中。大量实验结果表明,SNMF 能够学习到更具有结构化的稀疏特征矩阵。但是 SNMF 方法仅考虑了基底图像的稀疏结构性,忽略了数据的局部结构信息和数据的类别标签信息。为了克服上述问题，本章提出一种基于结构约束判别非负矩阵分解(structure constraint discriminative non-negative matrix factorization，SCDNMF)算法。SCDNMF 算法在充分考虑特征空间结构信息的同时考虑了高维数据的局部判别结构信息。SCDNMF 算法不仅无需事先定义图像的结构参数，而且还很够提取到具有判别能力的低维特征。

4.2　结构约束判别非负矩阵分解

4.2.1　结构约束判别非负矩阵分解目标函数

类似于 SNMF 算法，SCDNMF 算法的第一个目的是不用预先定义参数就可自动探索 NMF 分解得到的基图像的空间结构信息。SCDNMF 算法希望所学习到的基矩阵 W 的每个列向量(即基图像 w_i)能保留原始高维图像的空间局部性。若基图像 w_i 中非零像素值不分散，即聚齐在一块，则称基图像 w_i 具有空间局部性。假设一幅图像高度等于 b 个像素，宽度等于 a 个像素。为了便于计算基向量 w_i 中非零像素值的分布情况，定义式(4.1)，即

$$D(w_i)=\sum_{x=1}^{a}\sum_{y=1}^{b}\sum_{x'=1}^{a}\sum_{y'=1}^{b}|w_i^{2D}(y,x)||w_i^{2D}(y',x')|\times \mathrm{dist}([y,x],[y',x']) \tag{4.1}$$

式中，$w_i^{2D}(y,x)$为对应基向量 w_i 的矩阵形式。距离函数定义为

$$\mathrm{dist}([y,x],[y',x'])=|y-y'|-|x-x'| \tag{4.2}$$

由式(4.1)可以看出，$D(w_i)$的值越大，w_i 中非零的像素值分布就越分散。因此，最小化式(4.1)可以避免由于$|w_i^{2D}(y,x)|$的非负性而导致的(y,x)和(y',x')彼此距离较远但各自都有着较高的权重$|w_i^{2D}(y,x)|$和$|w_i^{2D}(y',x')|$的现象，如较高的像素值。因此，式(4.1)可学习到一幅图像的空间局部块结构。本章称 $D(w_i)$为像素散度惩罚。很显然，可通过该像素散度惩罚学习到具有空间局部性的基图像，并且不需要手动设置任何结构参数。实验结果也将证明学习到的基图像 w_i 同样具有很高的稀疏结构特性。

为了优化式(4.1)，引入指示向量 $e_{y,x}\in \mathbf{R}^d$，其定义为

$$e_{y,x}(j)=\begin{cases}1, & j=b(x-1)+y\\ 0, & 其他\end{cases} \tag{4.3}$$

式中，b 为图像的高度值。由式(4.1)可以得出 $w_i^{2D}(y,x)=w_i^{\mathrm{T}}e_{y,x}$。通过推导，式(4.1)可以简化为

$$D(w_i)=\sum_{x=1}^{a}\sum_{y=1}^{b}\sum_{x'=1}^{a}\sum_{y'=1}^{b}|w_i^{2D}(y,x)||w_i^{2D}(y',x')|\times \mathrm{dist}([y,x],[y',x'])$$

$$= w_i^{\mathrm{T}} \left(\sum_{x=1}^{a} \sum_{y=1}^{b} \sum_{x'=1}^{a} \sum_{y'=1}^{b} \mathrm{dist}([y,x],[y',x']) e_{y,x} e_{y',x'}^{\mathrm{T}} \right) w_i$$
$$= w_i^{\mathrm{T}} E w_i \tag{4.4}$$

式中,E 为像素核矩阵,其定义为

$$E = \sum_{x=1}^{a} \sum_{y=1}^{b} \sum_{x'=1}^{a} \sum_{y'=1}^{b} \mathrm{dist}([y,x],[y',x']) e_{y,x} e_{y',x'}^{\mathrm{T}} \tag{4.5}$$

SCDNMF 方法的第二个目的是强化低维特征空间的判别能力。在低维空间不仅要保持高维数据的局部几何结构,而且还要增加低维特征的判别能力。换句话说,在高维空间中同类样本点在低维空间中尽可能离得比较近,而不同类的样本点分布得尽可能比较远。为了实现这一目的,应在最大化不同类的互为 k_2 近邻的样本局部类间散度的同时,最小化同类互为 k_1 近邻的样本点局部类内散度。根据高维样本的类别标签信息构建两个加权邻域图。假设图 G_w 表示由属于局部近邻且具有相同类别标签的样本构建的类内邻域加权图,图 G_b 表示由属于局部近邻且具有不同类标签样本点构建的类间加权邻域图。它们的权值分别定义为

$$S_{ij}^{w} = \begin{cases} \exp\left(\dfrac{\| x - x \|^2}{t^2} \right), & x_i \in N_{k_1}(x_j) \text{或者} x_j \in N_{k_1}(x_i) \text{且} l(x_i) = l(x_j) \\ 0, & \text{其他} \end{cases} \tag{4.6}$$

$$S_{ij}^{b} = \begin{cases} \exp\left(\dfrac{\| x - x \|^2}{t^2} \right), & x_i \in N_{k_2}(x_j) \text{或者} x_j \in N_{k_2}(x_i) \text{且} l(x_i) \neq l(x_j) \\ 0, & \text{其他} \end{cases} \tag{4.7}$$

式中,$l(x_i)$ 为样本 x_i 的类别标签;$N_{k_j}(x_i)(j=1,2)$ 为样本 x_i 的 k_j 近邻样本集合; $t>0$ 为热核参数,它决定了相似度衰减速率。为了提取具有判别能力的低维特征,在扩大样本的类间近邻图边界的同时缩小类内近邻图的边界。因此,需要最小化如下目标函数:

$$\frac{1}{2} \sum_{i,j=1}^{N} \left(\| h_i - h_j \|^2 S_{ij}^{w} - \| h_i - h_j \|^2 S_{ij}^{b} \right)$$
$$= \left(\sum_{i=1}^{N} h_i^{\mathrm{T}} h_i D_{ii}^{w} - \sum_{i,j=1}^{N} h_i^{\mathrm{T}} h_j S_{ij}^{w} \right) - \left(\sum_{i=1}^{N} h_i^{\mathrm{T}} h_i D_{ii}^{b} - \sum_{i,j=1}^{N} h_i^{\mathrm{T}} h_j S_{ij}^{b} \right)$$
$$= \mathrm{tr}(H^{\mathrm{T}} (D^{w} - S^{w}) H) - \mathrm{tr}(H^{\mathrm{T}} (D^{b} - S^{b}) H)$$
$$= \mathrm{tr}(H^{\mathrm{T}} (L^{w} - L^{b}) H) \tag{4.8}$$

式中,$L^{w} = D^{w} - S^{w}$ 和 $L^{b} = D^{b} - S^{b}$ 为对应图 G_w 和 G_b 的拉普拉斯矩阵;D^{w} 和 D^{b} 为对角矩阵,其对角元素分别为 $D_{ii}^{w} = \sum_{j=1}^{N} S_{ij}^{w}$ 和 $D_{ii}^{b} = \sum_{j=1}^{N} S_{ij}^{b}$。

SCDNMF 方法的主要思想是在 NMF 方法框架基础上既要考虑基图像的空间结构特征，也要保留高维数据的局部判别几何结构，从而改善其分类能力。因此，受 SNMF 算法和图理论的启发，将式(4.4)和式(4.8)加入 NMF 目标函数中，可得到 SCDNMF 模型为

$$\min_{W,H}\varepsilon(W,H)=\|X-WH^{\mathrm{T}}\|_2^2+\alpha\mathrm{tr}(W^{\mathrm{T}}EW)+\beta\mathrm{tr}(H^{\mathrm{T}}(L^w-L^b)H)$$
$$\text{s.t. } W\geqslant 0, H\geqslant 0 \tag{4.9}$$

由式(4.9)可知，当 $\alpha=0$ 且 $\beta=0$ 时，SCDNMF 算法简化成原始 NMF。当 $\beta=0$ 且 $\alpha\neq 0$ 时，SCDNMF 算法退化为 SNMF 的目标函数；当 $\alpha=0$ 且 $\beta\neq 0$ 时，SCDNMF 算法退化为 NMF-KNN[10]。因此，NMF、SNMF 和 NMF-KNN 三种方法可以看成 SCDNMF 方法的特殊形式。

4.2.2 优化求解策略

SCDNMF 目标函数等价于下列函数，即

$$\begin{aligned}\min_{W,H}\varepsilon(W,H)&=\|X-WH^{\mathrm{T}}\|_2^2+\alpha\mathrm{tr}(W^{\mathrm{T}}EW)+\beta\mathrm{tr}(H^{\mathrm{T}}(L^w-L^b)H)\\&=\mathrm{tr}(XX^{\mathrm{T}})-2\mathrm{tr}(XHW^{\mathrm{T}})+\mathrm{tr}(WH^{\mathrm{T}}HW^{\mathrm{T}})\\&\quad+\alpha\mathrm{tr}(W^{\mathrm{T}}EW)+\beta\mathrm{tr}(H^{\mathrm{T}}(L^w-L^b)H)\end{aligned}$$
$$\text{s.t. } W\geqslant 0, H\geqslant 0 \tag{4.10}$$

由式(4.10)可知，SCDNMF 方法的目标函数对于变量 W 和 H 整体是非凸函数，因此很难直接获得式(4.10)的全局最优解。但庆幸的是，可以通过交替利用最速下降法来迭代更新获得 W 和 H，直到目标函数值收敛，最终可以得到目标函数的局部最优解。本节主要给出迭代更新规则求解变量 W 和 H。

对于式(4.10)，通常使用拉格朗日函数来求解。对变量 $W_{ij}\geqslant 0$ 和 $H_{ij}\geqslant 0$ 两个非负约束条件分别设定两个拉格朗日乘子参数 $\psi_{ij}\geqslant 0$ 和 $\varphi_{ij}\geqslant 0$，那么式(4.10)的拉格朗日函数可写为

$$\begin{aligned}\rho(W,H,\psi,\varphi)&=\|X-WH^{\mathrm{T}}\|_2^2+\alpha\mathrm{tr}(W^{\mathrm{T}}EW)+\beta\mathrm{tr}(H^{\mathrm{T}}(L^w-L^b)H)\\&=\mathrm{tr}(XX^{\mathrm{T}})-2\mathrm{tr}(XHW^{\mathrm{T}})+\mathrm{tr}(WH^{\mathrm{T}}HW^{\mathrm{T}})+\alpha\mathrm{tr}(W^{\mathrm{T}}EW)\\&\quad+\beta\mathrm{tr}(H^{\mathrm{T}}(L^w-L^b)H)+\mathrm{tr}(\psi W)+\mathrm{tr}(\varphi H)\end{aligned} \tag{4.11}$$

拉格朗日函数相对于变量 W 和 H 的偏导数矩阵分别为

$$\frac{\partial\rho(W,H,\psi,\varphi)}{\partial W}=-XH+WH^{\mathrm{T}}H+\alpha EW+\psi \tag{4.12}$$

$$\frac{\partial\rho(W,H,\psi,\varphi)}{\partial H}=-X^{\mathrm{T}}W+H^{\mathrm{T}}W^{\mathrm{T}}W+\beta(L^w-L^b)H+\varphi \tag{4.13}$$

由于 $L^w=D^w-S^w$ 和 $L^b=D^b-S^b$，因此将它们代入式(4.13)可得

$$\frac{\partial \rho(W,H,\psi,\varphi)}{\partial H}=-X^{\mathrm{T}}W+H^{\mathrm{T}}W^{\mathrm{T}}W+\beta(D^{w}-S^{w})H-\beta(D^{b}-S^{b})H+\varphi \tag{4.14}$$

通过利用 KKT(Karush-Kuhn-Tucker)互补条件 $\psi_{ij}W_{ij}=0$ 和 $\varphi_{ij}H_{ij}=0$，有

$$[-XH+WH^{\mathrm{T}}H+\alpha EW+\psi]_{ij}W_{ij}=0 \tag{4.15}$$

$$[-X^{\mathrm{T}}W+H^{\mathrm{T}}W^{\mathrm{T}}H+\beta(D^{w}-S^{w})H-\beta(D^{b}-S^{b})H+\varphi]_{ij}W_{ij}=0 \tag{4.16}$$

由式(4.15)和式(4.16)可得 W 及其迭代更新规则为

$$W_{ij}=W_{ij}\frac{[XH]_{ij}}{[WH^{\mathrm{T}}H+\alpha EW]_{ij}} \tag{4.17}$$

$$H_{ij}=H_{ij}\frac{[X^{\mathrm{T}}W+\beta(D^{b}+S^{w})H]_{ij}}{[HW^{\mathrm{T}}W+\beta(D^{w}+S^{b})H]_{ij}} \tag{4.18}$$

SCDNMF 算法如算法 4.1 所述。

算法 4.1　结构约束判别非负矩阵分解(SCDNMF)算法

输入：非负高维数据 $X=[x_1\ x_2\ \cdots\ x_N]$，参数 T、α、β、k_1 和 k_2

1. 初始化 W 和 H 为随机非负矩阵，$T=1$；
2. 利用式(4.5)计算散度核矩阵 E；
3. 利用式(4.6)和式(4.7)计算 S^{w} 和 S^{b}；
4. 根据 S^{w} 和 S^{b} 计算 D^{w} 和 D^{b}；
5. Repeat
6. 利用式(4.17)更新 W；
7. 利用式(4.18)更新 H；
8. $T=T+1$；
9. Until{满足终止条件}

输出：基底矩阵 W 和系数矩阵 H

4.3　实验与分析

本章将分别在人脸图像数据库和物体图像数据库上测试 SCDNMF 方法的分类和识别性能。SCDNMF 实际上是一个基于 NMF 特征提取框架的方法，将参数 α 和 β 设置为不同的取值时可以衍生出不同的 NMF 算法。为了验证 SCDNMF 方法的有效性，将其与 NMF($\alpha=0,\beta=0$)[18]、SNMF($\alpha\neq0,\beta=0$)[17]、NMF-KNN($\alpha=0,\beta\neq0$)[10]和 GNMF[19]四种比较流行的特征提取算法进行对比。SNMF 算法在 NMF 中加入了空间结构约束，NMF-KNN 算法在 NMF 中加入了局部判别几何结构约束，GNMF 算法在 NMF 中加入了局部几何结构约束但没有考虑类标

签信息。实验数据库采用两个标准人脸图像数据库 Yale[20] 和 ORL[21]、一个物体识别数据库 COIL20[22]。在整个实验过程中，所有人脸和物体识别图像都经过简单的裁剪处理，图像裁剪成 32×32 像素。SCDNMF 方法与其他对比方法均在 Windows 操作系统环境下采用 MATLAB 编程语言实现，实验平台为英特尔酷睿 i7-2600CPU，频率为 3.4GHz，物理内存为 4GB。实验中，从每个人脸图像数据库的每类样本中随机选择 p 个样本作为训练样本，剩下的样本作为测试样本，并且随机选择样本的操作过程重复执行 10 次，然后给出各种算法的平均识别结果。在测试阶段，采用基于欧氏距离的最近邻分类器进行分类。

4.3.1 人脸图像识别

本节主要在两个标准人脸图像数据库上测试 SCDNMF 方法的识别性能。

1. Yale 人脸图像数据库实验

图 4.1 展示了 Yale 标准人脸图像数据库中的部分人脸图像。

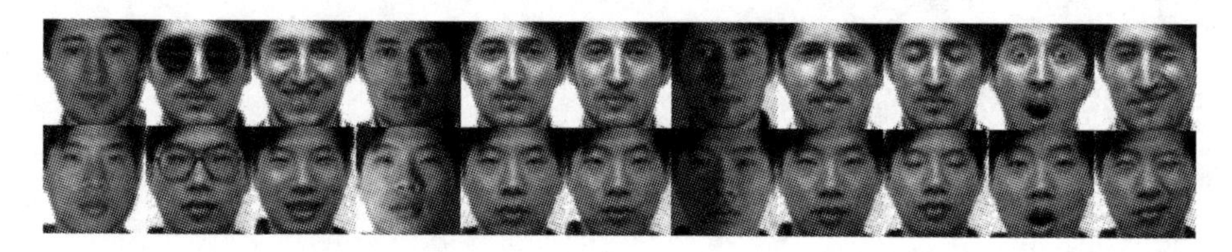

图 4.1 Yale 人脸图像数据库中的部分人脸图像

实验一，从每人随机选取 5 幅图像作为训练样本，其余的 6 幅图像用来测试分类准确性。采用网格搜索方式确定 GNMF 方法中近邻参数 k 的取值，其网格搜索范围为{1,2,3,4,5}，然后给出最优参数对应的实验结果。SCDNMF 和 KNN-NMF 两个方法中的类内近邻数 k_1 和类间近邻数 k_2 分别设为 4 和 8，参数 α 和 β 设置为 1，热核函数参数 t 设置为 100。五种不同算法在 Yale 标准人脸图像数据库上的平均识别率与特征维数变化的结果如图 4.2 所示。由图 4.2 可知，当特征维数为 20 时，NMF、GNMF、SNMF 和 NMF-KNN 四种方法的平均识别率都非常低，但 SCDNMF 方法的平均识别率明显高于其他方法。随着特征维数的增大，所有特征提取方法的平均识别率都有所上升。表 4.1 给出了不同算法的最高识别率、标准差及对应的特征维数。从表 4.1 中的实验结果可观察到以下几点。首先，GNMF 方法的识别率要高于 NMF 方法的识别率。此结果表明，在矩阵分解过程中保持高维数据的几何结构是非常重要的，对改善分类结果有很大的影响。其次，SNMF 也要优于 NMF 方法，这也充分证实了考虑基图像的稀疏结构信息有助于提高分类效果，显示了基图像局部性的重要性。最后，NMF-KNN 方法的最高平均识别率要高于 NMF、GNMF 和 SNMF 三种方法。这是因为 NMF-KNN 方法在非负矩阵分解过程中考虑了数据的类别标签信息，有利于提取具有判别能力的低维特征。同时也证实了有监督算法的性能要优于无监督特征提取算法。然而，由于 SCDNMF 方法同时考虑基图像的结构信息、数据的类别标签信息及数据的局部结构，因此它的分类效果优于其他对比方法。

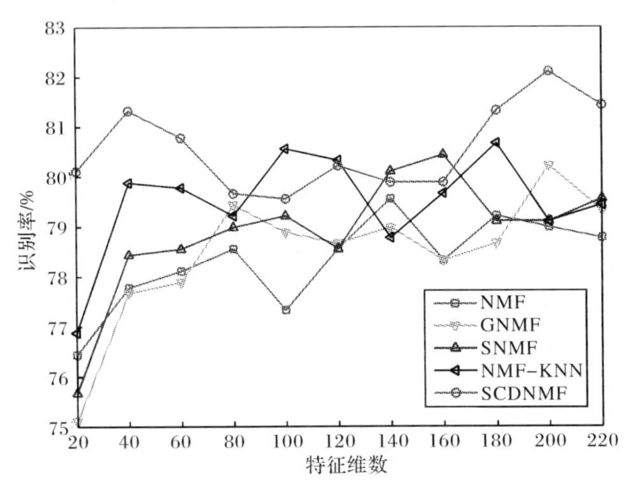

图 4.2　五种算法在 Yale 人脸图像数据库上的平均识别率与特征维数变化的曲线图

表 4.1　五种算法在 Yale 人脸图像数据库上获得最高平均识别率(%)和标准差(%)

NMF	GNMF	SNMF	NMF-KNN	SCDNMF
79.56±3.32 (140)	80.22±2.27 (200)	80.44±2.35 (160)	80.67±2.04 (180)	82.11±3.03 (200)

注：括号中的数字表示最高识别率所对应的特征维数。

实验二，测试平衡参数 α 和 β 的不同取值对 SCDNMF 算法的性能影响。实验中 α 和 β 取值均为{0.01，0.1，0.5，1}。表 4.2 给出了 SCDNMF 算法在参数不同取值下所获得的平均最高识别率与标准差。由表 4.2 中的实验结果可知，SCD-NMF 算法的识别效果在一定程度上取决于参数 α 和 β 的取值。大多数情形下，随着 α 和 β 取值的增大，SCDNMF 算法的识别效果也相应提高。特别地，当 $\alpha=0.01$ 和 $\beta=0.01$ 时，SCDNMF 算法的识别率较低。当 $\alpha=1$ 和 $\beta=1$ 时，SCDNMF 算法达到最好的识别率。其主要原因是，较大的 α 值可以使基图像变得更加稀疏，较大的 β 值使低维特征具有更多的有利于分类的判别信息。此结果表明，同时考虑基图像的稀疏结构性和数据的判别几何结构信息有利于提高算法分类性能。

表 4.2 SCDNMF 算法在 Yale 人脸图像数据库上参数 α 和 β 不同取值时的最高识别率(%)与标准差(%)

参数 α	β=0.01	β=0.1	β=0.50	β=1.00
0.01	79.89±4.07(180)	80.33±2.87(200)	80.44±2.88(100)	80.33±2.67(80)
0.1	80.22±3.62(80)	79.89±3.30(220)	80.56±3.02(180)	80.44±2.83(80)
0.5	81.00±2.79(100)	80.22±3.18(200)	81.00±3.16(220)	81.67±2.78(140)
1	80.22±3.39(100)	80.33±3.06(180)	81.56±3.32(80)	82.11±3.03(200)

注:括号中的数字表示最高识别率所对应的特征维数。

实验三,测试类间近邻参数 k_2 不同取值对 SCDNMF 算法的性能影响。因为在已知类标签的情况下,邻域大小的选择直接影响有监督算法的性能。在此实验中,由于从 Yale 人脸图像数据库每类所选取的训练样本的数量较少,因此实验中设置类内 k_1 近邻数为 4,而类间近邻数 k_2 取值分别为{4,6,8,10,12}。表 4.3 给出了 SCDNMF 算法在参数 k_2 不同取值下对应的平均最高识别率与标准差。从表中可以看出,当 SCDNMF 算法达到最高识别率时 k_2 值并不是最大的,但也不是最小($k_2=8$)的。由此可知,类间邻域的大小并不是越大越好,k_2 值过小不能很好地反映数据的局部流形结构,然而,k_2 值过大将违背流形的局部线性假设。

表 4.3 SCDNMF 算法在 Yale 人脸图像数据库上参数 k_2 不同取值时的最高识别率(%)与标准差(%)

$k_2=4$	$k_2=6$	$k_2=8$	$k_2=10$	$k_2=12$
81.67±1.73(200)	82.00±3.22(200)	82.11±3.03(200)	80.22±2.18(80)	80.56±2.18(160)

注:括号中的数字表示最高识别率所对应的特征维数。

最后,比较 SCDNMF 方法与 NMF、GNMF、SNMF 和 NMF-KNN 四种算法所提取的基图像的局部稀疏性。理想的基图像应该既能充分体现部分表示的局部性质,又能体现基图像的稀疏度。图 4.3 给出了当子特征维数为 36 时各种算法所提取的基图像。由图 4.3 可知,由于 SCDNMF 和 SNMF 两种方法在矩阵分解过程中考虑了基底图像的空间结构信息,因此所获得的基底图像要比 NMF、GNMF 和 NMF-KNN 三种方法更稀疏且更具有局部结构。根据 Hoyer 等[13]提出的稀疏度理论,可以通过 ℓ_1-范数和 ℓ_2-范数计算基图像的稀疏度,并能从数值方面表示基图像的局部性和稀疏程度并稀疏度衡量公式定义为

$$\text{sparseness}(W)=\frac{\sqrt{r}-\left(\sum_{i=1}^{r}|w_i|\right)\Big/\sqrt{\sum_{i=1}^{r}w_i^2}}{\sqrt{r}-1} \tag{4.19}$$

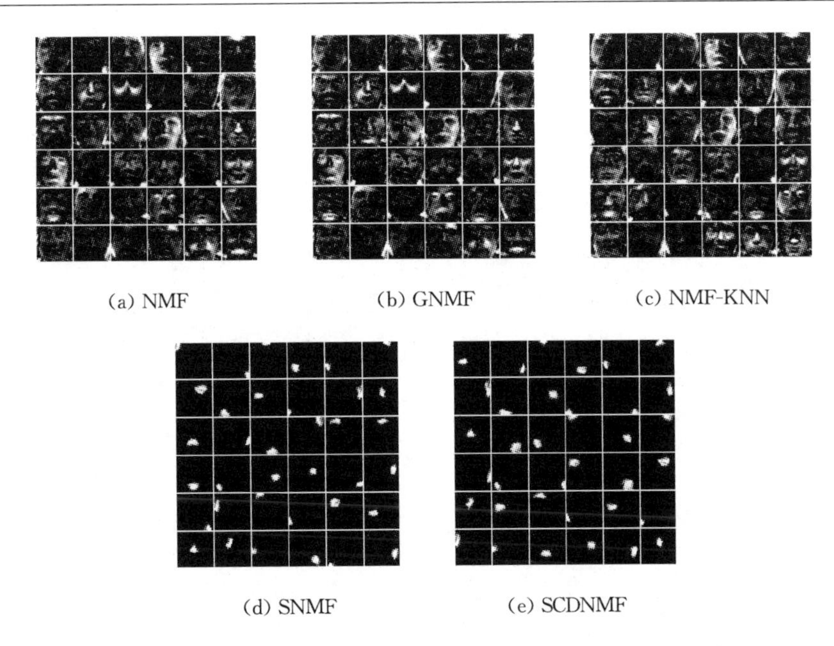

(a) NMF　(b) GNMF　(c) NMF-KNN

(d) SNMF　(e) SCDNMF

图 4.3　五种算法在 Yale 人脸图像数据库上所提取的基图像

式中，参数 r 为非负基矩阵 W 的特征维数。由式(4.19)可知，当 sparseness(W)=1 时，非负向量 W 包含一个非零元素；sparseness(W)=0 时，W 中所有元素都相等。采用式(4.19)计算不同的算法所得到的基向量的稀疏度，实验结果如表 4.4 所示。由表 4.4 可知，SCDNMF 和 SNMF 两种方法所提取的基向量的稀疏度明显优于 NMF、GNMF 和 NMF-KNN 三种方法。因此，充分考虑空间结构约束能够使基于 NMF 的方法学习到更为稀疏且具有局部结构的基底图像。

表 4.4　五种算法在 Yale 人脸图像数据库上提出的基图像的平均稀疏度

NMF	GNMF	NMF-KNN	SNMF	DSNMF
53.56%	50.82%	52.00%	85.00%	83.81%

2. ORL 人脸图像数据库实验

图 4.4 给出了 ORL 人脸图像数据库中的部分人脸图像。

图 4.4　ORL 人脸图像数据库中的部分人脸图像

实验一,类似于 Yale 人脸图像数据库的实验一,首先从每人 10 幅图像中随机选取 5 幅图像作为训练样本,其余的 5 幅图像作为测试样本。SCDNMF 算法的平衡参数 α 和 β 均设置为 0.1,其他的参数取值与 Yale 人脸图像数据库实验相同。五种不同特征提取算法的平均识别率与特征维数变化的曲线图如图 4.5 所示。由图 4.5 可以看出,刚开始所有特征提取算法识别率曲线随着特征维数的增大都有上升的趋势。然而上升到一定程度,也就是达到它们的最高识别率之后,随着维数的持续增大,识别率曲线有明显下降的趋势。这与 Yale 人脸图像数据库的识别率结果有着明显的区别。产生这种现象的可能原因是过多的低维特征会带来过多的冗余信息,给学习的低维子空间带来不必要的噪声,从而影响了算法的识别率。表 4.5 给出了不同算法在 ORL 人脸图像数据库上的最高识别率与标准差。从表 4.5 中的实验结果可以看出,SCDNMF 算法的识别率明显高于其他基于 NMF 的算法,此实验结果与 Yale 人脸图像数据库的实验结果一致。实验结果也表明了 SCDNMF 算法具有一定的稳定性和实用性。

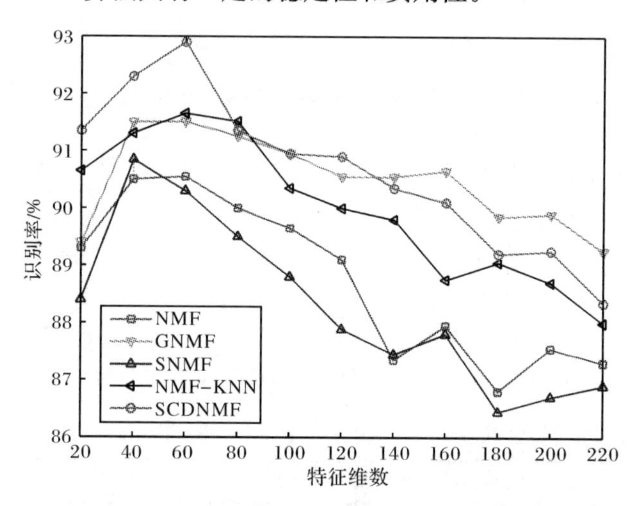

图 4.5　五种算法在 ORL 人脸图像数据库上的识别率与特征维数变化的曲线图

表 4.5　五种算法在 ORL 人脸图像数据库上的最高识别率(%)与标准差(%)

NMF	GNMF	SNMF	NMF-KNN	SCDNMF
90.40±1.81(40)	91.50±2.16(40)	90.85±1.93(40)	91.65±1.89(60)	92.90±1.74(60)

注:括号中的数字表示最高识别率所对应的特征维数。

实验二,测试 SCDNMF 算法对参数 α 和 β 取值的敏感性。与 Yale 人脸图像数据库上的实验过程相同,设置参数 α 和 β 的取值均为{0.01,0.1,0.5,1}。表 4.6 给出了 SCDNMF 算法在参数 α 和 β 不同取值时所获得的最高平均识别率与标准差。从表 4.6 中的实验结果可以看出,当 $\alpha=0.1$ 和 $\beta=0.1$ 时,SCDNMF

算法能够达到最高识别率。同样地，当 $\alpha=0.01$ 和 $\beta=0.01$ 时，SCDNMF 算法识别率较低，而在参数其他不同取值下 SCDNMF 方法都有良好的识别性能。ORL 人脸数据库的 α 和 β 最优参数取值与 Yale 人脸图像数据库上的最优参数取值不同，可能是因为 ORL 人脸图像数据库中的类间图像差异比较明显。实验结果也表明，在实际应用领域中需要根据数据库设置 SCDNMF 算法中参数 α 和 β 的取值，以便于提取更有利于分类的低维特征。

表 4.6　SCDNMF 算法在 ORL 人脸图像数据库上参数 α 和 β 不同取值时的最高识别率(%)与标准差(%)

参数 α	$\beta=0.01$	$\beta=0.10$	$\beta=0.50$	$\beta=1.00$
0.01	91.80±1.40(80)	91.10±2.57(40)	91.65±1.55(40)	92.45±1.50(40)
0.1	91.60±1.22(40)	92.90±1.74(60)	91.60±1.52(40)	91.40±1.73(40)
0.5	92.10±2.41(60)	91.80±1.53(60)	91.50±1.83(60)	92.05±1.82(60)
1	91.30±2.16(40)	92.20±2.18(60)	91.25±1.80(40)	92.15±1.36(60)

注：括号中的数字表示最高识别率所对应的特征维数。

实验三，测试类间近邻参数 k_2 对 SCDNMF 算法识别效果的影响。实验中 k_2 取值为 4，而类间近邻数 k_2 取值分别为{4,6,8,10,12}。表 4.7 给出了 SCDNMF 算法在 ORL 人脸图像数据库上参数 k_2 不同取值时所获得的最高识别率与标准差。由表 4.7 中的实验结果可知，当 $k_2=8$ 时，SCDNMF 算法能够达到最高的识别效果，这与 Yale 人脸图像数据库上的实验结果一致。产生这个现象可能是因为在 ORL 和 Yale 两个人脸图像数据库上设置的训练样本数目相同，测试样本数目相差仅为 1，所以导致了 k_2 对最终识别率的影响也相同。因此，类间近邻参数的选择与训练样本数量和测试样本数量有着难以割舍的关系。

表 4.7　SCDNMF 算法在 ORL 人脸图像数据库上参数 k_2 不同取值时的最高识别率(%)与标准差(%)

$k_2=4$	$k_2=6$	$k_2=8$	$k_2=10$	$k_2=12$
91.10±1.64(40)	91.35±1.58(60)	92.90±1.74(60)	91.55±2.03(40)	91.65±1.93(40)

注：括号中的数字表示最高识别率所对应的特征维数。

4.3.2　物体图像分类

由上述人脸图像数据库的实验结果可以看出，本章提出的 CSDNMF 算法可以获得很好的性能。为了进一步验证算法的有效性，本节将在物体识别上测试 CSDNMF 算法的性能。本实验采用 COIL20 物体识别数据库[22]，该数据库包含 20 个物体(玩具车、鸭子、模型等)的 1440 幅图像，每类包含 72 幅图像。实验中物体图像的大小为 32×32 像素。图 4.6 给出了在实验中用到的 COIL20 数据库中的部分物体图像。

图 4.6　COIL20 数据库中的部分物体图像

实验一,类似于 Yale 和 ORL 两个人脸图像数据库的实验设置,本实验从每类物体随机选取 12 幅图像作为训练集,其余的 60 幅图像作为测试集。对于 SCDNMF 算法,平衡参数 α 和 β 值分别取值为 0.1 和 1。参数类内近邻大小 k_1 和类间近邻大小 k_2 全部取值为 8。其余参数与人脸图像数据库上参数设置相同的取值。图 4.7 给出了不同特征提取算法在 COIL20 物体图像数据库上的平均识别率效果直方图。从图 4.7 中可以观察到, SCDNMF 方法的性能要高于其他特征提取算法,而与其他对比方法的识别率相差不大。此结果与 Yale 和 ORL 两个人脸图像数据库上的实验结果一致。因此,实验结果验证了 SCDNMF 算法不仅在人脸图像数据库上有效,而且在 COIL20 物体图像识别数据库上仍然有效。

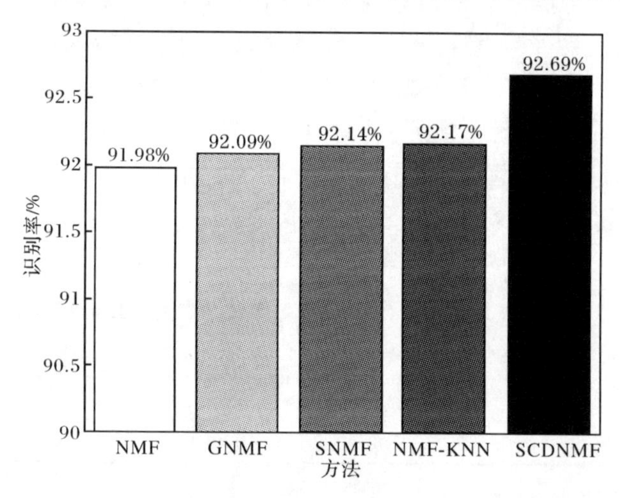

图 4.7　五种算法在 COIL20 物体图像数据库上的平均识别率

实验二,测试参数 α 和 β 不同取值对 SCDNMF 算法识别率效果的影响。实验中参数 α 和 β 分别取值为 0.01、0.1、0.5 和 1。表 4.8 中给出了 SCDNMF 算法在参数 α 和 β 不同取值时的最高平均识别率与标准差。由表 4.8 中的实验结果可知,当 $\alpha=1$ 和 $\beta=0.1$ 时, SCDNMF 算法达到最好的识别效果,而在其余情况下, SCDNMF 算法的识别率相差并不大,这与人脸图像数据库上有所差别。产生这个现象的可能原因是 COIL20 物体图像数据库中的每类训练样本数和测试样本数较多,导致实验结果上的差异。因此,不同类型的数据库上采用不同的参数大小是非常有必要的,也证明了本实验参数设置的合理性。

表 4.8　SCDNMF 算法在 COIL20 人脸图像数据库上参数 α 和 β 不同取值时的最高识别率(%)与标准差(%)

参数 α	β=0.01	β=0.10	β=0.50	β=1.00
0.01	92.10±0.93(20)	92.11±1.32(20)	92.33±1.06(20)	92.64±1.88(20)
0.1	92.17±1.52(20)	92.01±0.97(20)	92.32±1.21(20)	92.63±1.12(20)
0.5	92.36±1.17(20)	92.18±0.98(20)	92.50±1.39(20)	92.53±0.89(20)
1	92.58±1.22(40)	92.69±1.60(40)	92.66±1.17(40)	92.63±1.12(20)

注:括号中的数字表示最高识别率所对应的特征维数。

实验三,直观地比较不同的算法所提取出的基图像稀疏度和局部结构。实验中,将低维特征维数设置为 25。图 4.8 给出了不同算法所提取的基图像的结果。采用式(4.19)计算不同算法所获得的基向量的稀疏度值如表 4.9 所示。由表 4.9 中的实验结果可知,SCDNMF 算法所提取的基向量稀疏度略小于 SNMF 算法的基向量稀疏度,但仍然高于其他的特征提取算法。实验结果验证了在基于 NMF 算法中增加局部结构约束可以使提取的基图像更稀疏,展示了其必要性。

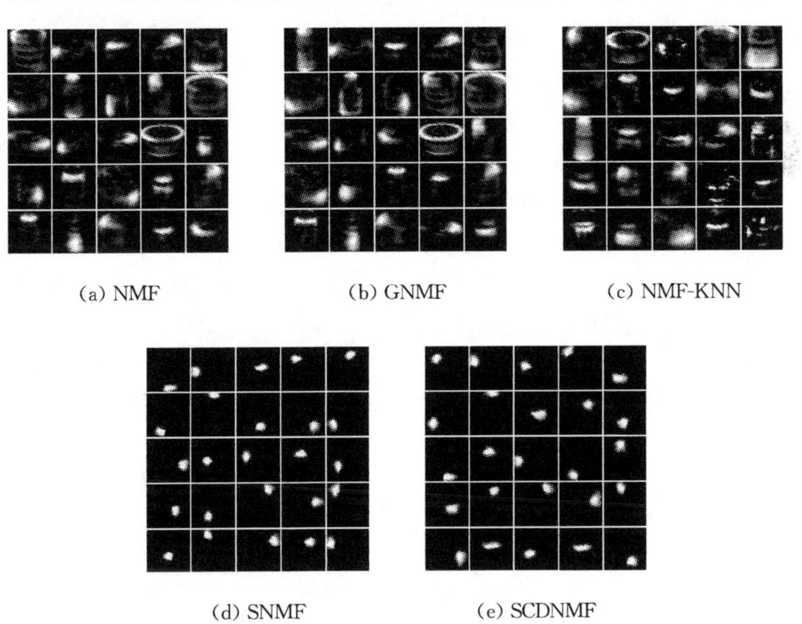

(a) NMF　(b) GNMF　(c) NMF-KNN

(d) SNMF　(e) SCDNMF

图 4.8　五种算法在 COIL20 物体图像数据库上所提取的基图像

表 4.9 五种算法在 COIL20 物体图像数据库上所提取基图像的平均稀疏度

NMF	GNMF	NMF-KNN	SNMF	DSNMF
62.08%	61.88%	60.26%	83.15%	80.92%

4.4 本章小结

本章基于 NMF 算法框架提出了一种基于空间结构约束的判别非负矩阵分解(SCDNMF)特征提取方法。与其他基于 NMF 的改进算法相比，本章所提出的 SCDNMF 方法具有以下特点。首先，SCDNMF 方法在原始 NMF 分解模型中加入了基图像的空间结构约束项，使原本可能并不结构稀疏的基图像变得更加具有空间局部稀疏的结构，使其更符合基于部分表示整体的理论思想。其次，SCDNMF 方法充分利用了高维数据的类别标签信息和局部几何结构信息，从而使得低维特征更具有判别能力。实验中采用两个标准人脸图像数据库(ORL 和 Yale)和一个物体图像数据库(COIL20)，并将 SCDNMF 方法与其他比较流行的非负矩阵分解的改进算法进行了详细比较。实验结果验证了 SCDNMF 算法在分类问题上的有效性。

参考文献

[1] Wang Y X, Zhang Y J. Nonnegative matrix factorization: a comprehensive review[J]. IEEE Transactions on Knowledge and Data Engineering, 2013, 25(6): 1336-1353.

[2] Cai D, He X, Wang X, et al. Locality preserving nonnegative matrix factorization[C]. International Joint Conference on Artificial Intelligence, 2009, 9: 1010-1015.

[3] Gu Q, Zhou J. Neighborhood preserving nonnegative matrix factorization[C]. British Machine Vision Conference, 2009: 1-10.

[4] Cai D, He X, Han J, et al. Graph regularized nonnegative matrix factorization for data representation[J]. IEEE Transactions on Pattern Analysis and Machine Intelligence, 2011, 33(8): 1548-1560.

[5] Belkin M, Niyogi P. Laplacian eigenmaps and spectral techniques for embedding and clustering[C]. Advances in Neural Information Processing Systems, 2001, 14: 585-591.

[6] Zhang Z, Zhao M, Chow T W S. Constrained large Margin Local Projection algorithms and extensions for multimodal dimensionality reduction[J]. Pattern Recognition, 2012, 45(12): 4466-4493.

[7] Wang Y, Jia Y. Fisher non-negative matrix factorization for learning local features[C]. Asian Conference on Computer Vision, 2004: 27-30.

[8] Zafeiriou S, Tefas A, Buciu I, et al. Exploiting discriminant information in nonnegative matrix factorization with application to frontal face verification[J]. IEEE Transactions on Neural Networks, 2006, 17(3): 683-695.

[9] Welling M. Fisher linear discriminant analysis[J]. 2005, 3: 580-595.

[10] An S, Yoo J, Choi S. Manifold-respecting discriminant nonnegative matrix factorization[J]. Pattern Recognition Letters, 2011, 32(6): 832-837.

[11] Yang J, Yang S, Fu Y, et al. Non-negative graph embedding[C]. IEEE Conference on Computer Vision and Pattern Recognition, 2008: 1-8.

[12] Nikitidis S, Tefas A, Nikolaidis N, et al. Subclass discriminant nonnegative matrix factorization for facial image analysis[J]. Pattern Recognition, 2012, 45(12): 4080-4091.

[13] Hoyer P O. Non-negative sparse coding[C]. Proceedings of the 12th IEEE Workshop on Neural Networks for Signal Processing, 2002: 557-565.

[14] Li S Z, Hou X W, Zhang H J, et al. Learning spatially localized, parts-based representation [C]. IEEE Conference on Computer Vision and Pattern Recognition, 2001, 1: 207-212.

[15] Pascual-Montano A, Carazo J M, Kochi K, et al. Nonsmooth nonnegative matrix factorization(nsNMF)[J]. IEEE Transactions on Pattern Analysis and Machine Intelligence, 2006, 28(3): 403-415.

[16] Jenatton R, Obozinski G, Bach F. Structured sparse principal component analysis[J]. Journal of Machine Learning Research, 2010, 9: 366-373.

[17] Zheng W S, Lai J H, Liao S, et al. Extracting non-negative basis images using pixel dispersion penalty[J]. Pattern Recognition, 2012, 45(8): 2912-2926.

[18] Lee D D, Seung H S. Learning the parts of objects by non-negative matrix factorization[J]. Nature, 1999, 401(6755): 788-791.

[19] Li B, Zheng C H, Huang D S, et al. Gene expression data classification using locally linear discriminant embedding[J]. Computers in Biology and Medicine, 2010, 40(10): 802-810.

[20] Yale University Face Database. http://cvc.yale.edu/projects/yalefaces/yalefaces.html [2014-12-20].

[21] Samaria F S, Harter A C. Parameterisation of a stochastic model for human face identification[C]. IEEE Workshop on Applications of Computer Vision, 1994: 138-142.

[22] Nene S A, Nayar S K, Murase H. Columbia Object Image Library(COIL-20)[R]. Technical Report CUCS-005-96. New York: Columbia University Department of Computer Science, 1996.

第5章 基于半监督非负矩阵分解的全局人脸识别方法

5.1 引　　言

尽管实验结果表明有监督 NMF 方法的识别性能优于无监督 NMF 方法，但有监督 NMF 方法要求训练数据是被完全标记的。这个要求限制了有监督 NMF 方法在实际问题中的应用。因为在某些实际任务中获取标记样本需要专业技术人员指导或者进行大量物理实验，所以标记一个完整的训练集非常耗时且不切实际。相反，获取无标记样本相对简单且廉价。例如，可以通过互联网、监控数码相机、网络聊天等方式采集大量无标记样本。因此，为了充分利用少量标记样本与大量未标记样本的信息，半监督 NMF 方法被相继提出[1-3]。例如，Chen 等[2]提出了一种半监督非负矩阵分解(semi-supervised non-negative matrix factorization，SSNMF)方法用于数据聚类。在 SSNMF 方法中，作者通过人工给定少量标记样本与未标记样本之间的成对约束来表示样本间的相似性或不相似性。Liu 等[3]将标记信息作为额外的硬性约束加入 NMF 中，提出了约束非负矩阵分解(constrained non-negative matrix factorization，CNMF)方法用于图像表示与分类。此外，Lee 等[1]基于高维数据矩阵与其类别标签矩阵共享同一因子矩阵的假设，提出了另一种半监督非负矩阵分解(semi-supervised non-negative matrix factorization，SNMF)方法用于高维数据聚类。

通过文献[1]～[3]中的实验结果可以发现，在没有足够多的标记样本情况下，联合利用标记样本与未标记样本的信息在一定程度上可以提高半监督 NMF 方法的性能。然而，目前的半监督 NMF 方法并没有充分利用样本的全部信息。例如，SSNMF 方法中的样本间成对约束是人工预先给定的，它在矩阵分解过程中仅仅考虑了成对约束样本点的标签信息。虽然 CNMF 和 SNMF 两种方法在矩阵分解过程中考虑了标记样本与未标记样本的信息，但它们没有考虑标记样本与未标记样本之间的空间分布关系。

为了克服上述问题，本章基于标签传递(label propagation，LP)与矩阵分解技术提出一种称为基于标签传递的半监督非负矩阵分解(label propagation based semi-supervised non-negative matrix factorization，LpSNMF)方法用于特征提取与图像表示，LpSNMF 方法的具体流程如图 5.1 所示。标签传递方法[4]是一种基于簇假设(cluster assumption)的半监督学习框架，即来自同一全局簇的近邻数据点应具有相似的标签。与其他半监督 NMF 方法相比，LpSNMF 方法通过整合标签传递技术到矩阵分解框架中，明确利用标记样本与未标记样本之间的空间分布关系。与半监督正交判别分析(semi-supervised orthogonal discriminant analysis，SODA)方法[5]相比，尽管 SODA 方法在特征提取过程中同样考虑到了标签传递算法，但 LpSNMF 方法与 SODA 方法仍然存在明显区别。首先，SODA 方法中的标签传递与特征提取是两个相互独立进行的过程，即 SODA 方法没有考虑两者之间的相互影响。而 LpSNMF 方法中的标签传递与特征提取是两个相互交替执行的过程，即 LpSNMF 方法考虑到了特征提取与标签传递之间的相互作用，从而使得 LpSNMF 方法更加有效。其次，SODA 方法是利用正交线性判别分析(orthogonal linear discriminant analysis，OLDA)方法[6]提取高维数据的低维特征，因此 SODA 方法不能获得高维数据的部件表示。LpSNMF 方法利用 NMF 方法获得高维数据的低维特征，因此 LpSNMF 方法所提取的低维特征具有更好的解释性。

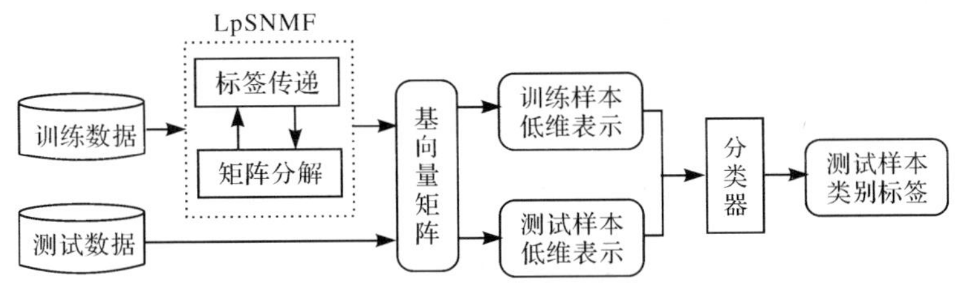

图 5.1　LpSNMF 方法流程图

5.2　基于标签传递的半监督非负矩阵分解方法

本节主要介绍基于标签传递的半监督非负矩阵分解(LpSNMF)方法的目标函数。令矩阵 $X=[x_1\ x_2\ \cdots\ x_N]\in\mathbf{R}_+^{D\times N}$表示 D 维空间中的 N 个非负数据样本点，数据矩阵 X 中包含 C 类样本数据，每类有 $n_c(c=1,2,\cdots,C)$个样本且 $\sum_{c=1}^{C}n_c=N$。假设样本集 X 中前 m 个数据点为标记样本，剩下 $N-m$ 个样本为未标记样本。因此，样本 X 的类别标签矩阵 Y 可表示为 $Y=[y_1\ y_2\ \cdots\ y_m\ y_{m+1}\ \cdots\ y_N]\in\{0,1\}_+^{C\times N}$，其中，$y_m\in\mathbf{R}_+^C$ 是二值向量。若 x_i 是标记样本且属于第 j 类，则 $y_{ij}=1$，否则 $y_{ij}=0$。若 x_i 是未标记样本，则 y_i 中所有元素均为零，即 $\forall i>m,y_i=0\in\mathbf{R}^{C\times 1}$。

为了更好地利用少量标记样本的类别标签信息，LpSNMF 方法的第一个目标是利用少量标记样本与大量未标记样本之间的分布关系将标记样本的标签信息传递给未标记样本。为了实现这一目的，需要构建一个邻域加权图$G(V,E,W)$，其中，V表示图中的顶点集，每个顶点表示一个样本数据点；E表示图中相连边的集合；W表示相连边的权值矩阵。令$N(x_i)$表示样本x_i的k个近邻样本集，则图G中的权重矩阵可以根据式(5.1)计算，即

$$W_{ij}=\begin{cases}\exp\left(\dfrac{-\|x_i-x_j\|^2}{t}\right), & x_i\in N(x_j)\text{或者 }x_j\in N(x_i)\\ 0, & \text{其他}\end{cases} \tag{5.1}$$

式中，t为非零参数，用于控制热核函数的衰退率。

根据标签传递技术的原理[4]，即近邻样本点或者来自相同簇的样本点应该具有相似的标签。令矩阵$F=[f_1\ f_2\ \cdots\ f_N]\in\mathbf{R}_+^{C\times N}$表示所有样本数据点的预测标签矩阵，则标签传递技术的目标函数可定义为

$$\min_F \varepsilon(F)=\sum_{i=1}^{N}\sum_{j=1}^{N}\|f_i-f_j\|^2W_{ij}+\sum_{i=1}^{N}\|f_i-y_i\|^2U_{ii} \tag{5.2}$$

式中，矩阵U为对角矩阵，其对角元素定义为

$$U_{ii}=\begin{cases}1, & x_i\text{ 是标记样本}\\ 0, & \text{其他}\end{cases} \tag{5.3}$$

对于目标函数式(5.2)中第一项$\left(\sum_{i=1}^{N}\sum_{j=1}^{N}\|f_i-f_j\|^2W_{ij}\right)$，若样本$x_i$与$x_j$越相似，则它们之间的权重$W_{ij}$就越大，那么通过最小化$\sum_{i=1}^{N}\sum_{j=1}^{N}\|f_i-f_j\|^2W_{ij}$项就可以保证标签向量$f_i$与$f_j$也相似，从而实现了相似样本具有相似的标签的目的。而对于第二项$\left(\sum_{i=1}^{N}\|f_i-y_i\|^2U_{ii}\right)$，它是一致性约束项，主要为了尽可能保持已标记样本的预测标签与初始给定的真实标签一致。

通过运算，式(5.2)可简化为

$$\begin{aligned}\min_F \varepsilon(F)&=\sum_{i=1}^{N}\sum_{j=1}^{N}\|f_i-f_j\|^2W_{ij}+\sum_{i=1}^{N}\|f_i-y_i\|^2U_{ii}\\&=\sum_{i=1}^{N}\sum_{j=1}^{N}(f_i-f_j)W_{ij}(f_i-f_j)^{\mathrm T}+\sum_{i=1}^{N}(f_i-y_i)U_{ii}(f_i-y_i)^{\mathrm T}\\&=\sum_{i=1}^{N}f_iD_{ii}f_i^{\mathrm T}-\sum_{i=1}^{N}\sum_{j=1}^{N}f_iW_{ij}f_j^{\mathrm T}+\sum_{i=1}^{N}(f_i-y_i)U_{ii}(f_i-y_i)^{\mathrm T}\\&=\mathrm{tr}(F(D-W)F^{\mathrm T}+(F-Y)U(F-Y)^{\mathrm T})\\&=\mathrm{tr}(FLF^{\mathrm T}+(F-Y)U(F-Y)^{\mathrm T})\end{aligned} \tag{5.4}$$

式中，矩阵D为对角矩阵，其对角元素为$D_{ii}=\sum_j W_{ij}$；矩阵$L=D-W$为拉普拉斯矩阵。

不同于 SNMF 方法在矩阵分解中仅仅考虑部分标记样本的标签矩阵，为了更好地利用数据的标签信息，LpSNMF 方法的第二个目标是将预测标签矩阵与数据矩阵统一整合到矩阵分解框架中。在矩阵分解框架中，假定数据矩阵与预测标签矩阵共享同一因子矩阵，以实现标签传递与矩阵分解交互完成的目的。因此，目标函数可定义为

$$
\begin{aligned}
\min \varepsilon(A,B,S) &= \sum_{i=1}^{N}\sum_{j=1}^{D}(X_{ij}-(AS^{\mathrm{T}})_{ij})^2+\alpha\sum_{i=1}^{N}\sum_{j=1}^{K}(F_{ij}-(BS^{\mathrm{T}})_{ij})^2 \\
&= \|X-AS^{\mathrm{T}}\|_F^2+\alpha\|F-BS^{\mathrm{T}}\|_F^2 \\
\text{s.t.}\ & A\geqslant 0, B\geqslant 0, S\geqslant 0
\end{aligned} \tag{5.5}
$$

式中，矩阵 $A=[a_{ij}]\in \mathbf{R}_+^{D\times R}$ 和 $B=[b_{ij}]\in \mathbf{R}_+^{C\times R}$ 分别为数据矩阵 X 和预测标签矩阵 F 的基矩阵；矩阵 $S=[s_{ij}]\in \mathbf{R}_+^{N\times R}$ 为数据矩阵 X 与预测标签矩阵 F 的共同因子矩阵；$\alpha\geqslant 0$ 为平滑参数。

结合式(5.4)和式(5.5)，可以得到 LpSNMF 方法的最终目标函数

$$
\begin{aligned}
\min \varepsilon(F,A,B,S) = &\|X-AS^{\mathrm{T}}\|_F^2+\alpha\|F-BS^{\mathrm{T}}\|_F^2+\beta\mathrm{tr}(FLF^{\mathrm{T}}) \\
&+\lambda\mathrm{tr}((F-Y)U(F-Y)^{\mathrm{T}}) \\
\text{s.t.}\ & A\geqslant 0, B\geqslant 0, S\geqslant 0, F\geqslant 0
\end{aligned} \tag{5.6}
$$

式中，参数 $\alpha\geqslant 0$、$\beta\geqslant 0$ 和 $\lambda\geqslant 0$ 为平衡控制参数。

5.3 优化策略

本节主要给出 LpSNMF 方法的目标函数的求解方法。由式(5.6)可知，目标函数对于每个变量是凸函数。但对于所有变量是非凸函数，因此不能给出目标函数的显式解。为了解决这一问题，本节提出一种迭代更新算法来优化目标函数寻求局部最优解。

通过代数运算，式(5.6)可重写为

$$
\begin{aligned}
\varepsilon(F,A,B,S) &= \begin{cases}\mathrm{tr}((X-AS^{\mathrm{T}})(X-AS^{\mathrm{T}})^{\mathrm{T}})+\alpha\mathrm{tr}((F-BS^{\mathrm{T}})(F-BS^{\mathrm{T}})^{\mathrm{T}}) \\ +\beta\mathrm{tr}(FLF^{\mathrm{T}})+\lambda\mathrm{tr}((F-Y)U(F-Y)^{\mathrm{T}})\end{cases} \\
&= \begin{cases}\mathrm{tr}(XX^{\mathrm{T}}-2XSA^{\mathrm{T}}+AS^{\mathrm{T}}SA^{\mathrm{T}})+\alpha\mathrm{tr}(FF^{\mathrm{T}}-2BS^{\mathrm{T}}F^{\mathrm{T}}+BS^{\mathrm{T}}SB^{\mathrm{T}}) \\ +\beta\mathrm{tr}(FLF^{\mathrm{T}})+\lambda\mathrm{tr}(FUF^{\mathrm{T}}-2YUF^{\mathrm{T}}+YUY^{\mathrm{T}})\end{cases} \\
&\text{s.t.}\ A\geqslant 0, B\geqslant 0, S\geqslant 0, F\geqslant 0
\end{aligned} \tag{5.7}
$$

定义矩阵 $\Gamma=[\Gamma_{ij}]\in \mathbf{R}^{D\times R}$、$\Phi=[\Phi_{ij}]\in \mathbf{R}^{N\times R}$、$\Delta=[\Delta_{ij}]\in \mathbf{R}^{C\times R}$ 和 $\Lambda=[\Lambda_{ij}]\in \mathbf{R}^{C\times N}$，它们的元素是约束变量 $A_{ij}\geqslant 0$、$S_{ij}\geqslant 0$、$B_{ij}\geqslant 0$ 和 $F_{ij}\geqslant 0$ 的拉格朗日乘子(Lagrange multiplier)，则式(5.7)的拉格朗日函数形式为

$$\xi(F,A,B,S,\Gamma,\Phi,\Delta,\Lambda)=\begin{cases}\mathrm{tr}(XX^{\mathrm{T}}-2XSA^{\mathrm{T}}+AS^{\mathrm{T}}SA^{\mathrm{T}})\\+\alpha\mathrm{tr}(FF^{\mathrm{T}}-2BS^{\mathrm{T}}F^{\mathrm{T}}+BS^{\mathrm{T}}SB^{\mathrm{T}})-\beta\mathrm{tr}(FLF^{\mathrm{T}})\\+\lambda\mathrm{tr}(FUF^{\mathrm{T}}-2YUF^{\mathrm{T}}+YUY^{\mathrm{T}})\\+\mathrm{tr}(\Gamma A)+\mathrm{tr}(\Phi S)+\mathrm{tr}(\Delta B)+\mathrm{tr}(\Lambda F)\end{cases}\tag{5.8}$$

1. 更新变量 F

拉格朗日函数式(5.8)相对于变量 F 的偏导数矩阵为

$$\frac{\partial\xi(F,A,B,S,\Gamma,\Phi,\Delta,\Lambda)}{\partial F}=2\alpha F-2\alpha BS^{\mathrm{T}}+2\beta FL+2\lambda FU-2\lambda YU+\Lambda\tag{5.9}$$

通过利用 KKT 互补性条件 $\Lambda_{ij}F_{ij}=0$[7]，可得

$$[\alpha F-\alpha BS^{\mathrm{T}}+\beta FL+\lambda FU-\lambda YU]_{ij}F_{ij}=0\tag{5.10}$$

由于 $L=D-W$，因此式(5.10)可以进一步写为

$$[\alpha F-\alpha BS^{\mathrm{T}}+\beta FD-\beta FW+\lambda FU-\lambda YU]_{ij}F_{ij}=0\tag{5.11}$$

根据式(5.11)，可得预测标签矩阵 F 的更新规则为

$$F_{ij}=F_{ij}\frac{[\alpha BS^{\mathrm{T}}+\beta FW+\lambda YU]_{ij}}{[\alpha F+\beta FD+\lambda FU]_{ij}}\tag{5.12}$$

2. 更新变量 A

拉格朗日函数式(5.8)相对于变量 A 的偏导数矩阵为

$$\frac{\partial\xi(F,A,B,S,\Gamma,\Phi,\Delta,\Lambda)}{\partial A}=-2XS+2AS^{\mathrm{T}}S+\Gamma\tag{5.13}$$

同样利用 KTT 条件 $\Gamma_{ij}A_{ij}=0$，可得

$$[-XS+AS^{\mathrm{T}}S]_{ij}A_{ij}=0\tag{5.14}$$

根据式(5.14)，可得基矩阵 A 更新规则为

$$A_{ij}=A_{ij}\frac{[XS]_{ij}}{[AS^{\mathrm{T}}S]_{ij}}\tag{5.15}$$

3. 更新变量 B

拉格朗日函数式(5.8)相对于变量 B 的偏导数矩阵为

$$\frac{\partial\xi(F,A,B,S,\Gamma,\Phi,\Delta,\Lambda)}{\partial B}=-2\beta FS+2\beta BS^{\mathrm{T}}S+\Delta\tag{5.16}$$

利用 KKT 条件 $\Delta_{ij}B_{ij}=0$，可得

$$[-FS+BS^{\mathrm{T}}S]_{ij}B_{ij}=0\tag{5.17}$$

根据式(5.17)，可得基矩阵 B 的更新规则为

$$B_{ij}=B_{ij}\frac{[FS]_{ij}}{[BS^{\mathrm{T}}S]_{ij}} \tag{5.18}$$

4. 更新变量 S

拉格朗日函数式(5.8)相对于变量 S 的偏导数矩阵为

$$\frac{\partial\xi(F,A,B,S,\Gamma,\Phi,\Delta,\Lambda)}{\partial S}=-2X^{\mathrm{T}}A+2SA^{\mathrm{T}}A-2\alpha F^{\mathrm{T}}B+2\alpha SB^{\mathrm{T}}B+\Phi \tag{5.19}$$

利用 KKT 条件 $\Phi_{ij}S_{ij}=0$,可得

$$[-X^{\mathrm{T}}S+SA^{\mathrm{T}}A-\alpha F^{\mathrm{T}}B+\alpha SB^{\mathrm{T}}B]_{ij}S_{ij}=0 \tag{5.20}$$

根据式(5.20),共同因子矩阵 S 更新为

$$S_{ij}=S_{ij}\frac{[X^{\mathrm{T}}A+\alpha F^{\mathrm{T}}B]_{ij}}{[SA^{\mathrm{T}}A+\alpha SB^{\mathrm{T}}B]_{ij}} \tag{5.21}$$

综上所述,可以给出 LpSNMF 方法的迭代求解算法,详细过程见算法 5.1。

算法 5.1　基于标签传递的半监督非负矩阵分解(LpSNMF)算法

输入:非负数据矩阵 $X=[x_1\ x_2\ \cdots\ x_l\ x_{l+1}\ \cdots\ x_N]\in\mathbf{R}_+^{D\times N}$;数据类别标签矩阵 $Y=[y_1\ y_2\ \cdots\ y_l\ y_{l+1}\ \cdots\ y_N]\in\{0,1\}_+^{C\times N}$;特征维数 $R\ll\min(D,N)$;参数 $\alpha\geqslant0$、$\beta\geqslant0$ 和 $\lambda\geqslant0$

1. 初始化:矩阵 A_0、B_0、S_0 和 F_0 为任意非负矩阵,$T=0$;

2. 根据式(5.1)计算权重矩阵;

3. 根据权重矩阵 W 计算对角矩阵 D,通过式(5.3)计算对角矩阵 U;

4. Repeat

5. 更新 F_{t+1} 为 $F_{t+1}=F_t\odot\dfrac{\alpha B_tS_t^{\mathrm{T}}+\beta F_tW+\lambda YU}{\alpha F_t+\beta F_tD+\lambda F_tU}$;

6. 更新 A_{t+1} 为 $A_{t+1}=A_t\odot\dfrac{XS_t}{\alpha A_tS_t^{\mathrm{T}}S_t}$;

7. 更新 B_{t+1} 为 $B_{t+1}=B_t\odot\dfrac{F_tS_t}{\alpha B_tS_t^{\mathrm{T}}S_t}$;

8. 更新 S_{t+1} 为 $S_{t+1}=S_t\odot\dfrac{X^{\mathrm{T}}A_t+F_t^{\mathrm{T}}B_t}{S_tA_t^{\mathrm{T}}A_t+\alpha B_tS_t^{\mathrm{T}}S_t}$;

9. 更新 $T=T+1$;

10. Until{满足终止条件:目标函数式(5.6)函数值不再改变}

输出:基底矩阵 $A\in\mathbf{R}_+^{D\times R}$ 和 $B\in\mathbf{R}_+^{C\times R}$;因子矩阵 $S\in\mathbf{R}_+^{N\times R}$;预测标签矩阵 $F\in\mathbf{R}_+^{C\times R}$

在算法 5.1 中的每次迭代过程中，矩阵 A、B、S 和 F 是交替更新的，这意味着 LpSNMF 方法中的标签传递与特征提取两个过程是联合实现的。另外，也能发现低维特征矩阵 S 与预测标签矩阵 F 在每次迭代过程中是相互影响的，这既能使低维特征 S 更具有判别能力，又能使预测标签 F 更为精准。

接下来，主要讨论 LpSNMF 方法的计算代价。假设训练样本数为 N，原始特征维数为 D，类别数为 C，低维特征维数为 R，迭代次数为 T。k 近邻图构建的计算代价为 $O(N^2D)$。四个乘性更新规则分别为 $O(N^2C)$、$O(DNR)$、$O(DNR)$ 和 $O(CNR)$。因为 $D\gg C$，所以 LpSNMF 方法的总体时间代价为 $O(T(N^2C+DNR)+N^2D)$。

5.4　收敛性分析

本节主要分析优化算法的收敛性。基于更新规则式(5.12)、式(5.15)、式(5.18)和式(5.21)，有如下理论。

定理 5.1　对于 $F\geqslant0$、$A\geqslant0$、$B\geqslant0$ 和 $S\geqslant0$，目标函数式(5.6)在式(5.12)、式(5.15)、式(5.18)和式(5.21)更新规则下是非增的。

为了证明定理 5.1，采用类似于文献[8]中的辅助函数，下面给出辅助函数的定义。

定义 5.1　若函数满足 $\varphi(u,u')\geqslant\psi(u)$ 和 $\varphi(u,u)=\psi(u)$，则称函数 $\varphi(u,u')$ 是函数 $\psi(u)$ 的辅助函数。

引理 5.1　若函数 φ 是函数 ψ 的辅助函数，则函数 ψ 采用式(5.22)更新规则是非增的。

$$u^{(t+1)}=\arg\min_{u}\varphi(u,u^{(t)}) \tag{5.22}$$

证明　$\psi(u^{(t+1)})\leqslant\varphi(u^{(t+1)},u^{(t)})\leqslant\varphi(u^{(t)},u^{(t)})=\psi(u^{(t)})$，证明完毕。

由于矩阵 A 和 B 的更新规则与 NMF 方法中的更新规则是一致的，因此式(5.15)和式(5.18)的收敛性证明可以参考文献[8]。接下来，仅需证明矩阵 S 和 F 的更新规则式(5.12)和式(5.21)的收敛性。

首先，需要证明当设计一个合适的辅助函数 φ 时，变量 F 的更新式(5.12)与式(5.22)是一致的。为此，定义 $\psi_{ij}(F_{ij})$ 表示目标函数式(5.6)中仅与 F 矩阵的 F_{ij} 元素相关的部分，于是可得

$$\psi_{ij}(F_{ij})=[\alpha FF^{\mathrm{T}}-2\alpha BS^{\mathrm{T}}F^{\mathrm{T}}+\beta FLF^{\mathrm{T}}+\lambda FUF^{\mathrm{T}}-2\lambda YUF^{\mathrm{T}}]_{ij} \tag{5.23}$$

$$\psi'_{ij}(F_{ij})=\left[\frac{\partial\psi}{\partial F}\right]_{ij}=[2\alpha F-2\alpha BS^{\mathrm{T}}+2\beta FL+2\lambda FU-2\lambda YU]_{ij} \tag{5.24}$$

$$\psi''_{ij}(F_{ij})=2\alpha+2\beta[L]_{jj}+2\lambda[U]_{jj} \tag{5.25}$$

式中，$\psi'_{ij}(F_{ij})$ 和 $\psi''_{ij}(F_{ij})$ 分别为函数 ψ_{ij} 对变量 F_{ij} 的一阶导数和二阶导数。

引理 5.2　函数

$$\varphi(F_{ij},F_{ij}^{(t)})=\psi_{ij}(F_{ij}^{(t)})+\psi_{ij}'(F_{ij}^{(t)})(F_{ij}-F_{ij}^{(t)})+\frac{[\alpha F+\beta FD+\lambda FU]_{ij}}{F_{ij}^{(t)}}(F_{ij}-F_{ij}^{(t)})^2 \tag{5.26}$$

是 $\psi_{ij}(F_{ij})$的一个合理的辅助函数。

证明　将 $\psi_{ij}(F_{ij})$进行泰勒级数展开得

$$\begin{aligned}\psi_{ij}(F_{ij})&=\psi_{ij}(F_{ij}^{(t)})+\psi_{ij}'(F_{ij}^{(t)})(F_{ij}-F_{ij}^{(t)})+\frac{1}{2}\psi_{ij}''(F_{ij}^{(t)})(F_{ij}-F_{ij}^{(t)})^2\\&=\psi_{ij}(F_{ij}^{(t)})+\psi_{ij}'(F_{ij}^{(t)})(F_{ij}-F_{ij}^{(t)})+\{\alpha+\beta[L]_{jj}+\lambda[U]_{jj}\}(F_{ij}-F_{ij}^{(t)})^2\end{aligned} \tag{5.27}$$

比较式(5.26)与式(5.27)可以发现,不等式 $\varphi(F_{ij},F_{ij}^{(t)})\geqslant\psi_{ij}(F_{ij})$与不等式(5.28)是等价的,即

$$\frac{[\alpha F+\beta FD+\lambda FU]_{ij}}{F_{ij}^{(t)}}\geqslant\alpha+\beta[L]_{jj}+\lambda[U]_{jj} \tag{5.28}$$

根据线性代数,可得如下不等式

$$\beta[FD]_{ij}=\beta\sum_{l=1}^{N}F_{il}^{(t)}D_{lj}\geqslant\beta F_{ij}^{(t)}D_{jj}\geqslant\beta F_{ij}^{(t)}(D_{jj}-W_{jj})=\beta F_{ij}^{(t)}L_{jj} \tag{5.29}$$

$$\lambda[FU]_{ij}=\lambda\sum_{l=1}^{N}F_{il}^{(t)}U_{lj}\geqslant\lambda F_{ij}^{(t)}U_{jj} \tag{5.30}$$

由不等式(5.29)和式(5.30),可知不等式(5.28)成立,从而 $\varphi(F_{ij},F_{ij}^{(t)})\geqslant\psi_{ij}(F_{ij})$成立,而且 $\varphi(F_{ij},F_{ij})=\psi_{ij}(F_{ij})$显然成立。于是引理 5.1 获证。

然后,同样需要证明当设计一个合适的辅助函数 φ 时,变量 S 的更新式(5.21)和式(5.22)是一致的。在此,定义 $\psi_{ij}(S_{ij})$来表示目标函数(5.6)中仅仅与 S 矩阵的 S_{ij} 元素相关的部分,于是可得

$$\psi_{ij}(S_{ij})=[-2XSA^{\mathrm{T}}+AS^{\mathrm{T}}SA^{\mathrm{T}}-2\alpha BS^{\mathrm{T}}F^{\mathrm{T}}+\alpha BS^{\mathrm{T}}SB^{\mathrm{T}}]_{ij} \tag{5.31}$$

$$\psi_{ij}'(S_{ij})=\left[\frac{\partial\psi}{\partial S}\right]_{ij}=2[-X^{\mathrm{T}}A+SA^{\mathrm{T}}A-\alpha F^{\mathrm{T}}B+\alpha SB^{\mathrm{T}}B]_{ij} \tag{5.32}$$

$$\psi_{ij}''(S_{ij})=2[A^{\mathrm{T}}A+\alpha B^{\mathrm{T}}B]_{jj} \tag{5.33}$$

式中,$\psi_{ij}'(S_{ij})$和 $\psi_{ij}''(S_{ij})$分别为函数 ψ_{ij} 对变量 S_{ij} 的一阶导数和二阶导数。

引理 5.3　函数

$$\varphi(S_{ij},S_{ij}^{(t)})=\psi_{ij}(S_{ij}^{(t)})+\psi_{ij}'(S_{ij}^{(t)})(S_{ij}-S_{ij}^{(t)})+\frac{[SA^{\mathrm{T}}A+\alpha SB^{\mathrm{T}}B]_{ij}}{S_{ij}^{(t)}}(S_{ij}-S_{ij}^{(t)})^2 \tag{5.34}$$

是 $\psi_{ij}(S_{ij})$的一个合适的辅助函数。

证明　对 $\psi_{ij}(S_{ij})$进行泰勒级数展开得

$$\psi_{ij}(S_{ij})=\psi_{ij}(S_{ij}^{(t)})+\psi_{ij}'(S_{ij}^{(t)})(S_{ij}-S_{ij}^{(t)})+\frac{1}{2}\psi_{ij}''(S_{ij}^{(t)})(S_{ij}-S_{ij}^{(t)})^2$$

$$=\psi_{ij}(S_{ij}^{(t)})+\psi'_{ij}(S_{ij}^{(t)})(S_{ij}-S_{ij}^{(t)})+[A^{T}A+\alpha B^{T}B]_{jj}(S_{ij}-S_{ij}^{(t)})^{2} \tag{5.35}$$

比较式(5.34)与式(5.35)可以发现,不等式$\varphi(S_{ij},S_{ij}^{(t)})\geqslant\psi_{ij}(S_{ij})$与不等式(5.36)是等价的,即

$$\frac{[SA^{T}A+\alpha SB^{T}B]_{ij}}{S_{ij}^{(t)}}\geqslant[A^{T}A+\alpha B^{T}B]_{jj} \tag{5.36}$$

同样根据线性代数,可得

$$(SA^{T}A)_{ij}=\sum_{l=1}^{R}S_{il}^{(t)}(A^{T}A)_{lj}\geqslant S_{ij}^{(t)}(A^{T}A)_{jj} \tag{5.37}$$

$$\alpha(SB^{T}B)_{ij}=\alpha\sum_{l=1}^{R}S_{il}^{(t)}(B^{T}B)_{lj}\geqslant\alpha S_{ij}^{(t)}(B^{T}B)_{jj} \tag{5.38}$$

由不等式(5.37)和式(5.38)可知,不等式(3.36)成立,从而$\varphi(S_{ij},S_{ij}^{(t)})\geqslant\psi_{ij}(S_{ij})$成立,而且$\varphi(S_{ij},S_{ij}^{(t)})=\psi_{ij}(S_{ij})$显然成立。因此,引理3.3获证。

最后,证明定理5.1的收敛性。

定理5.1的证明 用辅助函数式(5.26)来替代式(5.22)中的$\varphi(u,u^{(t)})$,可得以下更新规则:

$$F_{ij}^{(t+1)}=F_{ij}^{(t)}-F_{ij}^{(t)}\frac{\psi'_{ij}(F_{ij}^{(t)})}{2[\alpha F+\beta FD+\lambda FU]_{ij}}=F_{ij}^{(t)}\frac{[\alpha BS^{T}+\beta FW+\lambda YU]_{ij}}{[\alpha F+\beta FD+\lambda FU]_{ij}} \tag{5.39}$$

类似地,用辅助函数式(5.34)来替代式(5.22)中的$\varphi(u,u^{(t)})$,可得以下更新规则:

$$S_{ij}^{(t+1)}=S_{ij}^{(t)}-S_{ij}^{(t)}\frac{\psi'_{ij}(S_{ij}^{(t)})}{2[SA^{T}A+\alpha SB^{T}B]_{ij}}=S_{ij}^{(t)}\frac{[X^{T}A+\alpha F^{T}B]_{ij}}{[SA^{T}A+\alpha SB^{T}B]_{ij}} \tag{5.40}$$

因为式(5.26)和式(5.34)都是函数ψ_{ij}的辅助函数,所以函数ψ_{ij}采用当前规则更新是非递增的。同时,目标函数式(5.6)具有下界。综上所述,定理5.1的收敛性获证。

5.5 实验与分析

为了充分验证LpSNMF方法的有效性,首先在UCI标准数据库上测试LpSNMF方法的聚类性能,然后在三个标准人脸图像数据库上测试LpSNMF方法的识别性能,最后在一个物体图像数据库上测试LpSNMF方法的分类性能。

5.5.1 UCI数据聚类

本节测试LpSNMF方法的聚类性能,并与其他特征提取方法进行比较,主要

包括非负矩阵分解(NMF)[8]、图正则化非负矩阵分解(GNMF)[7]、半监督判别分析(SDA)[9]、半监督正交判别分析(SODA)[5]、约束非负矩阵分解(CNMF)[3]和半监督非负矩阵分解(SNMF)[1]。表5.1给出了各种方法的具体信息。在这些方法中,NMF和GNMF两种方法属于无监督学习方法,而SDA、SODA、CNMF和SNMF四种方法属于半监督学习方法。LpSNMF方法与其他对比方法均在Windows操作系统环境下采用MATLAB编程语言实现,实验平台为英特尔酷睿i7-2600CPU,频率为3.4GHz,物理内存为16GB。实验中,选取UCI数据库中的六个数据集,表5.2给出了六个数据集的基本信息。

表5.1 对比方法相关信息

方法	发表年份	无监督	半监督
NMF	1999	√	
GNMF	2011	√	
SDA	2007		√
SODA	2009		√
CNMF	2011		√
SNMF	2010		√
LpSNMF	2015		√

表5.2 UCI数据库中六个数据集的基本信息

数据集	样本数量(N)	特征维度(D)	类别数目(C)
Air	359	64	3
Glass	214	9	6
Landsat	2000	36	6
Movement	360	90	15
Wine	178	13	3
Zoo	101	16	7

采用聚类精度(accuracy,ACC)[10]评价标准评估算法的性能,ACC定义为

$$\mathrm{ACC}=\frac{\sum_{i=1}^{N}\delta(l_i,\mathrm{map}(c_i))}{N} \tag{5.41}$$

式中,$\delta(x,y)=\begin{cases}1, & x=y\\ 0, & \text{其他}\end{cases}$;$N$为训练样本总数量;$l_i$为数据$x_i$的真实标签;$c_i$为样本$x_i$获得的聚类标签;map(·)为最优映射函数,通过Kuhn-Munkres算法将每个簇标签映射到等价的真实标签。由式(5.41)可知,ACC的取值范围为[0,1],

ACC 值越大，说明算法聚类性能越好。

1. 实验结果分析

分别从每个 UCI 数据集中随机选取 20%的样本作为标记样本，将余下的样本全部作为未标记样本，随机选取标记样本的过程重复执行 10 次。对于 SDA、GNMF、SODA 和 LpSNMF 四种方法中的最近邻参数 k 均设置为 5，热核参数 t 设置为 1。而对于 LpSNMF 方法中的三个正则化参数$\{\alpha,\beta,\lambda\}$，采用交替网格搜索方式确定它们的取值，其网格搜索范围均设置为{0.001,0.01,0.1,1,10,100,1000}。对于对比方法的其他参数，均采用同样的方式确定它们的取值。最后，给出所有方法的最优结果。在实验中采用 k-mean 算法对每个方法得到的低维特征进行聚类。表 5.3 给出了所有方法在六个数据集上的平均聚类精确率、标准差及对应的特征维数。

表 5.3　不同方法在 UCI 数据集上的最优平均聚类精度(%)、标准差(%)及对应的特征维数

方法	Air	Glass	Landsat	Movement	Wine	Zoo
NMF	53.42±4.90(52)	54.72±2.20(4)	69.20±2.66(4)	49.44±1.21(10)	68.91±3.18(2)	76.85±5.31(2)
GNMF	59.00±2.71(28)	57.34±2.76(8)	71.17±1.34(12)	51.53±1.15(35)	70.25±0.11(2)	85.56±3.23(12)
SDA	62.91±5.39(4)	53.21±3.65(2)	71.84±0.86(8)	51.18±2.76(30)	70.57±0.31(10)	75.98±7.52(4)
SODA	71.26±4.21(4)	53.68±4.02(2)	72.15±2.20(4)	56.61±4.18(40)	75.38±4.99(2)	79.19±6.84(6)
CNMF	66.02±4.17(28)	57.77±4.95(7)	74.78±2.25(12)	54.06±1.36(15)	73.95±3.47(2)	85.89±3.65(4)
SNMF	67.97±5.48(48)	61.78±3.66(9)	73.68±4.88(12)	55.69±1.80(15)	74.90±3.07(3)	85.74±4.88(6)
LpSNMF	80.72±2.67(20)	66.27±2.46(9)	80.92±0.53(32)	65.63±3.07(15)	79.99±2.95(4)	91.78±1.32(8)

注：括号中的数字表示最优平均聚类精度所对应的特征维数。

由表 5.3 中的实验结果可以得出如下结论。①GNMF 方法的聚类性能要优于 NMF 方法。此结果表明，在矩阵分解过程中考虑数据局部结构信息是有必要的，并且有助于提高特征提取方法的性能。②因为半监督方法考虑了部分标记样本的标签信息，所以所有半监督方法(SDA、SODA、CNMF、SNMF、LpSNMF)的性能均超过无监督方法(NMF、GNMF)。于是，有理由相信在聚类任务中利用部分样本的标签信息是有利于提取判别信息的。③由于 LpSNMF 方法考虑了未标记样本与标记样本之间的分布关系，因此 LpSNMF 方法在六个数据集上的性能均优于其他六种对比方法。④LpSNMF 方法的性能胜过 SODA 方法，说明相互交替执行标签传递与特征提取两个过程是非常重要的，并且能够增强低维特征的判别能力。

2. 参数敏感性分析

实验一，测试邻域大小 k 和热核参数 t 对 LpSNMF 方法的性能影响。在此实验中，同样从每个 UCI 数据集中随机选择 20%数据作为标记样本，余下的样本作为未标记样本。首先，固定热核参数 t 的取值，并将邻域参数 k 的取值设置为{1，3，5，7，9}。LpSNMF 方法在不同邻域 k 取值下的聚类结果如表 5.4 所示。由表 5.4中的实验结果可以清楚看到，当邻域 k 取值较大或较小时，LpSNMF 方法未能获得很好的效果。这主要是因为 k 取值过大或过小均不能很好地反映高维数据的空间分布情况。然后，固定邻域参数 k 的取值为 5，热核参数 t 取值设置为{0.01，0.1，1，10，100，1000}。图 5.2 给出了 LpSNMF 方法在不同数据集上的聚类性能随着热核参数 t 取值变化而变化的曲线图。从图 5.2 中可以看出，当热核参数 t 取值较小时，LpSNMF 方法的性能会随着热核参数 t 取值的增大而提高。然而，当热核参数 t 取值大于 1 时，热核参数对 LpSNMF 方法的聚类性能的影响变小。对于 Glass、Landsat 与 Movement 三个数据集，LpSNMF 方法的聚类结果随着热核参数 t 值的增大基本保持不变，而对于 Air、Wine 与 Zoo 三个数据集，LpSNFM 方法的聚类性能呈现下降趋势，但当热核参数 t 取值较大时，LpSNFM 方法的聚类结果也基本保持稳定。实验结果也验证了实验中对热核参数 t 取值的合理性。

表 5.4　LpSNMF 方法在 UCI 数据集上不同参数取值所对应的最优平均聚类精度(%)与标准差(%)

参数 k	Air	Glass	Landsat	Movement	Wine	Zoo
1	68.94±3.09(20)	54.14±5.80(7)	61.78±3.38(20)	48.86±2.15(10)	70.41±4.09(3)	79.44±4.08(4)
3	79.24±4.08(16)	63.85±2.59(7)	80.92±0.53(32)	62.50±4.32(25)	77.02±3.40(1)	89.45±4.32(10)
5	80.72±2.67(20)	65.85±3.01(9)	80.85±0.58(8)	64.52±1.79(20)	79.99±2.95(4)	91.78±1.32 (8)
7	76.99±2.58(10)	66.27±2.46(9)	80.27±0.92(8)	65.63±3.07(15)	79.54±2.87(5)	89.91±2.90(8)
9	75.37±2.04(20)	65.65±4.02(7)	79.45±0.78(20)	62.58±3.19(15)	78.11±2.86(4)	87.93±1.73(4)

注：括号中的数字表示最优平均聚类精度所对应的特征维数。

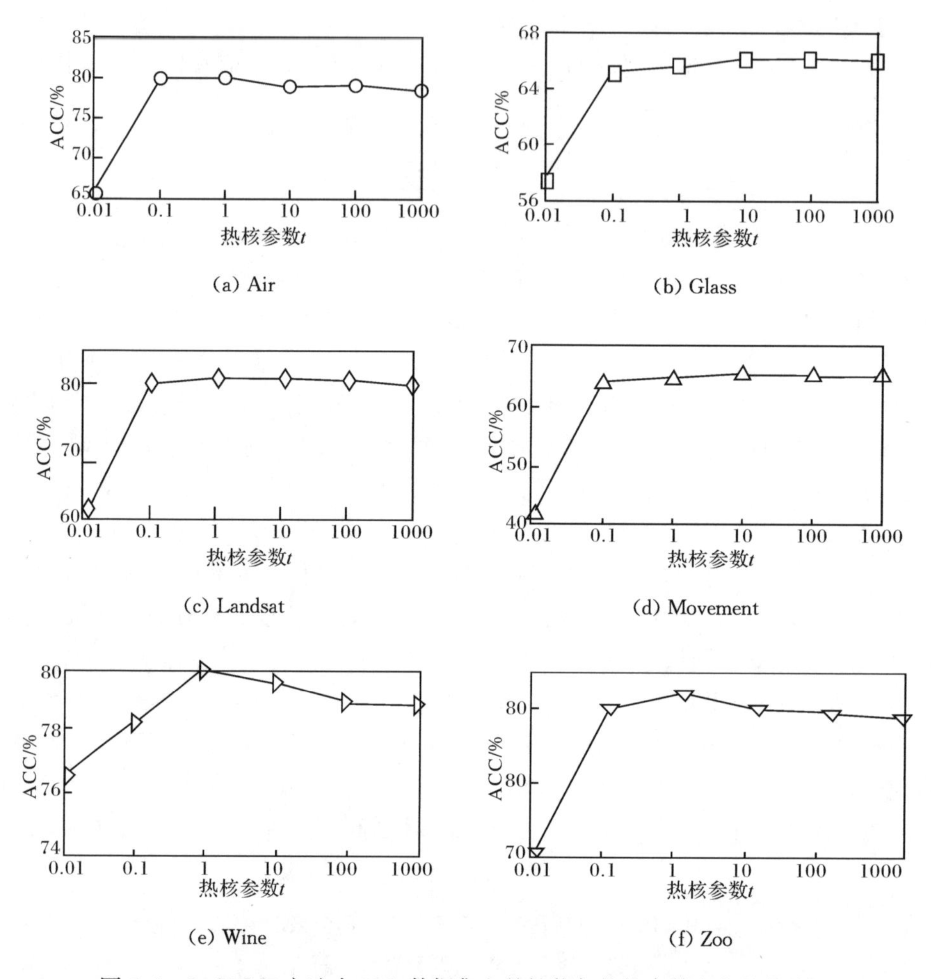

(a) Air　(b) Glass

(c) Landsat　(d) Movement

(e) Wine　(f) Zoo

图 5.2　LpSNMF 方法在 UCI 数据集上的性能与热核参数变化的曲线图

实验二,测试正则化参数 α、β 和 λ 对 LpSNMF 方法性能的影响。由表 5.5～表 5.7 中的实验结果可以得到每个数据集的最优组合参数。当正则化参数$\{\alpha,\beta,\lambda\}$取值较小时,LpSNMF 方法的聚类效果相对较差。然而,随着参数取值的增大,LpSNMF 方法的聚类结果也随之变得越来越好。这意味着 LpSNMF 方法中的标记传递过程与其得到的预测标签矩阵对改善算法的性能起到了不可忽视的作用。此外,当 LpSNMF 方法达到最好性能时,LpSNMF 方法在每个数据集上的聚类精度都随着每个正则化参数取值增大反而降低。这主要是因为任意一个正则化参数取值过大,都将会导致目标函数式(5.6)中的某一项起主导作用,而其他项的作用却被忽略。

表 5.5　LpSNMF 方法在 UCI 数据集上参数 α 不同取值时所对应的最优平均聚类精度(%)与标准差(%)

参数 α	Air	Glass	Landsat	Movement	Wine	Zoo
0.001	59.79±3.98(52)	54.81±3.57(8)	69.60±1.88(24)	51.72±3.39(70)	75.44±5.96(10)	83.86±4.27(16)
0.01	65.08±5.58(52)	62.60±3.23(7)	79.57±3.51(36)	60.83±2.76(60)	78.98±2.78(6)	84.15±4.69(8)
0.1	71.78±5.67(48)	66.27±2.46(9)	79.99±2.69(24)	63.78±1.59(25)	79.59±2.69(9)	89.09±2.18(12)
1	80.72±2.67(20)	65.74±3.55(7)	80.92±0.53(80)	64.91±2.73(30)	79.70±2.70(6)	90.59±1.56(8)
10	79.58±3.01(24)	65.93±2.87(6)	79.73±3.72(20)	64.80±1.79(15)	79.98±3.09(4)	91.78±1.32(8)
100	79.08±3.15(32)	65.40±3.19(6)	79.75±3.69(20)	65.63±3.07(15)	79.55±3.70(8)	91.18±2.35(8)
1000	79.16±3.14(20)	64.55±3.62(5)	79.76±3.70(24)	64.77±2.27(80)	79.26±2.88(8)	90.69±2.99(8)

注:括号中的数字表示最优平均聚类精度所对应的特征维数。

表 5.6　LpSNMF 方法在 UCI 数据集上参数 β 不同取值时所对应的最优平均聚类精度(%)与标准差(%)

参数 β	Air	Glass	Landsat	Movement	Wine	Zoo
0.001	68.69±4.67(40)	61.43±3.98(7)	76.70±4.11(28)	50.94±2.87(40)	70.80±3.75(9)	83.76±4.60(14)
0.01	78.07±4.42(32)	65.17±3.95(9)	79.72±2.53(16)	53.11±1.98(40)	78.59±3.30(3)	87.62±2.52(8)
0.1	80.00±2.11(44)	65.29±3.65(8)	79.81±2.58(32)	57.41±1.86(30)	79.60±2.58(5)	91.48±3.69(14)
1	80.16±2.41(44)	66.27±2.46(9)	79.92±3.59(16)	62.94±3.5(15)	79.99±2.95(40)	91.78±1.32(8)
10	80.16±3.06(16)	66.09±3.13(9)	79.94±4.58(36)	64.66±2.53(35)	79.10±2.81(8)	91.08±1.54(8)
100	80.72±2.67(20)	65.71±3.97(6)	80.92±0.53(80)	65.63±3.07(15)	79.37±2.94(11)	91.00±1.40(5)

续表

参数β	Air	Glass	Landsat	Movement	Wine	Zoo
1000	80.00± 2.84(24)	65.39± 3.83(9)	79.99± 2.69(24)	65.40± 2.24(15)	79.31± 2.29(9)	90.59± 3.41(12)

注:括号中的数字表示最优平均聚类精度所对应的特征维数。

表 5.7 LpSNMF 方法在 UCI 数据集上参数 λ 不同取值时所对应的最优平均聚类精度(%)与标准差(%)

参数λ	Air	Glass	Landsat	Movement	Wine	Zoo
0.001	80.19± 2.48(36)	65.04± 3.88(7)	79.89± 3.54(32)	65.13± 3.99(20)	79.70± 2.40(9)	90.19± 2.30(8)
0.01	80.33± 2.53(36)	65.85± 2.90(6)	79.90± 4.56(36)	65.41± 2.51(15)	79.82± 2.76(6)	90.29± 2.27(8)
0.1	80.53± 2.54(52)	65.85± 4.05(7)	79.84± 3.57(28)	65.63± 3.07(15)	79.26± 2.84(4)	90.49± 2.76(6)
1	80.72± 2.67(20)	66.27± 2.46(9)	79.97± 2.56(32)	65.52± 2.92(35)	79.99± 2.95(4)	91.28± 1.73(8)
10	80.68± 3.00(44)	65.90± 4.03(9)	80.92± 0.53(32)	65.00± 2.69(40)	79.65± 2.75(5)	91.78± 1.32(8)
100	80.33± 2.54(52)	65.18± 3.78(5)	79.87± 3.56(32)	64.91± 2.62(15)	79.65± 2.73(5)	91.70± 2.60(6)
1000	80.11± 2.83(32)	65.09± 3.76(7)	79.94± 3.55(20)	64.22± 1.93(40)	79.65± 2.93(5)	91.70± 2.72(6)

注:括号中的数字表示最优平均聚类精度所对应的特征维数。

3. 标签预测性能分析

在本实验中,主要比较 LpSNMF 方法与 LP 方法的标签预测性能。实验中,同样从每个 UCI 数据集中随机选择 20%的数据作为标记样本,其他样本视为未标记样本。表 5.8 给出了 LpSNMF 方法与 LP 方法的预测标签准确率及标准差。由表 5.8 中的实验结果可以看出,LpSNMF 方法的预测标签准确率要高于 LP 方法。这主要是因为 LpSNMF 方法将标签传递与特征提取过程整合到统一框架中,增强了低维特征的判别能力,从而提高了 LpSNMF 方法的标签预测能力。相反,LP 方法直接利用原始高维数据进行标签传递,而高维数据可能包含局外点和噪声点,进而降低 LP 方法的预测准确率。接下来,当 LP 方法获得未标记样本的预测标签矩阵后,利用有监督非负矩阵分解(supervised NMF)方法[1]特征低维提取。然后再利用 k-mean 算法对低维特征进行聚类。此时，supervised NMF 方法在 Air、Glass、Landsat、Movement、Wine 和 Zoo 六个数据集上的结果分别为 76.91%、64.86%、77.63%、59.81%、77.81%和 86.83%。结合表 5.3 可以看出，supervised NMF 方法的结果均要高于 SDA、SODA、CNMF 和 SNMF 四种半监督方法，但仍然低于 LpSNMF 方法获得的结果，该结果进一步验证了将标签传递与特征提取两个过程整合到统一框架的重要性。

表 5.8　LpSNMF 与 LP 方法在 UCI 数据集上的标签预测正确率(%)与标准差(%)

方法	Air	Glass	Landsat	Movement	Wine	Zoo
LP	72.97±2.98	62.20±5.59	76.30±0.52	62.07±3.50	74.11±4.19	87.37±2.99
LpSNMF	74.56± 3.28(8)	65.45± 3.75(4)	77.86± 2.15(10)	64.20± 3.08(20)	76.02± 3.57(5)	88.92± 2.15(8)

注：括号中的数字表示最优平均聚类精度所对应的特征维数。

4. 收敛性验证

图 5.3 给出了 LpSNMF 方法在 UCI 数据集上的收敛曲线。图 5.3(a)～(f)的横坐标和纵坐标分别表示 LpSNM 方法的迭代次数与目标函数值。从图 5.3 中可以看出，LpSNMF 方法在迭代较少的次数时就能达到收敛。表 5.9 给出了基于非负矩阵分解方法的平均运行时间。由表 5.9 中的实验结果可以看出，NMF 方法中仅两个变量需要更新，因此 NMF 方法的平均运行时间是最短的。而 LpSNMF 方法需要构建 k 近邻图用于标签传递和更新四个变量，因此其平均运行时间比 NMF、GNMF 和 SNMF 三种方法长，但比 CNMF 方法短。这可能是因为 CNMF 方法在执行矩阵分解之前需要构建一个标签约束矩阵，并且 CNMF 方法基于 KL 散度求解进一步增加了算法的时间复杂度。

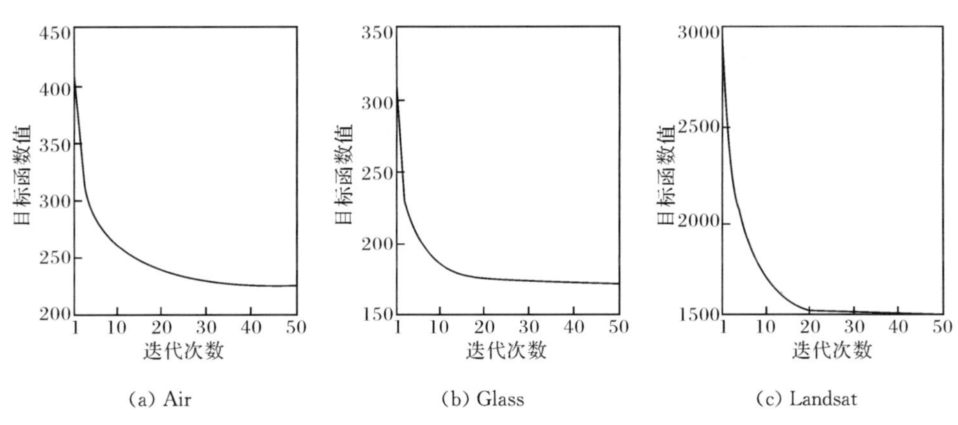

(a) Air　(b) Glass　(c) Landsat

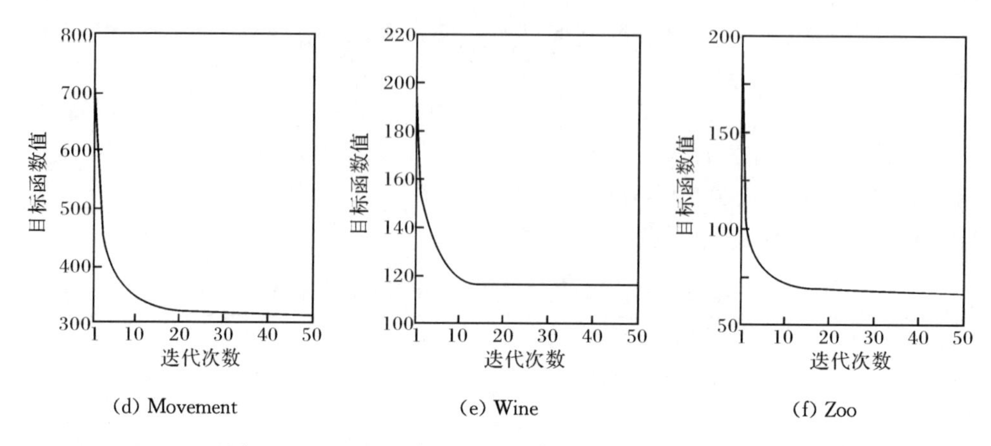

(d) Movement　　(e) Wine　　(f) Zoo

图 5.3　LpSNMF 方法在 UCI 数据集上的收敛曲线图

表 5.9　基于 NMF 方法在 UCI 数据集上的平均运行时间　　(单位:s)

方法	Air	Glass	Landsat	Movement	Wine	Zoo
NMF	0.16	0.04	0.60	0.22	0.05	0.03
CNMF	3.96	0.70	224	4.45	0.54	0.29
GNMF	0.57	0.21	21.5	0.55	0.14	0.08
SNMF	0.27	0.13	0.90	0.46	0.12	0.11
LpSNMF	1.07	0.40	43.3	1.59	0.31	0.20

5.5.2　人脸图像识别

本实验中选取了三个标准人脸图像数据库(包括 Yale[11]、UMIST[12]和 CMU PIE[13])测试 LpSNMF 方法的识别性能。表 5.10 给出了实验中所采用的人脸图像数据库的详细信息。对于每个人脸图像数据库,首先将人脸图像归一化,然后裁剪人脸区域用于识别。图 5.4 显示了不同人脸图像数据库中的部分实例图像。实验中,采用简单的最近邻分类器进行识别。

表 5.10　实验中人脸图像数据库的具体统计信息

数据库	样本数目(N)	特征维数(D)	类别数目(C)
Yale	165	1024	15
UMIST	575	2576	20
CMU PIE	1632	1024	68

(a) Yale 人脸图像数据库

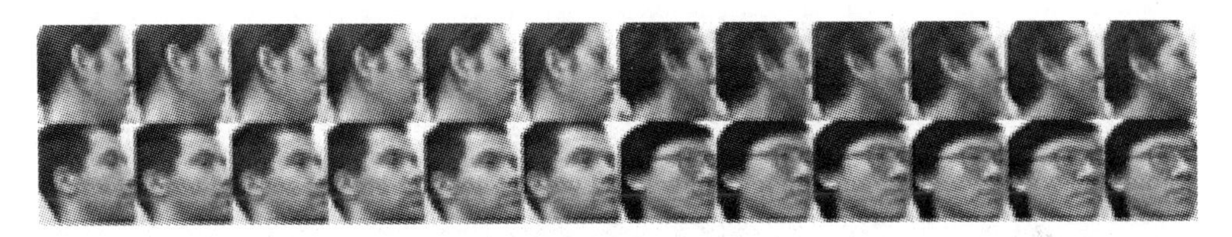

(b) UMIST 人脸图像数据库

(c) CMU PIE 人脸图像数据库

图 5.4　Yale、UMIST 和 CMU PIE 三个人脸图像数据库中的部分实例图像

1. 实验结果分析

首先，从每个标准人脸图像数据库中随机选择 50%的样本作为训练样本，余下的样本作为测试样本，再从训练样本中随机选择 30%的样本作为标记样本，余下的样本作为未标记样本，随机选择标记样本过程重复执行 10 次，并且给出算法的平均识别结果。SDA、GNMF、SODA 和 LpSNMF 四种方法中的近邻参数 k 在 Yale、UMIST 和 CMU PIE 三个人脸图像数据库上的取值分别设置为{3,3,5}，热核参数 t 的取值分别设置为{100,100,1}。对于 LpSNMF 方法中的三个正则化参数{α,β,λ}，同样采用一种交替网格搜索方式确定它们的取值，其网格搜索范围均设置为{0.001,0.01,0.1,1,10,100,1000}。对于对比方法的其他参数采用同样的方式寻找其最优值。最后，给出最优参数所对应的结果。图 5.5 给出了不同方法的识别率随着特征维数变化而变化的曲线图。从图 5.5 中可以看出，当特征维数较低时所有方法的识别率都非常低。然后，随着特征维数增加所有方法的识别率也随之提高，但并不是所有特征维数都维持上升的趋势。当达到最好的识别率时，SDA 与 SODA 两种方法的识别率随着维数增加保持稳定，而 NMF、GNMF、

CNMF、SNMF 和 LpSNMF 五种方法的识别率随着维数增加反而降低。

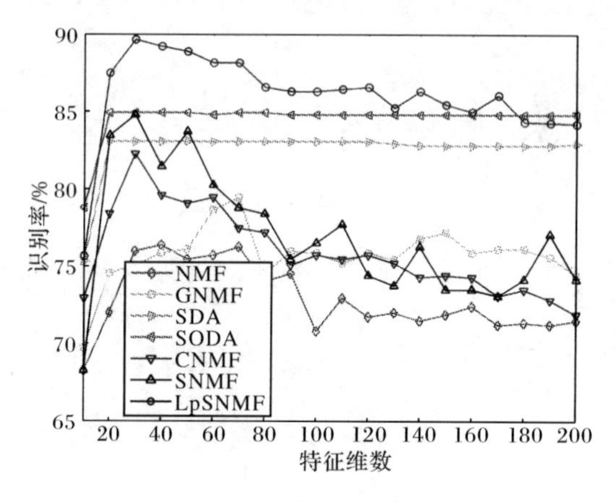

(a) Yale 人脸图像数据库

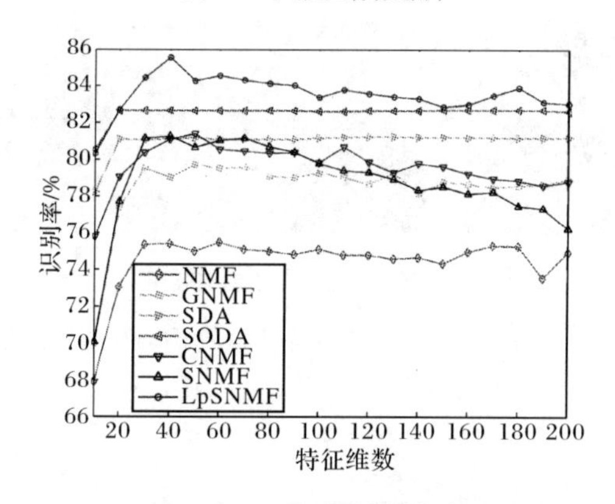

(b) UMIST 人脸图像数据库

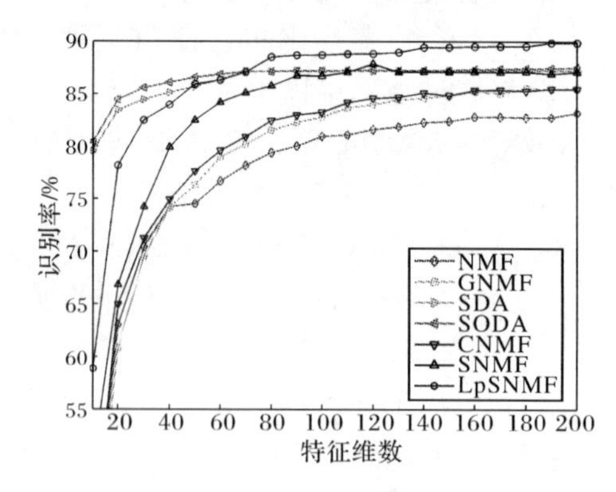

(c) CMU PIE 人脸图像数据库

图 5.5　不同方法在三个人脸图像数据库上的平均识别率与特征维数变化的曲线图

表5.11给出了不同方法在三个人脸图像数据库上的最优平均识别率与标准差。从表5.11中的实验结果可以看出:①GNMF方法的性能优于NMF方法,表明高维数据的局部结构信息在特征提取中起着非常重要的作用;②半监督学习方法表明高维数据的局部结构信息在特征提取中起着非常重要的作用;③半监督学习方法的性能要优于无监督学习方法,说明在特征提取过程中结合标记样本与未标记样本信息有利于提取更具有判别能力的低维特征;④因为标签传递可以提高半监督方法的性能,所以SODA和LpSNMF两种方法在三个人脸图像数据库上的性能均要优于SDA、CNMF与SNMF三种方法的性能,然而,由于LpSNMF方法的标签传递与特征提取两个过程被融合到统一的框架中,而SODA方法的标签传递与特征提取两个过程是分别进行的,因此LpSNMF方法的性能要优于SODA方法;⑤尽管LpSNMF方法的平均运行时间比其他方法要长,但仍然可以接受,且比CNMF方法短。

表5.11 不同方法在三个人脸图像数据库上的最优平均识别率(%)与标准差(%)

方法	Yale	UMIST	CMU PIE
NMF	76.53±7.25(30,1.71)	75.41±3.50(40,12.1)	83.21±2.05(200,13.4)
GNMF	79.47±7.06(70,1.81)	79.72±2.93(50,13.2)	85.55±1.78(180,17.6)
SDA	83.07±4.57(20,0.97)	81.24±3.37(120,12.6)	87.24±1.29(190,1.90)
SODA	84.93±3.77(20,1.21)	82.69±3.94(150,14.3)	87.52±1.62(200,1.95)
CNMF	82.27±7.00(30,4.62)	81.41±3.16(50,56.4)	85.48±1.82(190,168)
SNMF	84.80±5.80(30,1.80)	81.27±3.81(40,13.4)	87.10±1.58(200,18.9)
LpSNMF	89.66±4.36(30,2.40)	85.55±3.94(40,15.4)	89.87±1.57(180,37.0)

注:括号中数字分别表示最高识别率所对应的特征维数与方法平均运行时间(单位:s)。

其次,比较不同方法所得到的基底图像。实验中,将特征维数设置为30。图5.6给出了不同方法在CMU PIE人脸图像数据库上得到的基底图像。从图5.6中可以清楚地看出,LpSNMF方法与其他基于NMF的方法均能学到人脸图像的部分表示。而SDA与SODA两种方法对基底向量没有加入非负约束,因此,它们所获得的基底图像不但不稀疏而且还缺乏解释。

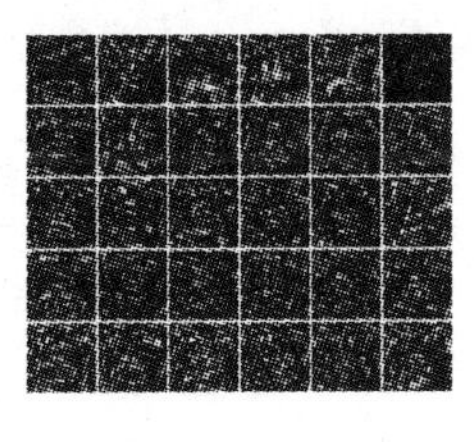
(a) SDA

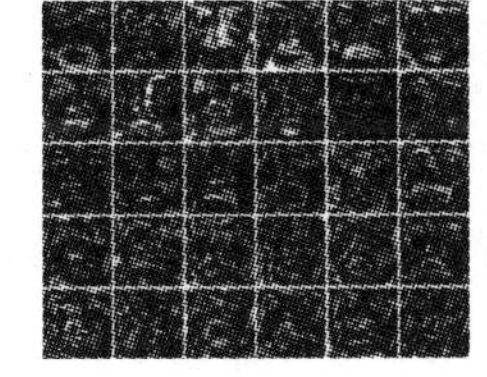
(b) SODA

(c) NMF

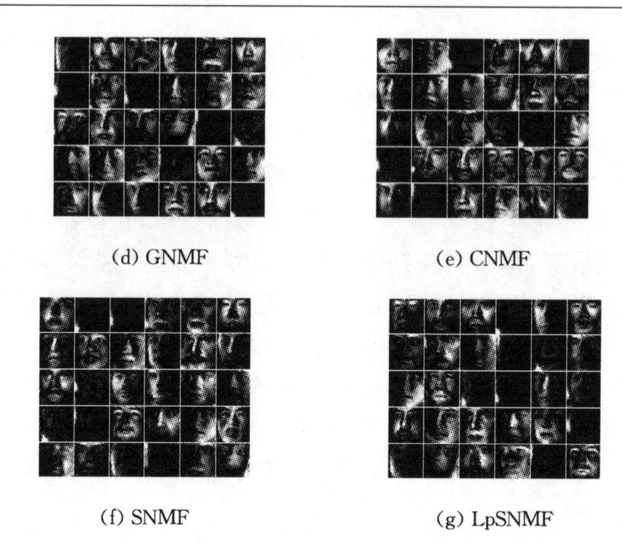

(d) GNMF　(e) CNMF

(f) SNMF　(g) LpSNMF

图 5.6　不同方法在 CMU PIE 人脸图像数据库上学习到的基底图像(见彩图)
每个子图中的图像表示基底图像,白色、黑色和红色三种像素
分别表示基底图像中正值、零值和负值元素

2. 参数敏感性分析

实验一,测试不同参数对 LpSNMF 方法性能的影响。首先,将 Yale、UMIST 与 CMU PIE 三个人脸图像数据库上的热核参数 t 分别设置为{100,100,1},并将近邻参数 k 设置为{1,3,5,7,9}。然后,测试近邻参数 k 不同取值对 LpSNMF 方法性能的影响。图 5.7 给出了 LpSNMF 方法在近邻参数 k 不同取值下所获得的最优平均识别率变化曲线图。从图 5.7 中可以看出,在所有人脸图像数据库上近邻参数 k 取值既不大也不小时,LpSNMF 方法能够达到最好的性能。接着,将 Yale、UMIST 和 CMU PIE 三个人脸图像数据库上的近邻参数 k 分别设置为{3,3,5},同时将热核参数 t 设置为{0.01,0.1,1,10,100,1000}。再次,测试热核参数 t 不同取值对 LpSNMF 方法性能的影响。图 5.8 给出了三个人脸数据库上热核参数取值 t 对 LpSNMF 方法性能变化的曲线图。从图 5.8 中可以看出,当三个人脸图像数据库上的热核参数 t 分别设置为{100,100,1}时,LpSNMF 方法能够获得最好的识别结果。最后,将热核参数 t 和近邻参数 k 分别固定为最优取值,并将不同正则化参数{α,β,λ}均设置为{0.001,0.01,0.1,1,10,100,1000},测试三个正则化参数的不同取值对 LpSNMF 方法性能的影响。表 5.12～表 5.14 给出了 LpSNMF 方法在三个正则化参数的不同取值下的识别结果。由表 5.12～表 5.14 中的实验结果可知,当正则化参数设置为一个适中的值时,LpSNMF 方法能够取得最好的识别结果。

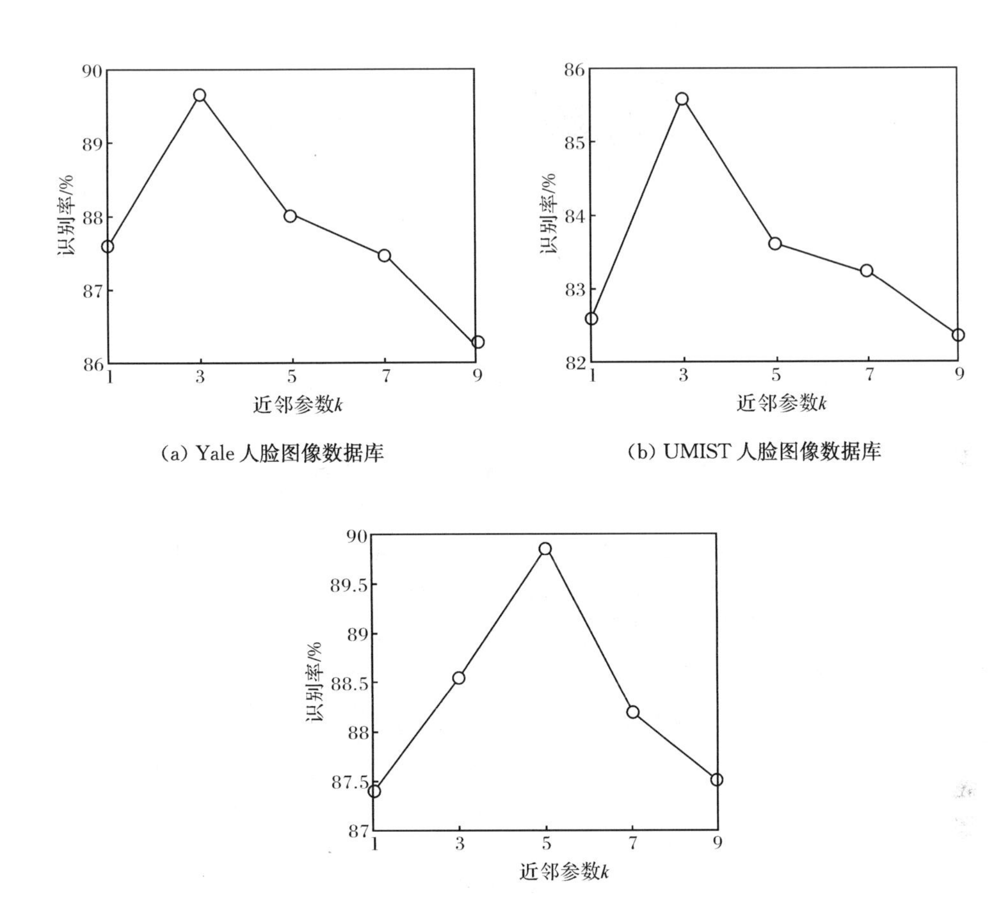

(a) Yale 人脸图像数据库

(b) UMIST 人脸图像数据库

(c) CMU PIE 人脸图像数据库

图 5.7　LpSNMF 方法在三个人脸图像数据库上最优识别率与邻域参数变化的曲线图

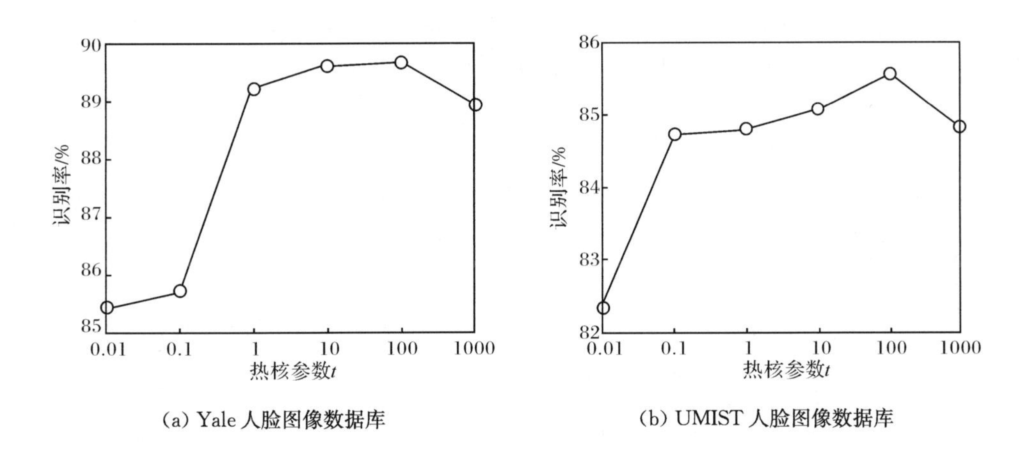

(a) Yale 人脸图像数据库

(b) UMIST 人脸图像数据库

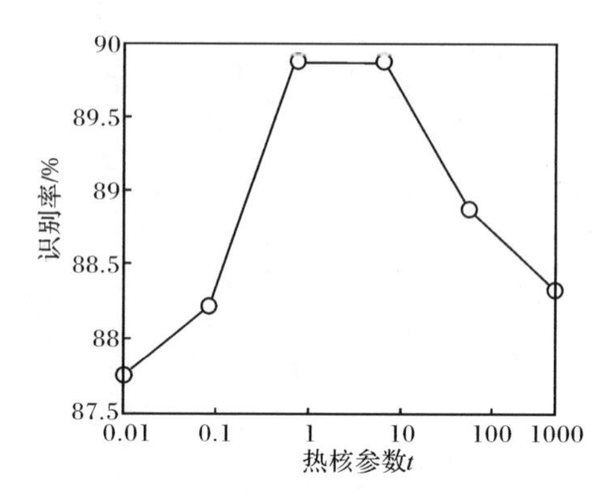

(c) CMU PIE 人脸图像数据库

图 5.8　LpSNMF 方法在三个人脸图像数据库上最优识别率与热核参数变化的曲线图

表 5.12　LpSNMF 方法在三个标准人脸图像数据库上参数 α 不同取值时所对应的最优平均识别率(%)与标准差(%)

参数 α	Yale	UMIST	CMU PIE
0.001	81.06±6.90(40)	81.27±2.91(90)	85.73±1.80(200)
0.01	84.76±6.24(40)	82.44±4.16(80)	86.44±1.78(200)
0.1	89.40±4.78(30)	85.55±3.94(40)	87.64±1.63(170)
1	89.66±4.36(30)	84.68±4.32(30)	89.87±1.57(180)
10	88.00±5.07(50)	84.06±4.06(60)	88.49±1.34(190)
100	86.13±4.08(110)	83.06±4.41(50)	87.58±1.67(200)
1000	85.06±6.18(110)	81.27±3.15(110)	86.60±1.58(200)

注:括号中的数字表示最优平均识别率所对应的特征维数。

表 5.13　LpSNMF 方法在三个标准人脸图像数据库上参数 β 不同取值时所对应的最优平均识别率(%)与标准差(%)

参数 β	Yale	UMIST	CMUPIE
0.001	87.06±3.66(30)	82.51±4.01(30)	88.90±1.58(190)
0.01	88.10±4.17(30)	83.72±3.74(40)	89.31±1.54(190)
0.1	89.66±4.36(30)	84.68±3.58(30)	89.87±1.72(190)
1	86.63±4.13(60)	85.55±3.94(40)	89.87±1.57(180)
10	84.23±6.67(40)	83.96±4.07(30)	89.27±1.53(200)
100	81.10±5.72(30)	81.72±3.75(40)	88.51±1.53(200)
1000	80.43±7.43(70)	81.31±3.07(50)	88.38±1.65(170)

注:括号中的数字表示最优平均识别率所对应的特征维数。

表 5.14　LpSNMF 方法在三个标准人脸图像数据库上参数 λ 不同取值时所对应的最优平均识别率(%)与标准差(%)

参数 λ	Yale	UMIST	CMU PIE
0.001	79.93±7.97(40)	80.82±3.10(50)	88.58±1.55(200)
0.01	80.33±7.75(40)	80.93±3.00(70)	88.70±1.56(200)
0.1	83.56±8.48(40)	81.34±3.62(40)	88.79±1.65(200)
1	87.93±4.29(30)	83.79±4.73(30)	89.25±1.37(170)
10	89.66±4.36(30)	85.55±3.94(40)	89.87±1.57(180)
100	89.40±4.21(30)	85.24±3.87(40)	89.63±1.49(180)
1000	89.40±4.21(30)	85.48±3.71(40)	89.78±1.86(190)

注:括号中的数字表示最优平均识别率所对应的特征维数。

实验二,测试 LpSNMF 方法在不同比例标记样本下的性能。实验中,将 LpSNMF 方法与 SDA、SODA、CNMF 和 SNMF 四种半监督特征提取方法进行比较。对于每个人脸图像数据库,同样 50%的样本被随机选择作为训练样本集,然后再从每个训练样本集中分别随机选择 20%、30%、40%、50%、60%的样本作为标记样本,余下的训练样本作为未标记样本。表 5.15～表 5.17 分别给出了各种方法在三个标准人脸图像数据库上不同标记样本比例下所取得的最优平均识别率与标准差。从表 5.15～表 5.17 中的实验结果可以看出,所有半监督方法的性能都随着标记样本数量增加而提高,但 LpSNMF 方法的性能仍然优于其他方法。

表 5.15　半监督方法在 Yale 人脸图像数据库上不同标记样本比例所对应的最优平均识别率(%)与标准差(%)

比例	SDA	SODA	CNMF	SNMF	LpSNMF
20%	82.67± 5.72(30)	83.73± 4.86(190)	81.60± 7.24(30)	83.20± 4.17(20)	88.67± 4.18(30)
30%	83.07± 4.57(20)	84.93± 3.77(20)	82.27± 7.00(30)	84.80± 5.80(30)	89.66± 4.36(30)
40%	86.67± 4.53(30)	91.47± 3.62(20)	83.60± 5.37(40)	90.93± 3.31(10)	94.75± 3.16(40)
50%	91.47± 3.27(40)	93.87± 2.75(20)	84.53± 4.27(30)	93.07± 3.06(110)	96.84± 2.50(50)
60%	93.87± 2.68(20)	95.60± 1.89(20)	84.93± 4.82(30)	95.07± 2.81(80)	97.47± 2.03(70)

注:括号中的数字表示最优平均识别率所对应的特征维数。

表 5.16 半监督方法在 UMIST 库上不同标记样本比例所对应的最优平均识别率(%)与标准差(%)

比例	SDA	SODA	CNMF	SNMF	LpSNMF
20%	72.76±2.98(50)	75.34±3.22(20)	74.83±3.21(90)	74.59±3.32(30)	78.19±2.18(40)
30%	81.24±3.37(120)	82.69±3.94(150)	81.41±3.16(50)	81.27±3.81(40)	85.55±3.94(40)
40%	87.69±1.95(70)	89.97±2.08(40)	87.24±2.28(50)	88.72±2.16(30)	91.45±2.86(40)
50%	91.41±1.83(30)	92.72±1.64(10)	89.93±2.47(30)	91.34±3.27(30)	93.98±1.58(40)
60%	91.86±2.16(40)	93.48±1.43(110)	92.90±1.68(40)	92.57±2.14(70)	94.90±1.94(100)

注:括号中的数字表示最优平均识别率所对应的特征维数。

表 5.17 半监督方法在 CMU PIE 库上不同标记样本比例所对应的最优平均识别率(%)与标准差(%)

比例	SDA	SODA	CNMF	SNMF	LpSNMF
20%	78.57±2.40(200)	81.47±2.09(200)	79.99±2.01(200)	82.60±1.83(170)	84.37±1.81(200)
30%	87.24±1.29(190)	87.52±1.62(200)	85.48±1.82(190)	87.10±1.58(200)	89.87±1.57(180)
40%	88.87±1.32(160)	89.83±1.38(200)	87.98±1.32(200)	89.30±0.98(190)	91.65±1.69(170)
50%	90.31±0.74(140)	92.21±0.73(200)	90.85±0.75(180)	91.63±0.89(120)	93.54±0.62(190)
60%	91.58±1.14(190)	92.63±0.84(200)	91.37±0.92(200)	91.90±0.92(140)	93.96±0.80(120)

注:括号中的数字表示最优平均识别率所对应的特征维数。

实验三,测试训练样本中错误标签对 LpSNMF 方法的性能影响。实验中,也比较其他四种半监督方法(SDA、SODA、CNMF、SNMF)在包含错误标签的数据集上的性能。同样,从每个人脸图像数据库中随机选择 50%的样本用于训练,并且从训练样本中随机选择 30%的样本作为标记样本,然后将标记训练样本中 20%~50%的样本随机标记错误。图 5.9 给出了不同半监督方法在三个标准人脸图像数据库上不同错误标记比例下所获得的识别结果。从图 5.9 中可以看出,所有半监督方法的识别率均随着训练样本中错误标记样本比例的增大而降低。尽管如此,LpSNMF 方法的性能仍然要优于其他对比方法,这可能是因为 LpSNMF 方法的标签传递在一定程度上可以降低错误标签的影响。换句话说,如果正确标记样本的局部邻域出现错误标记样本,那么在标签传递过程中错误标记样本将会受其局部邻域中正确标记样本的影响,从而使其预测标签正确。上述分析可以看到,目标函数式(5.6)中的正则化参数 λ 对处理包含错误标签的数据集是非常重要的。因此，进一步在包含错误标签数据集上测试正则化参数 λ 不同的取值对 LpSNMF 方法识别性能的影响。从表 5.18～表 5.20 中的实验结果可以看出，当错误标记样本比例较小时，LpSNMF 方法在参数取值相对较大时能够获得最好的性能。然而，当错误标记样本比例较大时，较小的参数取值更适合 LpSNMF 方法。这是因为当错误标记样本数量变大时，更加有必要去减少由预测标签与真实标签的差异引起的惩罚来修复错误标记样本。

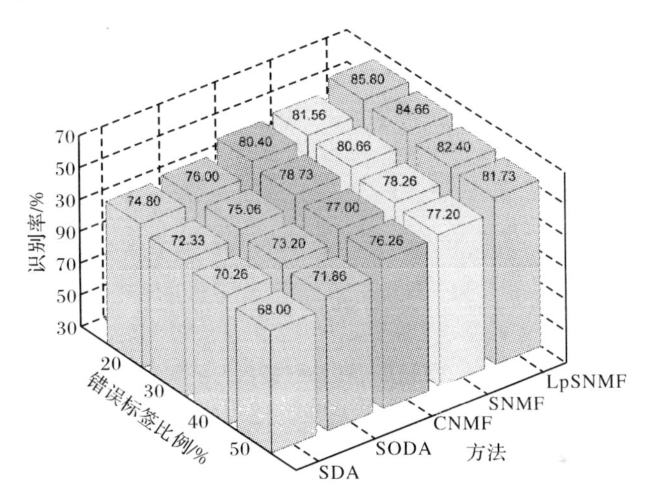

(a) Yale 人脸图像数据库

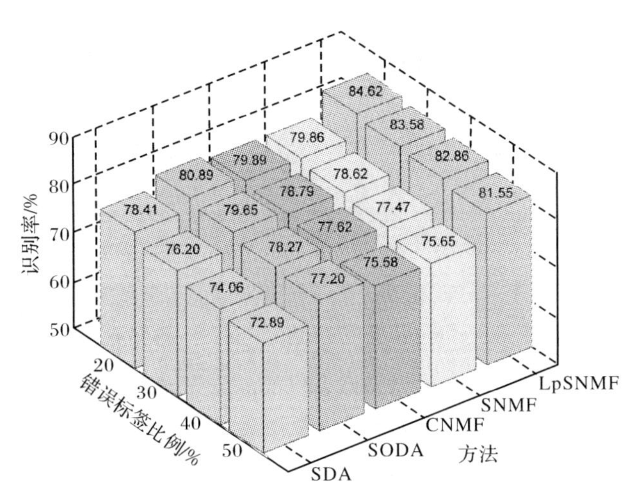

(b) UMIST 人脸图像数据库

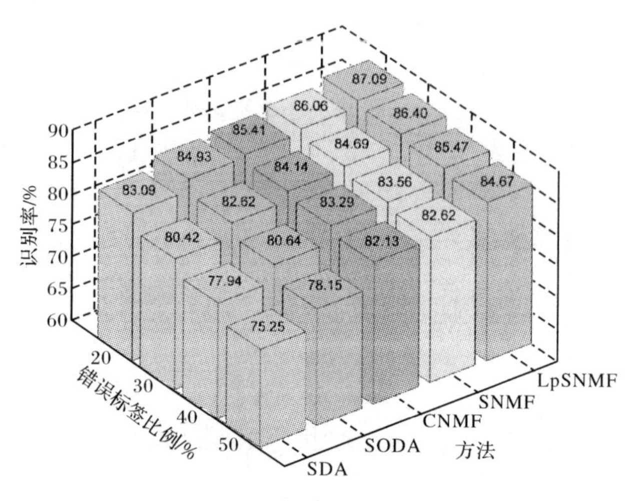

(c) CMU PIE 人脸图像数据库

图 5.9　半监督方法在三个人脸图像数据库上不同错误标签比例所对应的识别率直方图

表 5.18　LpSNMF 方法在 Yale 人脸图像数据库上不同错误标记样本下参数 λ 不同取值时所对应的最优平均识别率(%)与标准差(%)

参数 λ	20%	30%	40%	50%
0.001	79.16±7.67(90)	78.93±7.97(40)	79.06±7.64(90)	79.33±8.17(40)
0.01	79.30±7.86(90)	79.06±8.07(40)	79.33±7.75(90)	80.13±8.44(40)
0.1	79.83±7.11(90)	81.86±8.48(40)	81.60±6.21(30)	81.73±6.59(30)
1	83.83±4.03(30)	84.66±5.19(40)	82.40±4.43(30)	81.06±7.21(50)
10	85.80±4.99(50)	84.26±5.85(40)	81.33±5.22(30)	80.93±6.16(60)
100	84.76±3.25(30)	83.86±6.78(30)	81.33±5.06(30)	80.26±5.43(30)
1000	83.83±3.93(30)	83.46±5.83(40)	81.20±5.23(30)	79.86±6.98(30)

注:括号中的数字表示最优识别率所对应的特征维数。

表 5.19　LpSNMF 方法在 UMIST 人脸图像数据库上不同错误标记样本下参数 λ 不同取值时所对应的最优平均识别率(%)与标准差(%)

参数 λ	20%	30%	40%	50%
0.001	78.82±3.32(40)	78.31±2.70(40)	78.44±4.02(40)	79.44±3.73(50)
0.01	78.93±3.61(40)	78.89±3.98(40)	79.03±4.02(30)	79.79±3.13(40)
0.1	79.75±3.85(30)	79.89±3.41(30)	80.00±4.02(50)	79.62±3.52(50)
1	84.62±3.59(30)	83.58±4.54(30)	82.86±4.02(20)	81.58±2.86(30)
10	84.55±3.31(30)	82.96±3.16(30)	82.13±4.02(40)	80.13±3.94(30)

续表

参数λ	20%	30%	40%	50%
100	83.48±4.05(30)	82.34±3.73(30)	81.51±4.02(30)	79.82±3.91(50)
1000	82.51±3.95(30)	81.62±3.51(30)	80.72±4.02(30)	79.24±3.40(40)

注：括号中的数字表示最优识别率所对应的特征维数。

表5.20　LpSNMF方法在CMU PIE人脸图像数据库上不同错误标记样本下参数λ不同取值时所对应的最优平均识别率(%)与标准差(%)

参数λ	20%	30%	40%	50%
0.001	85.47±1.88(200)	85.82±1.70(190)	84.75±1.73(190)	83.87±1.88(190)
0.01	85.62±1.80(200)	85.95±1.67(190)	85.17±2.04(200)	84.67±1.88(190)
0.1	86.09±1.85(150)	86.12±1.75(200)	85.47±1.88(200)	84.55±2.06(190)
1	86.42±1.55(100)	86.40±1.62(130)	85.16±1.82(140)	83.75±1.50(170)
10	86.09±2.12(200)	85.95±1.67(190)	84.79±1.76(190)	82.40±1.66(190)
100	85.98±1.50(200)	85.67±1.67(200)	84.13±1.76(200)	81.77±1.63(170)
1000	85.41±1.68(200)	85.46±2.33(180)	83.97±1.68(200)	81.25±1.80(200)

注：括号中的数字表示最优识别率所对应的特征维数。

3. 收敛性验证

图5.10给出了LpSNMF方法在三个人脸图像数据库上的收敛曲线，图5.10(a)～(c)中的横坐标和纵坐标分别表示LpSNMF算法的迭代次数与目标函数值。从图5.10中可以看出，LpSNMF方法在较少的迭代次数时就能达到收敛。

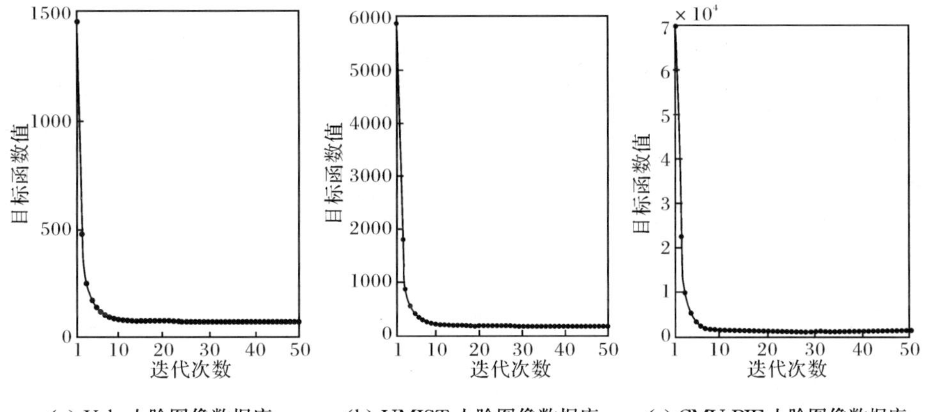

(a) Yale人脸图像数据库　(b) UMIST人脸图像数据库　(c) CMU PIE人脸图像数据库

图5.10　LpSNMF方法在三个标准人脸图像数据库上的收敛曲线图

5.5.3 物体图像分类

本节主要测试 LpSNMF 算法在物体图像数据库上物体的分类性能。

首先,随机从每类中选择 30%的样本用于训练,其他样本用于测试。在训练样本集中,随机选择 30%的样本作为标记样本。与人脸图像识别的实验类似,随机训练和标记样本选择过程重复 10 次,然后给出算法的平均分类结果。表 5.21 给出了不同算法在 COIL20 物体图像数据库上的最优平均分类准确率与标准差。从表 5.21 中的实验结果可以看出,LpSNMF 算法的分类性能要胜过其他无监督与半监督算法,这与聚类结果和人脸图像识别结果一致。图 5.11 给出了不同算法所学到的基底图像。从图 5.11 中可以看出,LpSNMF 算法和基于 NMF 算法所获得的基底图像可解释性要强于 SDA 和 SODA 算法。

表 5.21　各种算法在 COIL20 物体图像数据库上的最优平均分类准确率(%)与标准差(%)

方法	NMF	GNMF	SDA	SODA	CNMF	SNMF	LpSNMF
识别率	83.62±1.60 (20,7.60)	86.92±1.12 (20,7.77)	87.34±1.36 (10,1.06)	87.82±1.97 (10,1.45)	85.36±1.10 (20,50.8)	85.25±2.06 (20,8.88)	89.24±1.67 (20,11.9)

注:括号中的数字分别表示最高识别率所对应特征维数与方法平均运行时间(单位:s)。

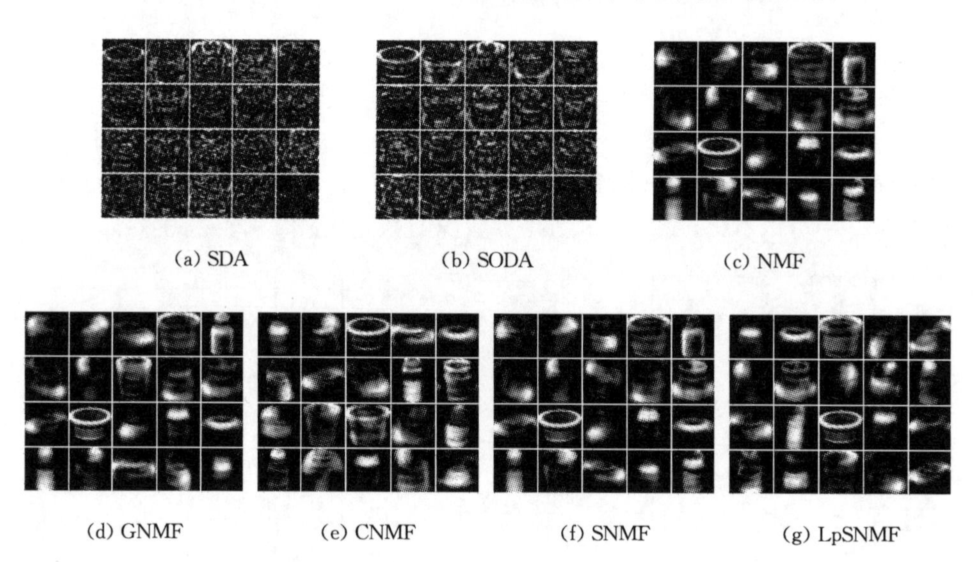

(a) SDA　(b) SODA　(c) NMF　(d) GNMF　(e) CNMF　(f) SNMF　(g) LpSNMF

图 5.11　不同方法在 COIL20 人脸图像数据库上学习到的基底图像(见彩图)
每个子图中的图像表示基底图像,白色、黑色和红色三种像素
分别表示基底图像中正值、零值和负值元素

其次,测试 LpSNMF 算法在不同参数取值下的分类性能。图 5.12 给出了 LpSNMF 方法在三个参数不同取值情况下的分类结果。从该图中可以很容易发

现 LpSNMF 方法的最优参数。同时也发现,当参数设置为既不太大也不太小时,LpSNMF 算法可以获得最好的性能,此结论与聚类实验和人脸识别实验中得到的结论一致。

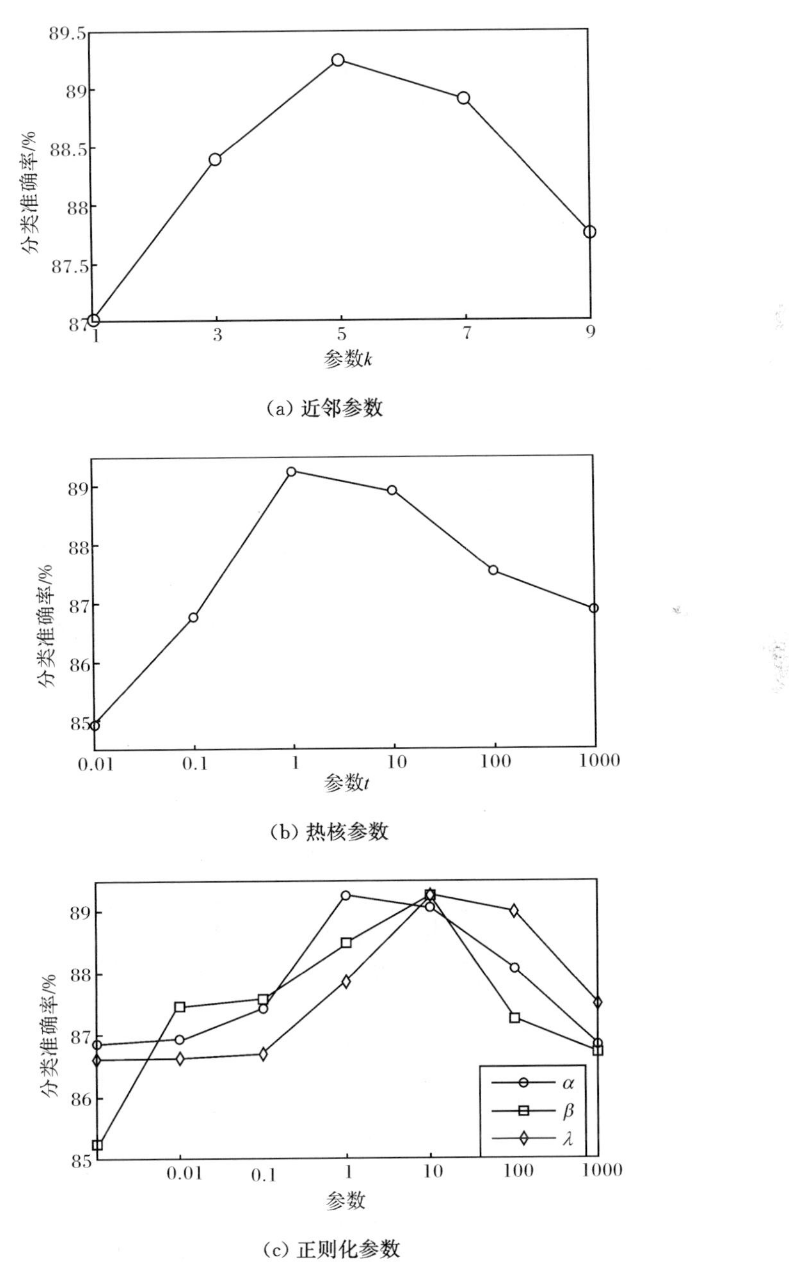

(a) 近邻参数

(b) 热核参数

(c) 正则化参数

图 5.12 LpSNMF 方法在不同参数不同取值下的分类正确率

最后，进一步测试了 LpSNMF 方法的有效性。同样测试 LpSNMF 方法在数据集包含噪声标签(错误标签)情况下的性能。在实验中，从标记样本中随机选择 20%～50%的样本，并标记为错误的标签。表 5.22 列出了不同算法在不同错误标签比例下获得的最高平均分类准确率与标准差。从表 5.22 中的实验结果同样可以看出，LpSNMF 算法的分类准确率要胜过其他对比算法。此外，同样在噪声数据集上测试正则化参数 λ 的不同取值对 LpSNMF 算法性能的影响。图 5.13 给出了正则化参数 λ 不同取值对 LpSNMF 方法性能影响的直方图。从图 5.13 中的实验结果可以看出，正则化参数 λ 对 LpSNMF 方法性能的影响与其在人脸图像数据库上的影响一致，即当错误标记样本比例较小时，LpSNMF 算法在正则化参数 λ 取值相对较大时能够获得最优性能，而当错误标记比率较大时，较小的正则化参数 λ 取值更适合于 LpSNMF 算法。

表 5.22　半监督方法在 PIE 数据库上不同错误标记样本比例所对应的最优平均识别率(%)与标准差(%)

比例	SDA	SODA	CNMF	SNMF	LpSNMF
20%	82.12±2.13(60)	85.82±2.03(30)	84.75±1.72(20)	84.54±2.33(20)	87.40±1.98(20)
30%	79.76±2.66(50)	84.08±1.91(60)	83.86±1.94(20)	83.47±2.38(20)	86.72±1.87(20)
40%	76.62±3.16(100)	83.34±1.69(50)	82.72±1.89(20)	83.16±1.57(20)	86.24±1.61(10)
50%	74.54±3.33(100)	82.37±1.80(30)	81.68±1.44(20)	82.05±2.28(20)	85.40±2.08(20)

注：括号中的数字表示最优平均识别率所对应的特征维数。

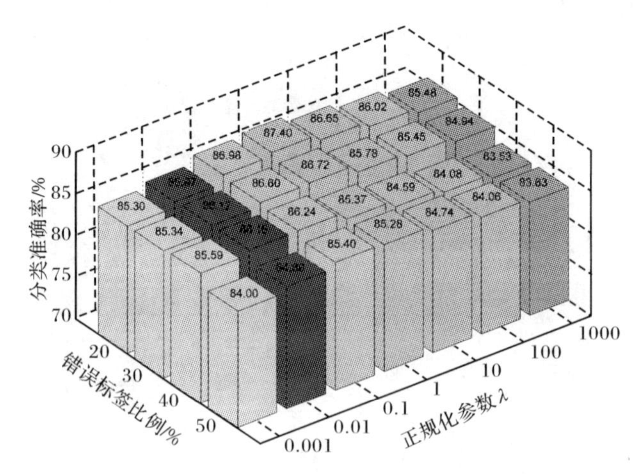

图 5.13　LpSNMF 方法在 COIL20 物体图像数据库上不同错误标记样本下正则化参数 λ 不同取值时所对应的最优分类准确率直方图

5.6 本章小结

本章提出了基于标签传递的半监督非负矩阵分解(LpSNMF)方法并将其应用于特征提取。LpSNMF 方法可以视为半监督非负矩阵分解(SNMF)方法的一种扩展形式。在 LpSNMF 方法中,通过共享因子矩阵将数据矩阵与其预测标签矩阵整合到非负矩阵分解框架中,实现了未知样本的标签预测与高维数据的低维特征提取的双重目的。由于 LpSNMF 方法充分利用了标记样本与未标记样本的信息,因此它既能学习到具有判别能力的低维特征,又能学习到高维数据的部分表示。此外,还提出了一种迭代更新优化算法来求解 LpSNMF 方法的目标函数,并分别从理论分析与数值分析两方面验证了优化算法的收敛性。最后,分别在六个 UCI 数据集(Air、Glass、Landsat、Movement、Wine 和 Zoo)、三个标准人脸图像数据库上(Yale、UMIST 和 CMU PIE)和一个物体图像数据库(COIL20)上测试了 LpSNMF 方法的性能。大量实验结果验证了 LpSNMF 方法的性能要优于其他对比方法。

参考文献

[1] Lee H, Yoo J, Choi S. Semi-supervised nonnegative matrix factorization[J]. IEEE Signal Processing Letters, 2010, 17(1): 4-7.

[2] Chen Y, Rege M, Dong M, et al. Non-negative matrix factorization for semi-supervised data clustering[J]. Knowledge and Information Systems, 2008, 17(3): 355-379.

[3] Liu H, Wu Z, Li X, et al. Constrained nonnegative matrix factorization for image representation[J]. IEEE Transactions on Pattern Analysis and Machine Intelligence, 2012, 34(7): 1299-1311.

[4] Zhu X, Ghahramani Z, Lafferty J. Semi-supervised learning using gaussian fields and harmonic functions[C]. International Conference on Machine Learning, 2003, 3: 912-919.

[5] Nie F, Xiang S, Jia Y, et al. Semi-supervised orthogonal discriminant analysis via label propagation[J]. Pattern Recognition, 2009, 42(11): 2615-2627.

[6] Ye J. Characterization of a family of algorithms for generalized discriminant analysis on undersampled problems[C]. Journal of Machine Learning Research, 2005: 483-502.

[7] Cai D, He X, Han J, et al. Graph regularized nonnegative matrix factorization for data representation[J]. IEEE Transactions on Pattern Analysis and Machine Intelligence, 2011, 33(8): 1548-1560.

[8] Lee D D, Seung H S. Learning the parts of objects by non-negative matrix factorization[J]. Nature, 1999, 401(6755): 788-791.

[9] Cai D, He X, Han J. Semi-supervised discriminant analysis[C]. IEEE International Conference on Computer Vision, 2007: 1-7.

[10] Zhang H, Zhuang Y, Wu F. Cross-modal correlation learning for clustering on image-audio dataset[C]. ACM International Conference on Multimedia, 2007: 273-276.

[11] Yale University Face Database. http://cvc.yale.edu/projects/yalefaces/yalefaces.html [2015-03-11].

[12] Graham D B, Allinson N M. Characterising virtual eigensignatures for general purpose face recognition[C]. Face Recognition. Berlin: Springer Berlin Heidelberg, 1998: 446-456.

[13] Sim T, Baker S, Bsat M. The CMU pose, illumination, and expression (PIE) database[C]. IEEE International Conference on Automatic Face and Gesture Recognition, 2002: 46-51.

第6章　基于空间平滑判别结构保持投影的局部人脸识别方法

6.1 引　　言

尽管基于全局信息的人脸识别方法已经取得了较好的性能，但它们的性能很容易受人脸面部表情、光照、姿态等变化的影响。目前，为了克服全局人脸识别方法的缺点，研究者们提出了大量基于局部信息（特征）的人脸识别方法[1-3]。通过分析和比较当前主流的局部人脸识别方法，发现基于结构保持投影（SPP）方法在人脸识别任务中具有一定的优越性。因为SPP方法不仅考虑到了同幅人脸图像不同子模式之间的构形关系，而且还考虑到了子模式集的本征几何结构。尽管SPP方法的性能要优于其他基于全局和局部信息的人脸识别方法，但其存在以下两个缺点。首先，SPP方法属于一种无监督特征提取方法，即SPP方法在提取人脸局部特征过程中忽略了数据集所携带的类别标签信息。虽然在文献[3]的实验中，作者简单地将SPP方法扩展为有监督的SPP（S-SPP）方法，但S-SPP方法仅考虑到了同类样本的局部判别结构信息，忽略了不同类样本之间的判别结构信息。同时，通过文献[3]的实验结果也可以看出，在多数情况下S-SPP方法的性能并未明显优于SPP方法。其次，类似于其他局部人脸识别方法，为了提取人脸图像的低维局部特征，SPP方法需将二维人脸子图像转换为一维的特征向量，并将子图像中像素视为相互独立的特征信息。然而，子图像在平面空间中本质上是二维矩阵。因此，将图像看成向量（image-as-vector）的策略将会破坏子图像中像素之间的本征二维结构，进而丢失一些有用的信息。

为了克服SPP方法存在的局限性，本章提出一种基于空间平滑判别结构保持投影（spatially smoothed discriminant structure preserved projection，SS-DSPP）的有监督局部人脸识别方法，图6.1给出了SS-DSPP方法的流程图。首先，类似于SPP方法，SS-DSPP方法在低维空间中尽可能保持同幅人脸图像不同子模式之间的构形关系，其次，为了增加低维局部人脸特征的判别能力，SS-DSPP方法充分利用数据的类别标签信息分别构建类内邻域图（G_w）与类间邻域图（G_b）来挖掘高维数据的低维判别流形结构，其中类内邻域图刻画来自同类近邻子模式的相似性，而类间邻域图刻画来自不同类的近邻子模式的差异性。在低维空间中尽可能最大化不同类局部特征边缘间隔，同时最小化局部类内散度。再次，为了在特征提取过程中尽可能保持人脸图像的二维空间结构信息，基于基矩阵局部近邻像素值的散度提出一种新的空间平滑约束(spatially smooth constraint，SSC)准则刻画基底矩阵的平滑程度。所提出的 SSC 准则要比其他方法包括二维特征提取方法(如二维主成分分析(2DPCA)[4]、二维线性判别分析(2DLDA)[5])、基于张量的方法[6]和拉普拉斯惩罚算子[7]等方法简单且灵活。最后，Yale、Extended YaleB、CMU PIE 和 AR 四个标准人脸图像数据库上的大量实验验证了SS-DSPP方法的性能要显著优于 SPP 方法及其他对比的局部方法。

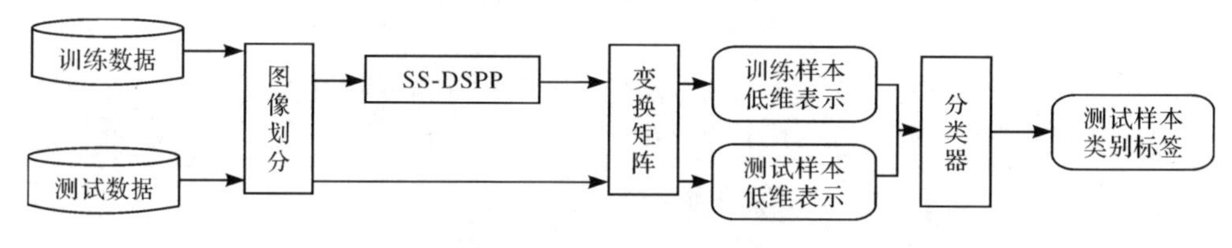

图 6.1　SS-DSPP 方法流程图

6.2　基于空间平滑判别结构保持投影方法

本节主要介绍 SS-DSPP 方法的目标函数并分析该算法的时间复杂度。

假设数据集 $X=[x_1\ x_2\ \cdots\ x_N]$包含来自 C 个不同类的 N 幅人脸图像，并且每幅人脸图像的大小为 $H_1\times H_2$。首先，将整幅人脸图像划分为大小为 $n_1\times n_2$ 的 M 块子图像。然后，将所有子图像转化成长度为 $D(D=n_1\times n_2)$的列向量，那么第 i 幅人脸图像的子图像(或子模式)集表示为 $X_i=[x_i^1\ x_i^2\ \cdots\ x_i^M]$，其中，$x_i^m$ 表示第 i 幅人脸图像的第 m 个子图像，所有人脸图像的第 m 个子图像构成的子图像集表示为 $X^m=[x_1^m\ x_2^m\ \cdots\ x_N^m]$。具体划分与构建过程可参照图 2.1。

首先，类似于 SPP 方法，SS-DSPP 方法同样在低维空间中尽可能保持同幅人脸图像不同子模式之间的构形关系。于是，SS-DSPP 方法同样利用同幅人脸图像不同子图像间的重构系数刻画每幅人脸图像的构形结构关系。令 $W=[w_1\ w_2\ \cdots\ w_d](d\ll D)$为投影矩阵，$y_i^m=W^{\mathrm{T}}x_i^m$ 为子图像 x_i^m 的低维表示，则 SS-DSPP 方法需要优化如下目标函数：

$$\begin{aligned}\min_W \varepsilon(W) &= \sum_{i=1}^{N}\sum_{j=1}^{M}\left\| y_i^j-\sum_{m\in\{-j\}}\omega_i^{jm}y_i^m\right\|^2\\ &= \sum_{i=1}^{N}\sum_{j=1}^{M}\left\| W^{\mathrm{T}}x_i^j-\sum_{m\in\{-j\}}\omega_i^{jm}W^{\mathrm{T}}x_i^m\right\|^2\\ &= \sum_{i=1}^{N}\sum_{j=1}^{M}\Big(W^{\mathrm{T}}x_i^j-\sum_{m\in\{-j\}}\omega_i^{jm}W^{\mathrm{T}}x_i^m\Big)\Big(W^{\mathrm{T}}x_i^j-\sum_{m\in\{-j\}}\omega_i^{jm}W^{\mathrm{T}}x_i^m\Big)^{\mathrm{T}}\end{aligned}$$

$$= \sum_{i=1}^{N} \mathrm{tr}(W^{\mathrm{T}} X_i (I - \Omega_i)^{\mathrm{T}} (I - \Omega_i) X_i^{\mathrm{T}} W)$$

$$= \mathrm{tr}\left(\sum_{i=1}^{N} W^{\mathrm{T}} X_i (I - \Omega_i)^{\mathrm{T}} (I - \Omega_i) X_i^{\mathrm{T}} W\right) \tag{6.1}$$

式中，ω_i^{jm} 为第 i 幅人脸图像第 j 个子图像 x_i^j 对第 m 个子图像 x_i^m 的重构系数，它可以通过式(2.84)计算求得；$\{-j\}=\{1,2,\cdots,j-1,j+1,\cdots,M\}$；$\Omega_i$ 为第 i 幅人脸图像的重构系数矩阵；I 为单位矩阵；tr(·)为矩阵迹操作。

其次，与 SPP 方法仅保持子模式集的局部流形几何结构不同，SS-DSPP 方法力求提高低维空间中子模式的判别能力。因此，为了实现这一目的，本节充分利用数据的类别标签信息分别构建类内邻域图 G_w 与类间邻域图 G_b。类内邻域图用于刻画来自同一子模式集中局部邻域同类样本的相似性，而类间邻域图用于刻画来自同一子模式集中局部邻域不同类样本的差异性。类内邻域图 G_w 与类间邻域图 G_b 的权值矩阵分别定义为

$$S_{w,ij}^m = \begin{cases} \exp\left(\dfrac{-\|x_i^m - x_j^m\|^2}{t^2}\right), & x_i^m \in N_{k_1}(x_j^m) \text{或者} x_j^m \in N_{k_1}(x_i^m) \\ & \text{且 } l(x_i^m) = l(x_j^m) \\ 0, & \text{其他} \end{cases} \tag{6.2}$$

$$S_{b,ij}^m = \begin{cases} \exp\left(\dfrac{-\|x_i^m - x_j^m\|^2}{t^2}\right), & x_i^m \in N_{k_2}(x_j^m) \text{或者} x_j^m \in N_{k_2}(x_i^m) \\ & \text{且 } l(x_i^m) \neq l(x_j^m) \\ 0, & \text{其他} \end{cases} \tag{6.3}$$

式中，$l(x_i^m)$ 为子模式 x_i^m 的类别标签；$N_{k_1}(x_i^m)$ 和 $N_{k_2}(x_i^m)$ 分别为与子模式 x_i^m 同类的 k_1 个近邻样本集及不同类的 k_2 个近邻样本集；$t>0$ 为热核参数。

为了使类内邻域图 G_w 中相连的样本点投影到低维空间中尽可能近，类间邻域图 G_b 中相连的样本点投影到低维空间中尽可能远离，SS-DSPP 方法需要优化式(6.4)和式(6.5)两个目标函数

$$\min_W \varepsilon(W) = \sum_{m=1}^{M} \sum_{i=1}^{N} \sum_{j=1}^{N} \| y_i^m - y_j^m \|^2 S_{w,ij}^m$$

$$= \sum_{m=1}^{M} \sum_{i=1}^{N} \sum_{j=1}^{N} \| W^{\mathrm{T}} x_i^m - W^{\mathrm{T}} x_j^m \|^2 S_{w,ij}^m \tag{6.4}$$

$$\max_W \varepsilon(W) = \sum_{m=1}^{M} \sum_{i=1}^{N} \sum_{j=1}^{N} \| y_i^m - y_j^m \|^2 S_{b,ij}^m$$

$$= \sum_{m=1}^{M} \sum_{i=1}^{N} \sum_{j=1}^{N} \| W^{\mathrm{T}} x_i^m - W^{\mathrm{T}} x_j^m \|^2 S_{b,ij}^m \tag{6.5}$$

由式(6.4)和式(6.5)可知，若第 m 个子模式集中两个近邻且属于同类样本(如 x_i^m 和 x_j^m)投影到低维空间中相互远离，则式(6.4)将会产生较大的惩罚。若第 m 个子模式集中两个近邻且属于不同类(如 x_k^m 和 x_l^m)投影到低维空间中彼此相

近，则式(6.5)同样会产生较大的惩罚。因此，最小化式(6.4)试图确保在高维空间中相近且属于同类的样本点(如 x_i^m 和 x_j^m)，在低维空间中(如 y_i^m 和 y_j^m)仍然相近。而最大化式(6.5)确保在高维空间中相近且不属于同类的样本点(如 x_k^m 和 x_l^m)，在低维空间中(如 y_k^m 和 y_l^m)彼此远离。

通过代数运算，式(6.4)和式(6.5)可简化为

$$\begin{aligned}\min_W \varepsilon(W) &= \sum_{m=1}^{M}\sum_{i=1}^{N}\sum_{j=1}^{N} \| W^{\mathrm{T}}x_i^m - W^{\mathrm{T}}x_j^m \|^2 S_{w,ij}^m \\ &= \sum_{m=1}^{M}\sum_{i=1}^{N}\sum_{j=1}^{N} ((W^{\mathrm{T}}x_i^m - W^{\mathrm{T}}x_j^m)(W^{\mathrm{T}}x_i^m - W^{\mathrm{T}}x_j^m)^{\mathrm{T}}) S_{w,ij}^m \\ &= \sum_{m=1}^{M} \mathrm{tr}(W^{\mathrm{T}}X^m D_w^m X^{m^{\mathrm{T}}} W - W^{\mathrm{T}}X^m S_w^m X^{m^{\mathrm{T}}} W) \\ &= \sum_{m=1}^{M} \mathrm{tr}(W^{\mathrm{T}}X^m L_w^m X^{m^{\mathrm{T}}} W) \\ &= \mathrm{tr}\Big(\sum_{m=1}^{M} W^{\mathrm{T}}X^m L_w^m X^{m^{\mathrm{T}}} W\Big) \end{aligned} \tag{6.6}$$

$$\begin{aligned}\max_W \varepsilon(W) &= \sum_{m=1}^{M}\sum_{i=1}^{N}\sum_{j=1}^{N} \| W^{\mathrm{T}}x_i^m - W^{\mathrm{T}}x_j^m \|^2 S_{b,ij}^m \\ &= \sum_{m=1}^{M}\sum_{i=1}^{N}\sum_{j=1}^{N} ((W^{\mathrm{T}}x_i^m - W^{\mathrm{T}}x_j^m)(W^{\mathrm{T}}x_i^m - W^{\mathrm{T}}x_j^m)^{\mathrm{T}}) S_{b,ij}^m \\ &= \sum_{m=1}^{M} \mathrm{tr}(W^{\mathrm{T}}X^m D_b^m X^{m^{\mathrm{T}}} W - W^{\mathrm{T}}X^m S_b^m X^{m^{\mathrm{T}}} W) \\ &= \sum_{m=1}^{M} \mathrm{tr}(W^{\mathrm{T}}X^m L_b^m X^{m^{\mathrm{T}}} W) \\ &= \mathrm{tr}\Big(\sum_{m=1}^{M} W^{\mathrm{T}}X^m L_b^m X^{m^{\mathrm{T}}} W\Big) \end{aligned} \tag{6.7}$$

式中，矩阵 D_w^m 和 D_b^m 为对角矩阵，它们的对角元素分别为权重矩阵 S_w^m 和 S_b^m 的列(行)向量的和，即 $D_{w,ii}^m = \sum_{j=1}^{N} S_{w,ij}^m$ 和 $D_{b,ii}^m = \sum_{j=1}^{N} S_{b,ij}^m$；$L_w^m = D_w^m - S_w^m$ 和 $L_b^m = D_b^m - S_b^m$ 分别为类内邻域图 G_w 和类间邻域图 G_b 的拉普拉斯矩阵。

于是，结合式(6.6)和式(6.7)可得如下目标函数：

$$\begin{aligned}\min_W \varepsilon(W) = &\sum_{m=1}^{M}\sum_{i=1}^{N}\sum_{j=1}^{N} \| W^{\mathrm{T}}x_i^m - W^{\mathrm{T}}x_j^m \|^2 S_{w,ij}^m \\ &- \alpha\sum_{m=1}^{M}\sum_{i=1}^{N}\sum_{j=1}^{N} \| W^{\mathrm{T}}x_i^m - W^{\mathrm{T}}x_j^m \|^2 S_{b,ij}^m \end{aligned}$$

$$= \sum_{m=1}^{M} \mathrm{tr}(W^{\mathrm{T}} X^m L_w^m X^{m^{\mathrm{T}}} W) - \alpha \sum_{m=1}^{M} \mathrm{tr}(W^{\mathrm{T}} X^m L_b^m X^{m^{\mathrm{T}}} W)$$

$$= \mathrm{tr}\Big(\sum_{m=1}^{M} (W^{\mathrm{T}} X^m (L_w^m - \alpha L_b^m) X^{m^{\mathrm{T}}} W) \Big) \tag{6.8}$$

式中，$\alpha \geqslant 0$ 为平衡控制参数。

然后，为了考虑子图像像素的空间相关性，本章提出了一种空间平滑约束(spatially smooth constraint，SSC)准则。如上所述，将大小为 $n_1 \times n_2$ 的子图像转换为 D 维向量 $(D=n_1 \times n_2)$，那么投影矩阵 W 的列向量 $w_i \in \mathbf{R}^D$ $(i=1,2,\cdots,d)$ 可以被看成大小为 $n_1 \times n_2$ 的基矩阵，其中 d 表示投影矩阵 W 的列向量个数。定义二维矩阵 $w_i^{2D} \in \mathbf{R}^{n_1 \times n_2}$ 表示一维投影向量 w_i 的矩阵形式(称为基矩阵)。为了考虑子图像中近邻像素点的相关性，应该保证基矩阵 w_i^{2D} 的空间局部平滑。换句话说，基矩阵 w_i^{2D} 中空间局部邻域内的元素值应该相似。因此，为了度量基矩阵 w_i^{2D} 的平滑性，本章基于空间邻域元素值的差异提出一种新的度量准则，其定义为

$$SS(w_i) = \sum_{x=1}^{n_1} \sum_{y=1}^{n_2} \sum_{x'=1}^{n_1} \sum_{y'=1}^{n_2} \| w_i^{2D}(x,y) - w_i^{2D}(x',y') \|^2 p_{(x,y),(x',y')} \tag{6.9}$$

式中，$w_i^{2D}(x,y)$ 为基矩阵 w_i^{2D} 中坐标位置 (x,y) 处的元素值；$p_{(x,y),(x',y')}$ 为二值指示变量，表示坐标位置为 (x,y) 与 (x',y') 处的两个元素是否在同一邻域中，其定义为

$$p_{(x,y),(x',y')} = \begin{cases} 1, & \mathrm{dist}([x,y],[x',y']) \leqslant \tau \\ 0, & \text{其他} \end{cases} \tag{6.10}$$

式中，$\mathrm{dist}([x,y],[x',y'])$ 为度量基矩阵 w_i^{2D} 中两个坐标向量 $[x,y]$ 与 $[x',y']$ 之间的距离函数；τ 用于控制空间邻域大小的阈值。在该方法中，函数 $\mathrm{dist}([x,y],[x',y'])$ 的定义为

$$\mathrm{dist}([x,y],[x',y']) = |x-x'| + |y-y'| \tag{6.11}$$

由于式(6.9)反映了向量 w_i 的基矩阵 w_i^{2D} 中空间近邻元素值的差异程度，因此最小化式(6.9)将会使基矩阵 w_i^{2D} 空间局部平滑。然而，由于式(6.9)需要将投影向量 w_i 转化为矩阵形式，因此式(6.9)难以优化。为了使式(6.9)更容易求解，引入指示向量 $e_{x,y} \in \mathbf{R}^D (D=n_1 \times n_2)$，定义为

$$e_{x,y}(j) = \begin{cases} 1, & j=(x-1)\times n_1 + y \\ 0, & \text{其他} \end{cases} \tag{6.12}$$

式中，n_1 与 n_2 分别为子图像的行数与列数。由指示向量可知，$w_i^{2D}(x,y) = w_i^{\mathrm{T}} e_{x,y}$，式(6.12)可简化为

$$SS(w_i) = \sum_{x=1}^{n_1} \sum_{y=1}^{n_2} \sum_{x'=1}^{n_1} \sum_{y'=1}^{n_2} \| w_i^{\mathrm{T}} e_{x,y} - w_i^{\mathrm{T}} e_{x',y'} \|^2 p_{(x,y),(x',y')}$$

$$
\begin{aligned}
&= \sum_{x=1}^{n_1}\sum_{y=1}^{n_2}\sum_{x'=1}^{n_1}\sum_{y'=1}^{n_2}(w_i^{\mathrm{T}}e_{x,y}-w_i^{\mathrm{T}}e_{x',y'})p_{\langle x,y\rangle,\langle x',y'\rangle}(w_i^{\mathrm{T}}e_{x,y}-w_i^{\mathrm{T}}e_{x',y'})^{\mathrm{T}}\\
&= w_i^{\mathrm{T}}\left(\sum_{x=1}^{n_1}\sum_{y=1}^{n_2}\sum_{x'=1}^{n_1}\sum_{y'=1}^{n_2}(e_{x,y}-e_{x',y'})p_{\langle x,y\rangle,\langle x',y'\rangle}(e_{x,y}-e_{x',y'})^{\mathrm{T}}\right)w_i\\
&= w_i^{\mathrm{T}}Ew_i
\end{aligned}
\tag{6.13}
$$

式中,矩阵 $E=\sum_{x=1}^{n_1}\sum_{y=1}^{n_2}\sum_{x'=1}^{n_1}\sum_{y'=1}^{n_2}(e_{x,y}-e_{x',y'})p_{\langle x,y\rangle,\langle x',y'\rangle}(e_{x,y}-e_{x',y'})^{\mathrm{T}}$。

结合考虑所有投影向量,SSC 准则的最终目标函数为

$$
\begin{aligned}
\min_{W} SS(W) &= \sum_{i=1}^{d} w_i^{\mathrm{T}}Ew_i^{\mathrm{T}}\\
&= \mathrm{tr}(W^{\mathrm{T}}EW)
\end{aligned}
\tag{6.14}
$$

综上所述,结合式(6.1)、式(6.8)和式(6.14),可得 SS-DSPP 方法的目标函数为

$$
\min_{W}\varepsilon(W)=\left\{
\begin{aligned}
&\sum_{i=1}^{N}\sum_{j=1}^{M}\left\| W^{\mathrm{T}}x_i^j-\sum_{m\in\{-j\}}\omega_i^{jm}W^{\mathrm{T}}x_i^m\right\|^2\\
&+\left\{
\begin{aligned}
&\sum_{m=1}^{M}\sum_{i=1}^{N}\sum_{j=1}^{N}\left\| W^{\mathrm{T}}x_i^m-W^{\mathrm{T}}x_j^m\right\|^2 S_{w,ij}^m\\
&-\alpha\sum_{m=1}^{M}\sum_{i=1}^{N}\sum_{j=1}^{N}\left\| W^{\mathrm{T}}x_i^m-W^{\mathrm{T}}x_j^m\right\|^2 S_{b,ij}^m
\end{aligned}
\right\}+\beta SS(W)
\end{aligned}
\right.
\tag{6.15}
$$

式中,$\beta\geqslant 0$ 为平衡参数,其用于控制投影矩阵 W 中投影向量的平滑程度。令矩阵 $P=\sum_{i=1}^{N}X_i(I-\Omega_i)^{\mathrm{T}}(I-\Omega_i)X_i^{\mathrm{T}}$ 和 $Q=\sum_{m=1}^{M}X^m(L_w^m-\alpha L_b^m)X^{m^{\mathrm{T}}}$,则式(6.15)可简化为

$$
\min\varepsilon(W)=\mathrm{tr}(W^{\mathrm{T}}(P+Q+\beta E)W)
\tag{6.16}
$$

为了去除投影矩阵 W 的尺度的任意性,引入如下约束:

$$
W^{\mathrm{T}}ZZ^{\mathrm{T}}W=I
\tag{6.17}
$$

式中,矩阵 $Z=[x_1^1\ \cdots\ x_N^1\ x_1^2\ \cdots\ x_N^2\ \cdots\ x_1^M\ \cdots\ x_N^M]\in\mathbf{R}^{D\times NM}$ 为所有子模式的集合。

最后,SS-DSPP 方法的最终目标函数为

$$
\begin{aligned}
&\min\varepsilon(W)=\mathrm{tr}(W^{\mathrm{T}}(P+Q+\beta E)W)\\
&\mathrm{s.t.}\ W^{\mathrm{T}}ZZ^{\mathrm{T}}W=I
\end{aligned}
\tag{6.18}
$$

显而易见,矩阵 Q、P 和 E 均为对称半正定矩阵。由于 $\beta\geqslant 0$,因此矩阵 $Q+P+\beta E$ 也是对称半正定矩阵。于是,式(6.18)可以进一步转化为特征值分解问题

$$
(P+Q+\beta E)W=\lambda ZZ^{\mathrm{T}}W
\tag{6.19}
$$

式中,$\lambda_1,\lambda_2,\cdots,\lambda_d$ 为式(6.19)前 d 个最小特征值,$w_1,w_2,\cdots,w_d$ 为这些特征值所对应的特征向量。最终,投影矩阵表示为

$$
W=[w_1\quad w_2\quad\cdots\quad w_d]
\tag{6.20}
$$

接下来，分析 SS-DSPP 方法的计算复杂度。假设训练样本有 N 幅训练图像，每幅人脸图像划分为 M 个等大小的子图像，每个子图像的维度为 D，则 SS-DSPP 方法的时间复杂度主要包括以下几个方面：

(1) 计算 N 幅人脸图像的重构系数为 $O(NDM^3)$；

(2) 计算每个子图像的近邻为 $O(N^2DM)$；

(3) 根据式(6.2)和式(6.3)计算权重矩阵分别为 $O(k_1NDM)$ 和 $O(k_2NDM)$；

(4) 计算基矩阵中每个元素的空间近邻为 $O(D^2)$；

(5) 式(6.19)的矩阵特征值分解为 $O(D^3)$。

由于子图像的维度 D 和训练样本的数量 N 远大于子图像数 M，以及 N 远大于 k_1 和 k_2，因此 SS-DSPP 方法的总体计算复杂度为 $O(D^3+N^2DM+NDM^3)$。

6.3 识别准则

对于未知人脸图像 $U\in\mathbf{R}^{H_1\times H_2}$，其识别结果可以采用类似于 SPP 的方法和其他局部人脸识别方法中的方法求得。具体地，首先，将未知人脸图像 U 采用上述同样的方式将其划分为 M 块等大小的区域。然后，每个子模式 $u_m(m=1,2,\cdots,M)$ 的低维特征可以通过以下公式计算求得：

$$\tilde{u}_m=W^{\mathrm{T}}u_m,\quad m=1,2,\cdots,M \tag{6.21}$$

式中，W 为通过 SS-DSPP 方法求得的投影矩阵。对于每个 $\tilde{u}_m$，采用基于欧氏距离的最近邻分类器进行识别。具体操作过程如下：第一步，计算 $\tilde{u}_m$ 与训练人脸图像集中第 m 个子模式集合 $X^m=[x_1^m\ x_2^m\ \cdots\ x_N^m]$ 对应的每个低维特征 $Y^m=[y_1^m\ y_2^m\ \cdots\ y_N^m]$ 之间的欧氏距离；第二步，将与 $\tilde{u}_m$ 距离最小的子模式的类别标签赋予子模式 $\tilde{u}_m$。

最后，采用投票机制判定未知人脸图像的最终识别结果。令 prob_c 表示未知人脸图像属于第 c 类的概率，其定义为

$$\mathrm{prob}_c=\frac{1}{M}\sum_{m=1}^{M}q_m^c \tag{6.22}$$

式中，q_m^c 定义为

$$q_m^c=\begin{cases}1, & \text{第 } m \text{ 子模式被分为第 } c \text{ 类}\\ 0, & \text{其他}\end{cases} \tag{6.23}$$

未知人脸图像 U 的最终识别结果可以通过如下公式获得：

$$\mathrm{Identity}(U)=\arg\max_c(\mathrm{prob}_c) \tag{6.24}$$

6.4　相关方法比较

为了进一步突出 SS-DSPP 方法的创新性，本书将 SS-DSPP 方法与其他相关方法进行了比较。

首先，将 SS-DSPP 方法与 SPP 方法进行比较。由于 SPP 方法是一种无监督特征提取方法，因此它在特征提取过程中忽略了子模式的判别信息。尽管文献[1]将 SPP 方法扩展为监督 SPP(S-SPP)方法，但 S-SPP 方法仍然忽略了子模式集中样本类间的判别信息，所以在 SPP 方法与 S-SPP 方法中来自不同类的低维局部特征不能很好地分离。本章提出的 SS-DSPP 方法充分利用了样本的类别标签信息分别构建类内邻域图 G_w 与类间邻域图 G_b 来挖掘每个子模式集中子模式的判别流形结构，使得该方法能够在低维特征空间中扩大来自不同类的低维人脸局部特征的边缘间隔。尤为重要的是，SS-DSPP 方法考虑到了子图像近邻像素点的空间相关性，这也使得 SS-DSPP 方法不同于 SPP 方法。而且，通过比较 SPP 方法与 SS-DSPP 方法的目标函数式(6.91)与式(6.15)可以发现，如果将式(6.15)中的参数 α 与 β 均设置为 0，那么 SS-DSPP 方法被退化为 SPP 方法的监督形式(S-SPP)，这表明 SPP 方法属于 SS-DSPP 方法的一个特例。

其次，将本章提出的 SSC 准则与其他相关方法进行比较。为了考虑人脸图像的二维空间结构信息，研究者们从不同的角度已经提出了大量方法，如二维主成分分析(2DPCA)[4]、二维判别分析(2DLDA)[5]、二维局部保持投影(two-dimensional locality preserving projection，2DLPP)[8]、二维邻域保持投影(two-dimensional neighborhood preserving projection，2DNPP)[9]、二维最大嵌入差异(two-dimensional maximum embedding difference，2DMED)[10]等，这类方法均将人脸图像视为二维矩阵。但由于二维特征提取方法仅仅考虑了单边(单向)投影，因此它们不能保证投影向量的空间平滑性。另外，基于图像矩阵操作的张量方法，如张量子空间分析(tensor subspace analysis，TSA)[11]、正交张量邻域保持嵌入(orthogonal tensor neighborhood preserving embedding，OTNPE)[12]等，它们也同样考虑到了图像像素之间的空间关系，但 Cai 等[7]指出基于张量的方法仅在图像矩阵的行或列上考虑了像素之间的关系。因此，这类方法也同样不能获得空间平滑的投影向量。所以，在理论上本章所提出的 SSC 准则不同于基于二维图像和张量的方法。在文献[7]中，虽然作者提出了一种拉普拉斯算子惩罚来平滑投影向量，但 SSC 准则与它仍然存在较大的差异，其主要体现在以下两个方面。首先，拉普拉斯算子惩罚采用有限差分近似二阶导数算子进行平滑估计，而 SSC 准则直接计算基矩阵空间邻域元素值的离散度来衡量投影向量的平滑性。因此，SSC 准则要比拉普拉斯算法惩罚简单。其次，拉普拉斯算子惩罚仅在基矩阵的垂直方向和水平方向上考虑了近邻元素之间的关系，而 SSC 准则考虑了一个可调节空间邻域中所有元素的关系，这使得 SSC 准则要比拉普拉斯算子惩罚更加灵活。

6.5 实验与分析

为了测试 SS-DSPP 方法的性能，本节在四个标准人脸图像数据库(包括 Yale[13]、Extended YaleB[14]、CMU PIE[15] 和 AR[16])上进行大量的实验，并将 SS-DSPP方法与目前流行且相关的方法进行比较，主要包括 ModPCA[17]、SpPCA[18]、Aw-SpPCA[19]、SubXPCA[20]、SpNMF[21]、Aw-SpLPP[22] 和监督 SPP(S-SPP)[3]七种方法。SS-DSPP 方法与其他对比方法均在 Windows 操作系统环境下采用 MATLAB 编程语言实现，实验平台为英特尔酷睿 i7-2600CPU，频率为3.4GHz，物理内存为 16GB。本实验中，从每个人脸图像数据库的每类样本中随机选择 Tr 个样本作为训练样本，余下的 Te 个样本作为测试样本，并且随机选择样本的操作过程重复执行 10 次，然后给出各种算法的平均识别结果。图 6.2 给出了四个标准人脸图像数据库中的部分实例图像。表 6.1 和表 6.2 分别给出了对比方法与实验中所采用的数据库的具体信息。

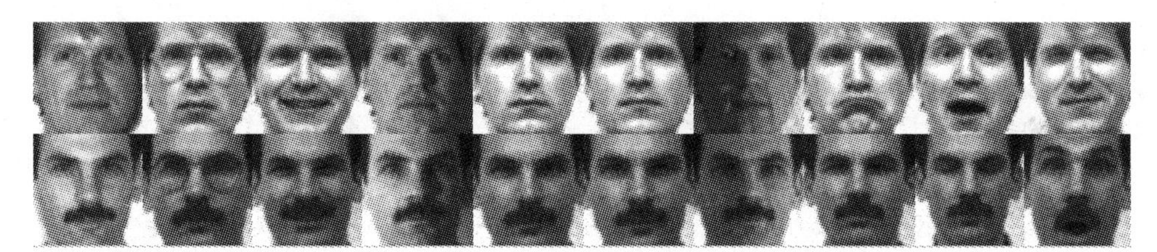

(a) Yale 人脸图像数据库

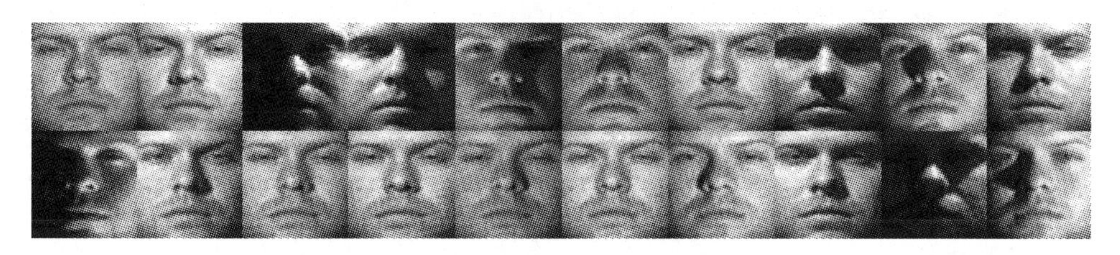

(b) Extended YaleB 人脸图像数据库

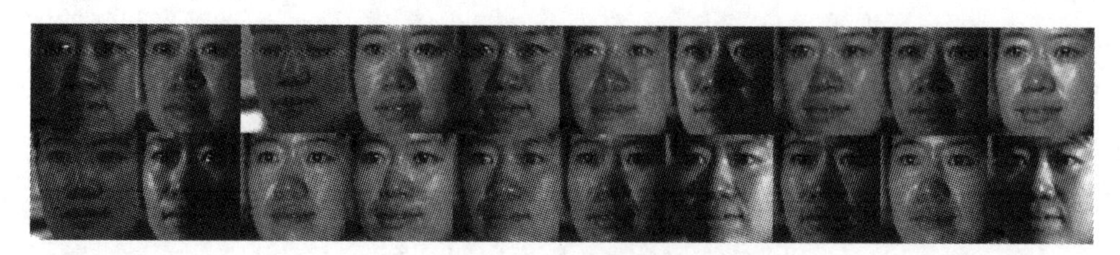

(c) CMU PIE 人脸图像数据库

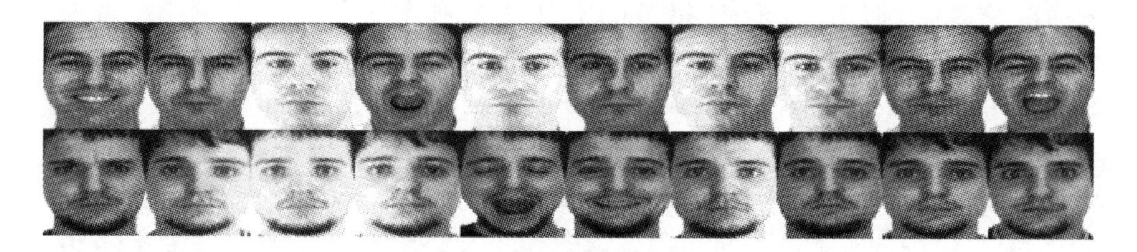

(d) AR 人脸图像数据库

图 6.2 四个标准人脸图像数据库中部分人脸图像示例

表 6.1 对比方法相关信息

方法	发表年份	无监督	有监督	是否考虑数据局部结构
ModPCA	2004	√		
SpPCA	2004	√		
Aw-SpPCA	2005	√		
SubXPCA	2008	√		
SpNMF	2007	√		
Aw-SpLPP	2010		√	√
S-SPP	2011		√	√
SS-DSPP	2014		√	√

表 6.2 四个标准人脸图像数据集的详细信息

数据库	图像大小	样本数(N)	每类训练样本(Tr)	每类测试样本数(Te)
Yale	100×100	165	6	5
Extended YaleB	64×64	2432	10	54
CMU PIE	64×64	1632	10	14
AR	64×64	1400	5	9

6.5.1　参数设置

SS-DSPP 方法包含六个参数，分别为 t、k_1、k_2、α、β 和 τ。虽然这些参数的取值在一定程度上会影响 SS-DSPP 方法的性能，但它们具有明确的物理意义，并能够为如何设定参数取值提供指导性的作用。具体如下：由于热核参数 t 决定相似函数的衰退率，因此它应该设置为一个适中的值。若 t 设置过小甚至接近于 0，则式(6.4)与式(6.5)将会接近于 0。这意味着 SS-DSPP 方法仅强调目标函数式(6.15)中第一项与第三项，而失去了判别结构信息。相反，若 t 设置过大甚至接近于无穷大，则每个样本点与其邻域样本点的相似度相同，这样就破坏了整个数据集的本征几何结构信息。参数 k_1 与 k_2 分别用于控制类内邻域图 G_w 和类间邻域图 G_b 的邻域大小。由于类内邻域图 G_w 和类间邻域图 G_b 是用于刻画数据局部判别流形结构的，因此如何选择参数 k_1 和 k_2 的取值非常重要。根据每个样本尽可能与余下的同类样本聚集[22]的原理，将类内邻域图 G_w 的邻域大小 k_1 设置为 Tr－1(Tr 表示每类训练样本的个数)。另外，对于类间邻域图 G_b 的邻域大小 k_2 取值既不能过小也不能过大。因为邻域大小 k_2 取值过小不能很好地反映数据集的局部几何结构，而取值过大将会违背流形局部线性的假设。权衡参数 α 是控制 SS-DSPP 方法中类间判别结构信息的重要性。参数 α 的取值可以根据数据库而定。当数据集中来自不同类的样本可以很容易分开时，权衡参数 α 可以设定为较小的值。相反，当不同类别标签的数据相互间存在重叠时，权衡参数 α 设定为较大的值更适合。对于参数 β 与 τ 均为控制投影向量的平滑性，它们应该设定为相对较小的值。这是因为较大的 β 值将会使 SS-DSPP 方法的目标函数中空间平滑约束项起主导作用，从而忽略了人脸图像的构形结构与判别结构信息。同样，较大的空间邻域参数 τ 也将会使得投影向量过于平滑并减少低维子空间中子模式的判别能力。

根据文献[1]和[22]，在实验中将热核参数 t 设置为 800。对于 Yale 人脸图像数据库，将同类邻域 k_1 设置为 5，对于 Extended YaleB 和 CMU PIE 两个人脸图像数据库，k_1 均设置为 9，对于 AR 人脸图像数据库，k_1 设置为 4。对于其他参数包括 k_2、α、β 和 τ，采用一种交替网格搜索方式来确定它们的值，其网格搜索范围分别设置为{5,7,9,11,13}、{0,0.01,0.1,0.25,0.5,0.75,1}、{0,0.01,0.1,0.25,0.5,0.75,1} 和{1,2,3}。最后，给出最优参数所对应的最优结果。

6.5.2　实验结果及分析

在基于局部信息的人脸识别框架中，通常有两种不同的划分人脸图像的方法[1]，如局部组件(local component)和局部区域(local region)，图 6.3 给出了这两种划分方法的示意图。基于局部组件划分的方法是根据人脸图像面部特征(如眼睛、鼻子和嘴)进行划分,具有清晰的物理意义。基于局部区域划分的方法以整幅人脸图像为中心以局部窗口方式进行划分。与基于局部组件划分的方法相比,虽然基于局部区域划分的方法不具有明确的物理意义,但它通常能获得更好的性能[1]。因此,在本实验中采用最简单的矩形区域对人脸图像进行划分。此外,为了考虑相邻子图像的关系,本节采用一种相互重叠的方式对人脸图像进行划分,如图 6.4 所示。

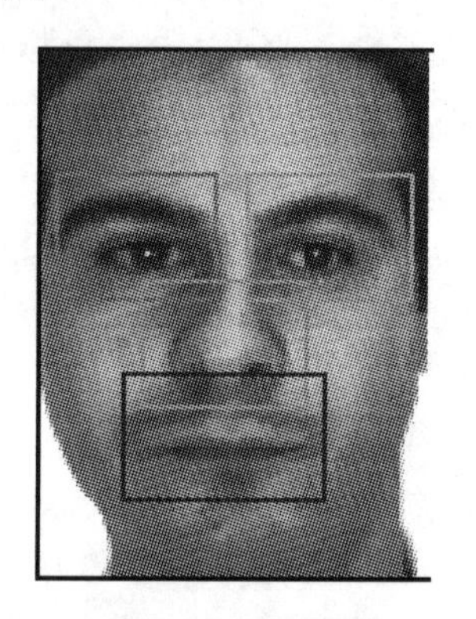

(a) 基于局部组件划分

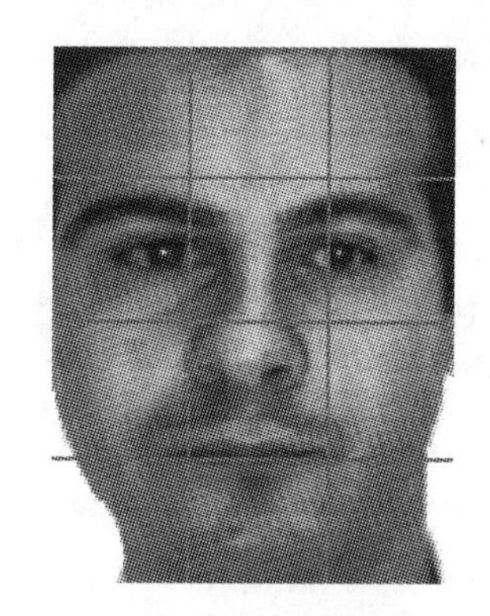

(b) 基于局部区域划分

图 6.3　人脸图像划分方法的示意图(人脸图像来自 AR 人脸图像数据库[16])

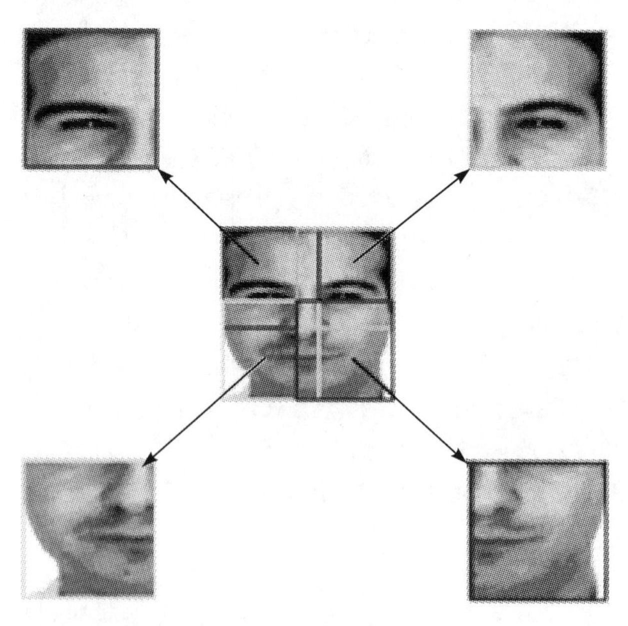

图 6.4　人脸图像重叠划分示意图(人脸图像来自 AR 人脸图像数据库[16])

虽然子图像大小设定将会影响基于局部信息的人脸识别算法的识别性能，但如何选择适当的子图像大小使算法能够获得最优性能仍然是一个尚未解决的问题[19,24]。因此，将会在不同大小的子图像下测试 SS-DSPP 方法和其他对比方法的性能。由于不同标准人脸图像数据库所提供的人脸图像大小不一，因此人脸子图像大小需要根据人脸图像数据库中原始图像大小而定。对于 Yale 人脸图像数据库，将子图像大小分别设置为 16×16、20×20 和 28×28，且重叠像素设置为 4，子图像块数分别为 64、36 和 16。而对于其他人脸图像数据库，子图像大小均分别设置为 16×16、24×24 和 34×34，重叠像素同样设置为 4，子图像块数分别为 25、9 和 4。四个标准人脸图像数据库中的人脸图像分块示意图如图 6.5所示。不同方法在四个标准人脸图像数据库上的平均识别率与子空间维数变化的曲线图如图 6.6～图 6.9 所示。不同方法在四个标准人脸图像数据库上的最高平均识别率与标准差、对应的子空间维度及平均运行时间如表 6.3～表 6.6 所示。从表 6.3～表 6.6 中的实验结果可以看出，SS-DSPP 方法的性能要优于其他对比方法。

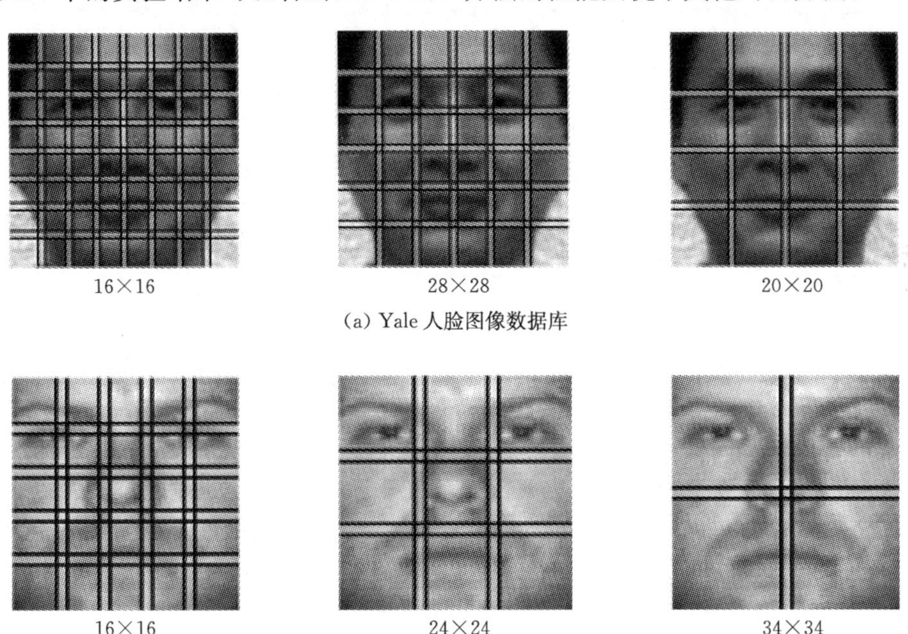

16×16　28×28　20×20

(a) Yale 人脸图像数据库

16×16　24×24　34×34

(b) Extended YaleB 人脸图像数据库

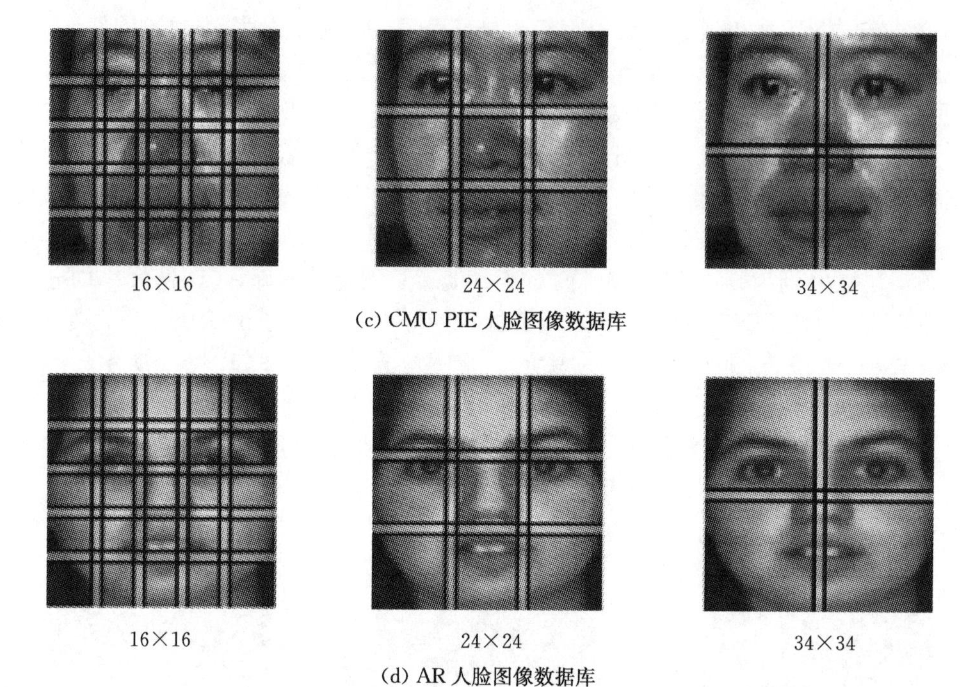

图 6.5　四个标准人脸图像数据库中人脸图像分块示意图
(相邻子图像重叠区域用黑线标记)

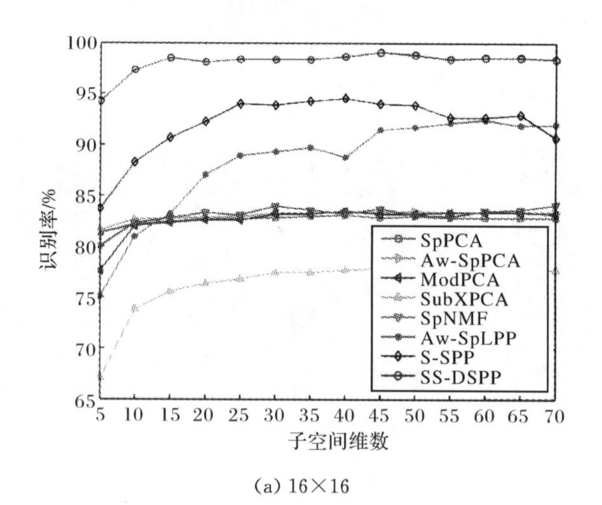

(a) 16×16

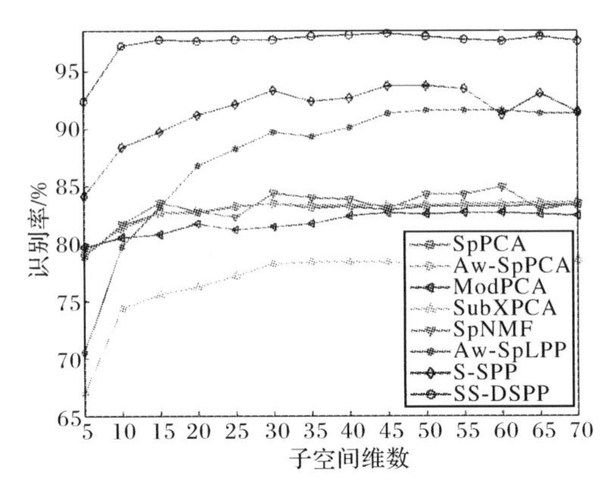

(b) 20×20

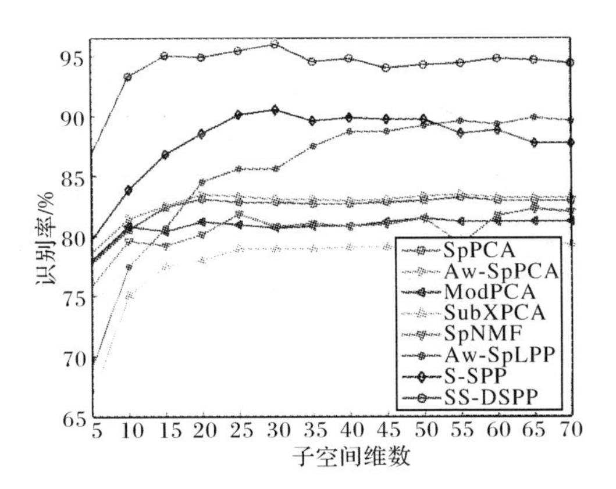

(c) 28×28

图 6.6 Yale 数据库上不同子图像大小下各种方法的平均识别率与子空间维数变化的曲线图

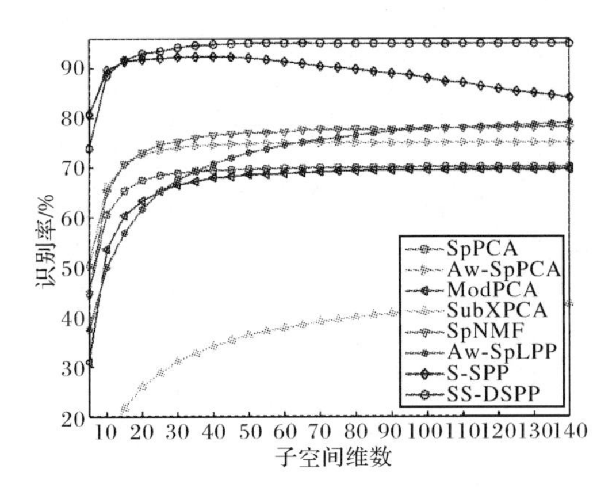

(a) 16×16

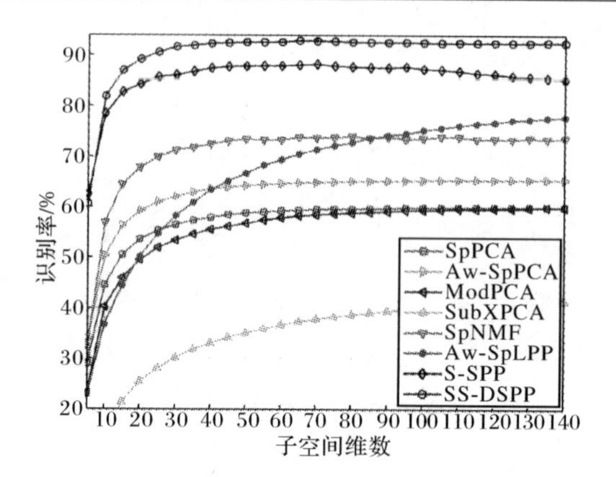

(b) 24×24

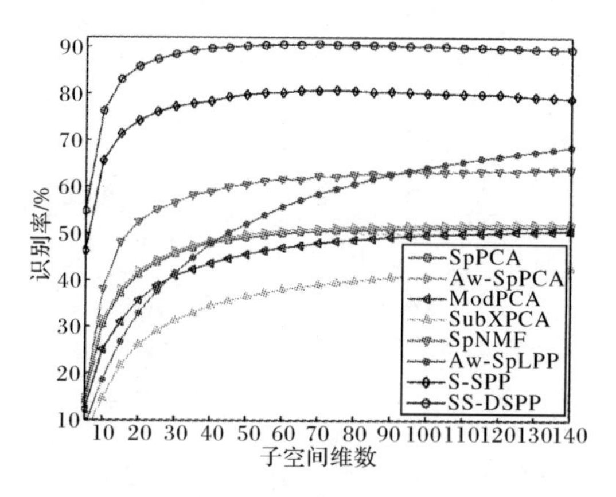

(c) 34×34

图 6.7　Extended YaleB 数据库上不同子图像大小下各种方法的平均识别率与维数变化的曲线图

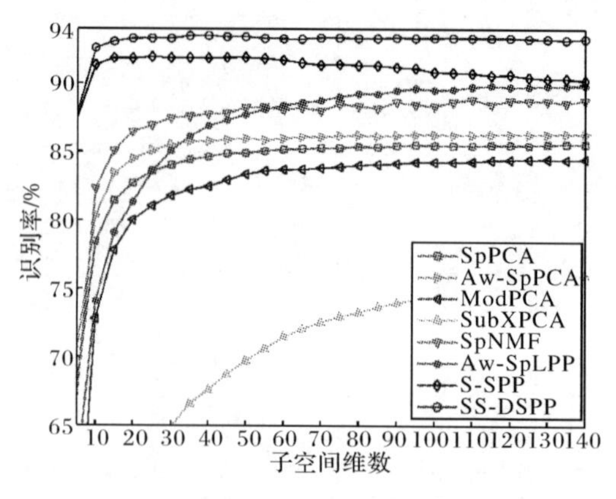

(a) 16×16

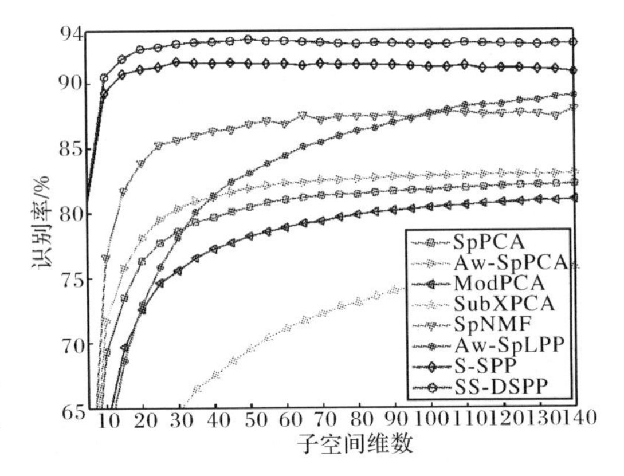

(b) 24×24

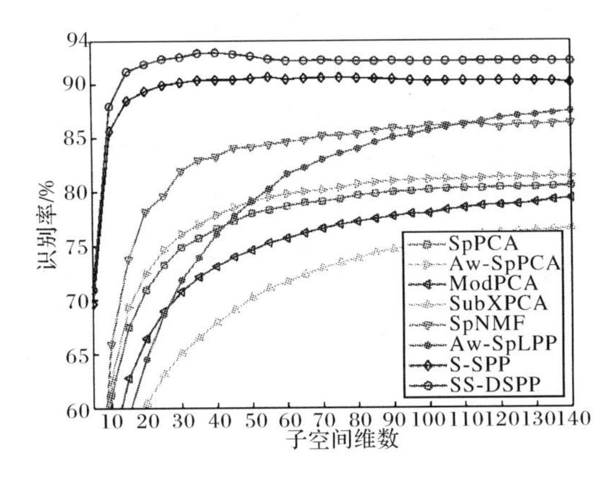

(c) 34×34

图 6.8　CMU PIE 数据库上不同子图像大小下各种方法的平均识别率与子空间维数变化的曲线图

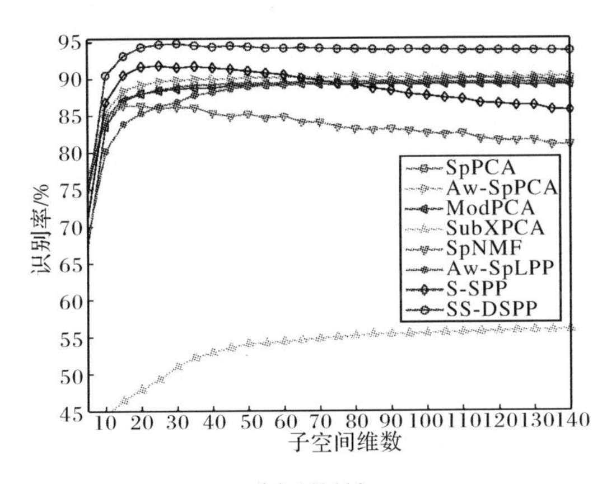

(a) 16×16

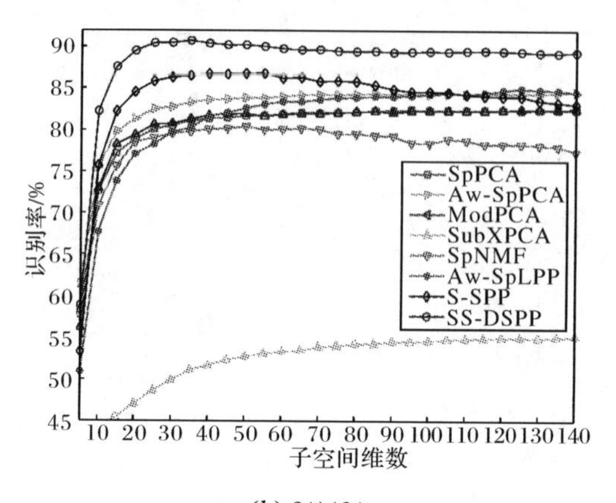

(b) 24×24

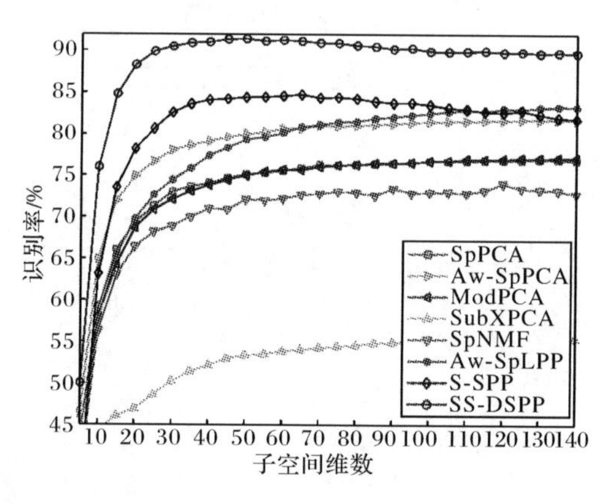

(c) 34×34

图 6.9　AR 数据库上不同子图像大小下各种方法的平均识别率与子空间维数变化的曲线图

表 6.3　不同方法在 Yale 人脸图像数据库上最高平均识别率(%)与标准差(%)

方法	16×16	20×20	28×28
SpPCA	83.07±3.88(40,0.83)	83.47±4.80(30,1.60)	83.20±3.62(55,4.78)
Aw-SpPCA	83.47±3.99(40,1.62)	83.60±4.08(65,2.10)	83.47±2.68(20,4.81)
ModPCA	83.47±4.45(40,0.14)	82.67±4.26(45,0.15)	81.47±4.24(50,0.55)
SubXPCA	77.87±3.45(45,69.4)	78.53±3.79(70,14.9)	79.33±4.13(60,5.70)
SpNMF	84.13±2.91(70,50.3)	84.93±4.62(60,39.8)	82.27±3.72(65,31.9)
Aw-SpLPP	92.40±2.27(60,1.97)	91.60±2.81(50,2.05)	89.87±4.08(65,5.08)
S-SPP	94.53±2.55(40,3.04)	93.73±3.02(45,1.18)	90.53±4.81(30,1.20)
SS-DSPP	99.07±0.89(45,3.19)	98.27±1.54(45,1.47)	96.00±2.08(30,1.69)

注:括号中的数字分别表示最高平均识别率所对应的子空间维数与方法的平均运行时间(单位:s)。

表 6.4　不同方法在 Extended YaleB 人脸图像数据库上最高平均识别率(%)与标准差(%)

方法	16×16	24×24	34×34
SpPCA	70.26±1.76(110,0.54)	60.00±1.78(130,1.34)	51.49±2.92(140,2.92)
Aw-SpPCA	75.08±1.83(105,2.09)	65.44±1.71(140,2.74)	52.12±0.86(135,4.03)
ModPCA	69.65±1.28(140,0.21)	59.89±1.79(140,0.34)	50.63±0.97(140,1.41)
SubXPCA	42.54±1.19(140,26.5)	41.45±0.95(140,2.47)	42.62±1.14(140,2.99)
SpNMF	78.27±1.29(135,101)	74.02±1.24(80,67.4)	63.75±0.81(130,61.4)
Aw-SpLPP	79.15±1.90(140,1.50)	77.82±1.88(140,1.70)	68.76±1.56(140,3.25)
S-SPP	92.35±1.52(40,2.31)	88.22±1.01(70,1.70)	80.78±0.68(75,4.37)
SS-DSPP	95.69±0.50(65,2.66)	92.85±0.71(65,1.94)	90.60±0.81(70,5.12)

注:括号中的数字分别表示最高平均识别率所对应的子空间维数与方法的平均运行时间(单位:s)。

表 6.5　不同方法在 CMU PIE 人脸图像数据库上最高平均识别率(%)与标准差(%)

方法	16×16	24×24	34×34
SpPCA	85.56±1.00(135,0.72)	82.16±1.57(140,1.91)	80.51±1.61(140,3.18)
Aw-SpPCA	86.32±1.20(135,6.28)	82.97±1.32(140,6.00)	81.41+1.62(140,6.84)
ModPCA	84.47±1.30(140,0.38)	80.98±1.46(140,0.44)	79.36±1.66(140,1.42)
SubXPCA	75.98±2.09(140,23.4)	75.78±1.86(140,3.05)	76.61±2.06(140,3.31)
SpNMF	88.86±2.06(110,165)	87.94±1.13(140,108)	86.31±0.88(140,95.0)
Aw-SpLPP	89.88±1.31(140,3.23)	88.97±0.76(140,2.83)	87.45±1.15(140,3.81)
S-SPP	91.94±0.88(40,4.61)	91.63±0.70(30,2.96)	90.66±0.67(55,7.21)
SS-DSPP	93.97±0.73(35,5.43)	93.69±0.74(50,3.66)	92.97±0.86(55,7.80)

注:括号中的数字分别表示最高平均识别率所对应的子空间维数与方法的平均运行时间(单位:s)。

表 6.6　不同方法在 AR 人脸图像数据库上最高平均识别率(%)与标准差(%)

方法	16×16	24×24	34×34
SpPCA	89.61±0.79(75,0.62)	82.48±1.34(140,1.59)	76.92±1.72(130,2.80)
Aw-SpPCA	90.28±0.97(135,5.03)	84.52±1.12(140,5.85)	81.73±1.32(125,6.71)
ModPCA	89.33±0.82(65,0.27)	82.57±1.35(140,0.38)	77.09±1.73(135,1.36)
SubXPCA	55.98±1.69(140,23.2)	55.17±1.70(140,2.67)	55.32±1.78(140,2.92)
SpNMF	86.43±1.07(15,119)	80.41±1.35(40,76.0)	74.04±1.33(140,64.8)
Aw-SpLPP	90.09±1.03(115,1.92)	85.00±0.76(125,2.12)	83.29±1.44(135,3.31)
S-SPP	91.83±0.77(25,2.83)	86.81±0.79(55,2.49)	84.73±1.36(65,5.22)
SS-DSPP	94.79±0.56(30,3.43)	90.73±0.94(35,2.67)	91.63±1.02(50,5.92)

注:括号中的数字分别表示最高平均识别率所对应的子空间维数与方法的运行平均时间(单位:s)。

6.5.3 参数敏感性分析

本节通过测试 SS-DSPP 方法在各个参数不同取值下的识别结果分析参数对方法性能的影响。

首先,测试 SS-DSPP 方法在邻域参数不同取值下的性能变化。实验中,固定其他参数,将参数 k_1 和 k_2 分别设置不同的取值,如表 6.7 所示。SS-DSPP 方法在四个标准人脸图像数据库上的最高平均识别率、相对应的子空间维数及标准差如表 6.8～表 6.15 所示。从表 6.8～表 6.11 中的实验结果可以看出,当同类近邻参数 k_1 取值较小时,SS-DSPP 方法的性能较差。然而,随着 k_1 取值的增大,SS-DSPP方法的识别率也随之提高。并且在多数情况下,当参数 k_1 取值为 Tr－1 时(Tr 表示每类训练样本个数),SS-DSPP 方法能够达到最好的性能。实验结果验证了同类近邻参数 k_1 取值的合理性。从表 6.12～表 6.15 中的实验结果可以看出,当不同类近邻参数 k_2 取值在[7,11]内时,SS-DSPP 方法能够达到最优性能,即参数 k_2 需要设置为一个适中的值。此结果与 6.5.1 节中的参数分析一致。此外也可以发现,参数 k_2 在不同的取值下,SS-DSPP 方法所获得的识别率之间的差异不到 1%,实验结果说明 SS-DSPP 方法对参数 k_2 不敏感。

表 6.7 不同人脸图像数据库的近邻参数取值情况

邻域参数	Yale	Extended YaleB	CMU PIE	AR
k_1	{1,3,5}	{1,3,5,7,9}	{1,3,5,7,9}	{1,3,4}
k_2	{5,7,9,11,13}	{5,7,9,11,13}	{5,7,9,11,13}	{5,7,9,11,13}

表 6.8 k_1 不同取值在 Yale 人脸图像数据库上最高平均识别率(%)与标准差(%)

参数 k_1	16×16	20×20	28×28
1	97.40±1.38(20)	96.73±1.99(35)	93.40±2.50(60)
3	98.83±1.72(40)	97.64±1.55(25)	94.87±2.16(55)
5	99.07±0.89(45)	98.27±1.54(45)	96.00±2.08(30)

注:括号中的数字表示最高平均识别率所对应的子空间维数。

表 6.9 近邻参数 k_1 不同取值在 Extended YaleB 人脸图像数据库上最高平均识别率(%)与标准差(%)

参数 k_1	16×16	24×24	34×34
1	93.84±0.63(35)	90.46±0.82(80)	86.23±0.74(95)
3	93.88±0.72(95)	91.05±0.91(90)	88.95±0.77(60)
5	94.61±0.66(70)	92.39±0.78(75)	89.23±0.85(60)
7	95.80±0.83(65)	92.90±0.89(50)	90.46±0.90(65)

续表

参数 k_1	16×16	24×24	34×34
9	95.69±0.50(65)	92.85±0.71(65)	90.60±0.81(70)

注:括号中的数字表示最高平均识别率所对应的子空间维数。

表6.10 近邻参数 k_1 不同取值在CMU PIE人脸图像数据库上最高平均识别率(%)与标准差(%)

参数 k_1	16×16	24×24	34×34
1	92.69±0.74(60)	92.51±0.72(80)	91.94±0.49(85)
3	93.01±0.66(50)	92.91±0.82(45)	92.51±0.71(55)
5	93.99±0.78(40)	93.66±0.73(50)	92.98±0.84(95)
7	93.98±0.77(35)	93.72±0.96(50)	92.98±0.80(55)
9	93.97±0.73(35)	93.69±0.74(50)	92.97±0.86(55)

注:括号中的数字表示最高平均识别率所对应的子空间维数。

表6.11 近邻参数 k_1 不同取值在AR人脸图像数据库上最高平均识别率(%)与标准差(%)

参数 k_1	16×16	24×24	34×34
1	93.52±0.68(30)	88.90±0.87(40)	89.43±0.96(50)
3	94.51±0.50(30)	90.28±1.09(35)	91.24±0.93(55)
4	94.79±0.56(30)	90.73±0.94(35)	91.63±1.02(50)

注:括号中的数字表示最高平均识别率所对应的子空间维数。

表6.12 近邻参数 k_2 不同取值在Yale人脸图像数据库上最高平均识别率(%)与标准差(%)

参数 k_2	16×16	20×20	28×28
5	98.27±1.78(35)	98.13±1.43(45)	95.60±2.59(30)
7	98.53±1.16(25)	97.87±1.68(35)	95.60±2.51(40)
9	99.07±0.89(45)	98.27±1.54(45)	96.00±2.08(30)
11	98.93±1.05(55)	97.73±2.43(40)	95.07±3.50(35)
13	98.67±1.25(50)	97.87±1.28(20)	94.80±2.12(15)

注:括号中的数字表示最高平均识别率所对应的子空间维数。

表6.13 近邻参数 k_2 不同取值在Extended YaleB数据库上最高平均识别率(%)和标准差(%)

参数 k_2	16×16	24×24	34×34
5	94.76±0.47(90)	92.51±0.56(130)	90.43±0.99(60)

续表

参数 k_2	16×16	24×24	34×34
7	94.94±0.44(65)	92.72±0.67(70)	90.90±0.85(80)
9	95.12±0.44(55)	92.85±0.71(50)	90.60±0.81(70)
11	95.69±0.50(65)	92.75±0.85(75)	90.07±1.03(95)
13	95.39±0.42(60)	92.13±0.63(80)	89.95±0.70(75)

注:括号中的数字表示最高平均识别率所对应的子空间维数。

表 6.14 近邻参数 k_2 不同取值在 CMU PIE 人脸图像数据库上最高平均识别率(%)与标准差(%)

参数 k_2	16×16	24×24	34×34
5	93.13±0.77(45)	92.83±0.70(50)	92.04±0.89(50)
7	93.97±0.73(35)	93.69±0.74(50)	92.97±0.86(55)
9	93.49±0.60(40)	93.33±0.76(50)	92.91±0.71(40)
11	92.83±0.60(40)	92.42±0.63(45)	91.96±0.79(50)
13	92.73±0.63(75)	92.32±0.61(45)	91.68±0.65(110)

注:括号中的数字表示最高平均识别率所对应的子空间维数。

表 6.15 近邻参数 k_2 不同取值在 AR 人脸图像数据库上最高平均识别率(%)与标准差(%)

参数 k_2	16×16	24×24	34×34
5	94.51±0.62(30)	90.48±1.11(35)	91.60±1.06(55)
7	94.63±0.60(25)	90.57±1.14(35)	91.63±1.02(50)
9	94.79±0.56(30)	90.73±0.94(35)	91.42±1.09(50)
11	94.58±0.85(65)	89.97±1.15(40)	91.21±0.84(60)
13	94.32±0.67(30)	89.70±1.35(45)	90.68±1.19(50)

注:括号中的数字表示最高平均识别率所对应的子空间维数。

本实验主要为了测试热核参数 t 的取值对 SS-DSPP 方法性能的影响。SS-DSPP方法在热核参数 t 不同取值下所获得的识别结果如表 6.16～表 6.19 所示。由表 6.16～表 6.19 中的实验结果可知,当参数 t 取值较小时,SS-DSPP 方法的性能相对较低。正如 6.5.1 节中的参数分析,较小的值将会使 SS-DSPP 方法失去判别信息。然而,随着参数 t 取值的增大,SS-DSPP 方法的性能也随之变好。但当 SS-DSPP 方法的性能达到最好时,再随着参数 t 取值的增大,其性能保持稳定或者下降趋势。

表 6.16　热核参数 t 不同取值在 Yale 人脸图像数据库上最高平均识别率(%)与标准差(%)

参数 t	16×16	20×20	28×28
0.01	94.80±2.27(70)	93.03±2.84(70)	91.07±3.88(70)
0.10	95.60±1.56(65)	94.87±1.90(70)	93.93±2.33(60)
1	96.73±1.33(40)	96.60±1.64(70)	94.20±2.65(55)
10	98.00±0.98(45)	97.83±2.18(65)	95.53±2.60(35)
100	98.53±0.84(55)	98.13±1.28(70)	95.75±2.16(45)
800	99.07±0.89(45)	98.27±1.54(45)	96.00±2.08(30)
1000	98.85±1.06(65)	98.22±1.68(50)	95.64±2.46(35)

注:括号中的数字表示最高平均识别率所对应的子空间维数。

表 6.17　热核参数 t 不同取值在 Extended YaleB 人脸图像数据库上最高平均识别率(%)与标准差(%)

参数 t	16×16	24×24	34×34
0.01	85.74±1.01(135)	80.87±1.48(140)	78.17±1.25(135)
0.1	91.53±1.21(110)	84.27±1.53(140)	79.04±1.15(135)
1	94.97±0.57(55)	90.50±1.11(85)	86.70±0.81(140)
10	95.30±0.83(65)	92.20±0.89(70)	89.90±0.90(85)
100	95.69±0.83(65)	92.56±0.89(55)	90.60±0.81(70)
800	95.69±0.83(65)	92.85±0.71(65)	90.60±0.81(70)
1000	95.69±0.83(65)	92.85±0.71(65)	90.60±0.81(70)

注:括号中的数字表示最高平均识别率所对应的子空间维数。

表 6.18　热核参数 t 不同取值在 CMU PIE 人脸图像数据库上最高平均识别率(%)与标准差(%)

参数 t	16×16	24×24	34×34
0.01	92.68±0.71(55)	90.28±0.74(135)	91.11±0.83(115)
0.1	93.42±0.67(45)	91.31±0.83(130)	91.40±0.76(90)
1	93.33±0.70(50)	92.83±0.84(85)	92.43±0.88(50)
10	93.97±0.73(35)	93.02±0.82(45)	92.67±0.86(55)
100	93.97±0.73(35)	93.69±0.74(50)	92.97±0.86(55)
800	93.97±0.73(35)	93.69±0.74(50)	92.97±0.86(55)
1000	93.97±0.73(35)	93.63±0.87(45)	92.97±0.86(55)

注:括号中的数字表示最高平均识别率所对应的子空间维数。

表 6.19　热核参数 t 不同取值在 AR 人脸图像数据库上最高平均识别率(%)与标准差(%)

参数 t	16×16	24×24	34×34
0.01	90.74±1.87(75)	85.46±2.45(140)	86.89±2.15(140)
0.1	91.56±1.21(70)	86.73±2.23(140)	87.44±1.94(140)
1	92.06±1.23(50)	87.59±0.94(45)	88.09±0.78(40)
10	93.74±0.96(50)	89.24±1.06(40)	89.87±1.45(55)
100	94.79±0.56(30)	90.73±0.94(35)	90.97±1.23(35)
800	94.79±0.56(30)	90.73±0.94(35)	91.63±1.02(50)
1000	94.76±0.97(45)	90.67±1.47(40)	91.63±1.02(30)

注:括号中的数字表示最高平均识别率所对应的子空间维数。

接下来,测试 SS-DSPP 方法在参数 α 不同取值下的识别性能。实验结果如表 6.20～表 6.23 所示,从表 6.20～表 6.23 中的实验结果可以观测到以下两点。首先,当参数 α 设置为 0 时,SS-DSPP 方法的识别率要低于其他取值下的识别率,其结果表示样本类间信息对识别的重要性。而当参数 α 取值大于零时,SS-DSPP 方法在不同取值下所获得的识别率变化程度较小。其次,当子图像块较小时,SS-DSPP方法在参数 α 取值为 1 时达到最好性能。而当子图像块较大时,参数 α 设置为相对较小的值更适合于 SS-DSPP 方法。这主要是因为较小的子图像不能提供足够多的信息将其与不同类的子图像区分开,因此,SS-DSPP 方法需要设置一个较大的值提高低维局部人脸特征的判别能力。

表 6.20　参数 α 不同取值在 Yale 人脸图像数据库上最高平均识别率(%)与标准差(%)

参数 α	16×16	20×20	28×28
0	96.67±2.11(40)	95.33±2.19(40)	92.53±2.53(55)
0.01	97.73±1.99(55)	97.87±1.79(45)	94.93±2.33(30)
0.1	97.60±2.33(45)	97.87±1.90(55)	95.07±1.41(55)
0.25	98.00±1.44(55)	98.13±1.28(70)	95.33±4.08(20)
0.5	98.67±1.08(35)	98.00±1.91(60)	96.00±2.08(30)
0.75	98.93±1.05(40)	98.27±1.54(45)	95.20±2.45(20)
1	99.07±0.89(45)	97.33±1.88(40)	95.07±2.95(35)

注:括号中的数字表示最高平均识别率所对应的子空间维数。

表 6.21　参数 α 不同取值在 Extended YaleB 人脸图像数据库上最高平均识别率(%)与标准差(%)

参数 α	16×16	24×24	34×34
0	94.21±0.64(105)	90.87±0.74(80)	89.28±1.13(95)
0.01	94.23±0.73(110)	92.11±0.51(140)	89.79±0.98(65)
0.1	94.30±0.53(140)	92.19±0.64(140)	90.07±0.94(70)
0.25	94.53±0.58(105)	92.46±0.58(135)	90.34±0.86(70)
0.5	94.76±0.49(90)	92.57±0.65(70)	90.60±0.81(70)
0.75	94.99±0.48(65)	92.85±0.71(65)	89.95±0.91(90)
1	95.69±0.50(65)	92.82±0.72(75)	89.81±0.72(65)

注:括号中的数字表示最高平均识别率所对应的子空间维数。

表 6.22　参数 α 不同取值在 CMU PIE 人脸图像数据库上最高平均识别率(%)与标准差(%)

参数 α	16×16	24×24	34×34
0	92.35±0.55(60)	91.96±0.59(60)	91.64±0.62(60)
0.01	92.68±0.60(45)	92.09±0.60(135)	91.75±0.77(40)
0.1	93.15±0.63(35)	93.11±0.54(135)	92.46±0.73(40)
0.25	93.37±0.55(35)	93.16±0.65(95)	92.97±0.86(55)
0.5	93.42±0.65(35)	93.20±0.58(70)	92.67±0.74(40)
0.75	93.47±0.69(40)	93.69±0.74(50)	92.64±0.76(40)
1	93.97±0.73(35)	93.28±0.60(70)	92.53±0.84(40)

注:括号中的数字表示最高平均识别率所对应的子空间维数。

表 6.23　参数 α 不同取值在 AR 人脸图像数据库上最高平均识别率(%)与标准差(%)

参数 α	16×16	24×24	34×34
0	93.06±0.73(25)	88.89±0.72(110)	89.59±0.60(60)
0.01	94.29±0.63(25)	89.20±1.30(40)	91.09±1.03(65)
0.1	94.31±0.63(50)	89.59±1.09(40)	91.33±0.90(45)
0.25	94.36±0.51(20)	90.27±0.92(45)	91.63±1.02(50)
0.5	94.48±0.64(35)	90.73±0.94(35)	90.54±1.02(50)
0.75	94.59±0.42(25)	89.58±0.92(45)	89.44±0.65(60)
1	94.79±0.56(30)	88.67±1.01(45)	88.50±0.73(65)

注:括号中的数字表示最高平均识别率所对应的子空间维数。

最后,测试空间平滑控制参数 β 和 τ 对 SS-DSPP 方法性能的影响。实验结果分别如表 6.24～表 6.27 及图 6.10 所示。正如 6.5.1 节中参数分析所述，为了避免投影向量过平滑，参数 β 和 τ 应该设置为较小的值。从表 6.24～表 6.27中的实验结果可以看出，当参数 β 取值为小于或等于 0.5 时，SS-DSPP 方法能够取得最好的识别性能。同时，当参数 β 取值为 0 时，SS-DSPP 方法的识别率要低于其他取值下的识别率。这意味着空间平滑约束准则项在改善 SS-DSPP 方法的识别性能方面起着非常重要的作用。对于空间邻域参数 τ，当取值为 1 或 2 时，在四个标准人脸图像数据库上 SS-DSPP 方法能够取得最优的性能。

表 6.24　参数 β 不同取值在 Yale 人脸图像数据库上最高平均识别率(%)与标准差(%)

参数 β	16×16	20×20	28×28
0	96.67±1.69(60)	95.33±2.76(30)	92.80±2.45(35)
0.01	99.07±0.89(45)	98.27±1.54(45)	96.00±2.08(30)
0.1	98.67±1.53(70)	97.60±1.96(60)	95.07±2.43(60)
0.25	98.00±2.37(20)	97.60±1.51(30)	94.67±3.26(55)
0.5	97.87±2.45(65)	97.87±1.12(55)	94.40±3.48(55)
0.75	97.60±2.41(30)	97.87±1.43(45)	94.40±2.41(45)
1	97.60±2.65(60)	97.47±1.71(55)	94.40±2.72(45)

注：括号中的数字表示最高平均识别率所对应的子空间维数。

表 6.25　参数 β 不同取值在 Extended YaleB 人脸图像数据库上最高平均识别率(%)与标准差(%)

参数 β	16×16	24×24	34×34
0	93.81±0.67(70)	90.25±0.81(85)	85.73±0.94(90)
0.01	94.47±0.65(70)	91.41±0.74(75)	89.15±0.86(80)
0.1	95.69±0.50(65)	92.85±0.71(65)	90.60±0.81(70)
0.25	94.89±0.42(75)	92.21±0.74(140)	89.72±1.08(60)
0.5	94.63±0.44(125)	91.47±0.52(140)	88.48±0.80(50)
0.75	94.15±0.59(140)	90.95±0.76(140)	87.36±0.99(40)
1	94.04±0.58(105)	90.66±0.76(140)	86.60±1.15(35)

注：括号中的数字表示最高平均识别率所对应的子空间维数。

表 6.26　参数 β 不同取值在 CMU PIE 人脸图像数据库上最高平均识别率(%)与标准差(%)

参数 β	16×16	24×24	34×34
0	92.56±0.63(70)	92.25±0.61(50)	91.26±0.89(50)
0.01	92.85±0.55(60)	92.55±0.61(50)	91.95±0.78(40)

续表

参数 β	16×16	24×24	34×34
0.1	93.19±0.50(60)	93.05±0.71(35)	92.61±0.74(45)
0.25	93.51±0.68(50)	93.15±0.69(95)	92.97±0.86(55)
0.5	93.79±0.73(35)	93.69±0.74(50)	92.61±0.82(30)
0.75	93.47±0.68(35)	93.15±0.62(75)	92.52±0.80(80)
1	93.38±0.74(85)	93.14±0.64(70)	92.50±0.87(75)

注：括号中的数字表示最高平均识别率所对应的子空间维数。

表 6.27　参数 β 不同取值在 AR 人脸图像数据库上最高平均识别率(%)与标准差(%)

参数 β	16×16	24×24	34×34
0	92.74±0.75(20)	87.48±0.84(110)	85.44±1.49(60)
0.01	93.24±1.02(85)	88.78±0.96(60)	89.34±1.05(65)
0.1	93.90±0.94(40)	90.73±0.94(35)	91.63±1.02(50)
0.25	94.26±0.59(30)	90.51±1.18(30)	90.76±0.93(35)
0.5	94.79±0.56(30)	90.07±1.48(30)	90.07±1.07(35)
0.75	94.68±0.61(25)	89.93±0.95(60)	89.29±0.86(125)
1	94.46±0.68(50)	89.67±1.05(45)	89.17±0.75(110)

注：括号中的数字表示最高平均识别率所对应的子空间维数。

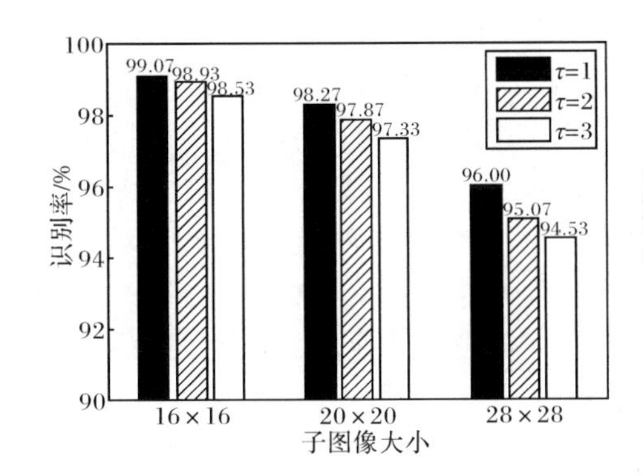

(a) Yale 人脸图像数据库

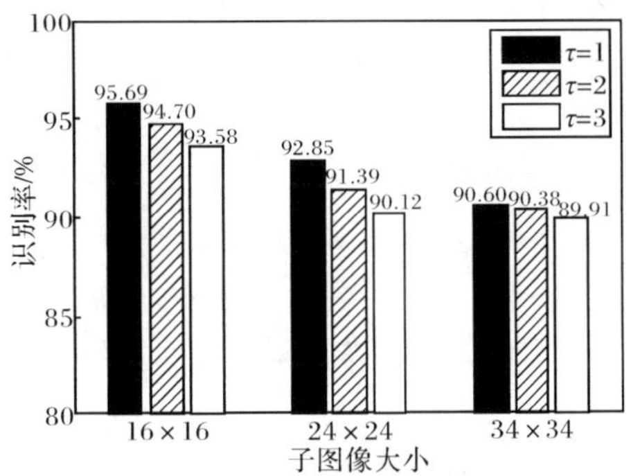

(b) Extended YaleB 人脸图像数据库

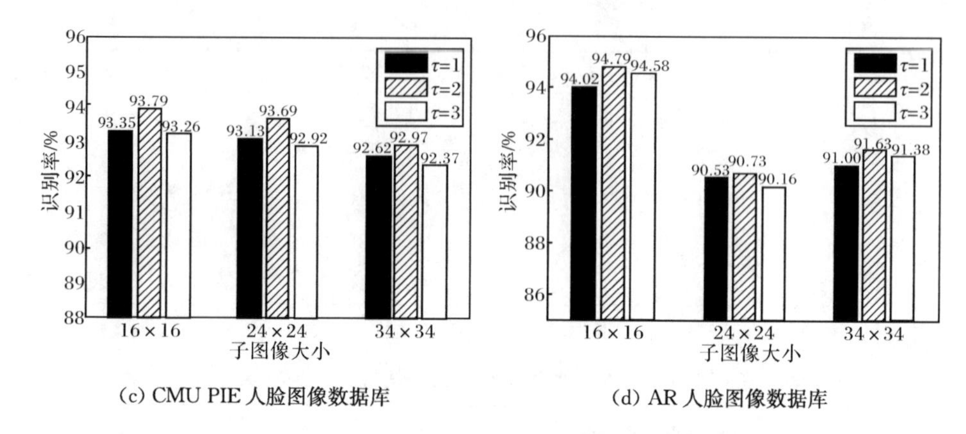

(c) CMU PIE 人脸图像数据库　　(d) AR 人脸图像数据库

图 6.10　参数 τ 不同取值在四个标准人脸图像数据库上最高平均识别率直方图

6.5.4 讨论

本节主要针对上述实验结果进行总结与分析。

(1) 由表 4.3～表 4.6 中的实验结果可以得出如下结论。①由于 SpPCA、Aw-SpPCA、ModPCA、SubXPCA 和 SpNMF 五种方法仅考虑了高维数据的全局欧氏结构而忽略了数据的局部几何结构，因此其性能要次于 Aw-SpLPP、S-SPP 与 SS-DSPP 三种方法的性能。②因为 Aw-SpLPP 方法仅保持了数据集的局部几何结构而不能保持同幅人脸图像不同子模式之间的构形结构，从而导致丢失一些比较重要的信息，所以 Aw-SpLPP 方法的性能要次于 S-SPP 方法和 SS-DSPP 方法的性能。③由于S-SPP 方法忽视了子模式集类间信息和子模式的二维空间结构信息，因此 S-SPP 方法的识别性能要明显低于 SS-DSPP 方法的性能，尤其在 Yale、Extended YaleB 和 AR 三个标准人脸图像数据库上的差异表现更为突出。此外，由于在SS-DSPP方法中需要构建类间图和计算相邻像素之间的相关性，因此 SS-DSPP 方法的平均运行时间要比 S-SPP 方法和其他局部人脸方法稍微长些。④必须指出的是，虽然在相同的实验条件下，S-SPP 方法的实验结果却不同于文献[1]中给出的实验结果，其原因是本实验中采用一种重叠分块的方法来结合相邻子图像的相关信息，与非重叠分块方式比较，重叠分块的方法能够获得更好的识别性能。

(2) 由图 6.5～图 6.8 中的实验结果可以看出，随着子空间维数的增加，所有方法的识别率也随之提高。然而，S-SPP 方法并不是在所有维数上都维持这种变化趋势。对于 S-SPP 方法，当它达到最高识别率之后，再随着子空间维数的增加，该方法的识别率反而降低。出现这种现象的主要原因是 S-SPP 方法所得到的特征向量中只有主要特征值所对应的特征向量携带数据的判别信息，其他次优的特征向量仅包含少量的判别信息甚至可能包含噪声信息，因此，利用这些次优的特征向量提取低维特征将会降低 S-SPP 方法的识别性能。该现象同时还导致 S-SPP 方法难以选择一个适当的特征子空间维数。然而，SS-DSP 方法可以克服 S-SPP 方法的不足。当 SS-DSPP 方法达到最高识别率之后，随着子空间维数的增大，其识别性能基本保持稳定。主要原因在于以下两方面。首先，SS-DSPP 方法同时考虑了子模式集中的类内样本与类间样本的判别结构信息，这使得 SS-DSPP 方法所获得的特征向量要比 S-SPP 方法得到的特征向量包含更多有利分类的判别信息。其次，SS-DSPP 方法中的空间平滑约束项促使特征向量具有平滑性特性，从而减少了噪声的影响。

(3) 为了进一步证明 SS-DSPP 方法的优越性，采用单边 t 检验(t-test)来验证其性能是否显著优于其他对比方法。在 t 检验中，原假设是，与其他基于局部信息的人脸识别方法相比 SS-DSPP 方法的性能无差异，而备择假设则是，与其他对比方法相比 SS-DSPP 方法的性能具有显著性的提高。例如，比较 SS-DSPP 方法与 SpPCA 方法的性能(标记为 SS-DSPP vs. SpPCA)，原假设 H_0 与备择假设 H_1 分别表示为 $\mu_{\text{SS-DSPP}}=\mu_{\text{SpPCA}}$ 和 $\mu_{\text{SS-DSPP}}>\mu_{\text{SpPCA}}$，其中 $\mu_{\text{SS-DSPP}}$ 和 μ_{SpPCA} 分别表示 SS-DSPP 方法和 SpPCA 方法在人脸图像数据库上的平均识别率。在实验中，将显著水平设定为 0.01。表 6.28～表 6.31 给出了四个标准人脸图像数据库上所有方法的成对单边 t 检验 p 值。从 6.28～表 6.31 中的实验结果可以看出，在所有人脸图像数据库上的成对单边 t 检验获得的 p 值均小于 0.01，该结果意味着在所有成对 t 检验中原假设不成立，而备择假设成立。因此，本实验证明了SS-DSPP方法的性能要显著优于其他对比方法。

(4) 由 6.5.1 节可知，SS-DSPP 方法的性能在一定程度上依赖于参数的取值。然而，同样可以看到当某些参数取值在一个相对较大范围内，SS-DSPP 方法也能够取得很好的性能。换句话说，SS-DSPP 方法的性能对某些参数不敏感，如 k_2 和 α。尽管平滑参数 β 与 τ 的取值对 SS-DSPP 方法的性能具有较大的影响，但即使参数 β 与 τ 未设定为最优值，SS-DSPP 方法的性能仍要优于 S-SPP 和其他局部人脸识别方法。最后，也能清楚看到参数对 SS-DSPP 方法性能的影响与 6.5.1 节中的参数分析保持一致。

表 6.28　Yale 人脸图像数据库上所有方法的成对单边 t 检验 p 值

对比方法	16×16	20×20	28×28
SS-DSPP vs. SpPCA	9.8781×10^{-11}	1.3741×10^{-8}	7.2546×10^{-9}
SS-DSPP vs. Aw-SpPCA	2.2863×10^{-10}	1.7084×10^{-9}	3.9494×10^{-10}
SS-DSPP vs. ModPCA	1.2325×10^{-9}	1.2102×10^{-9}	6.7604×10^{-9}
SS-DSPP vs. SubXPCA	1.4136×10^{-13}	5.0200×10^{-12}	5.8420×10^{-10}

续表

对比方法	16×16	20×20	28×28
SS-DSPP vs. SpNMF	3.7543×10^{-12}	3.9491×10^{-8}	3.3672×10^{-9}
SS-DSPP vs. Aw-SpLPP	4.0570×10^{-8}	1.8163×10^{-6}	2.5074×10^{-4}
SS-DSPP vs. S-SPP	2.4163×10^{-5}	2.5288×10^{-4}	2.0000×10^{-3}

表 6.29 Extended YaleB 人脸图像数据库上所有方法的成对单边 t 检验 p 值

对比方法	16×16	20×20	28×28
SS-DSPP vs. SpPCA	4.5417×10^{-20}	1.0981×10^{-21}	1.1791×10^{-26}
SS-DSPP vs. Aw-SpPCA	3.6112×10^{-18}	1.5312×10^{-20}	1.1053×10^{-26}
SS-DSPP vs. ModPCA	1.7478×10^{-22}	1.0646×10^{-21}	1.9064×10^{-26}
SS-DSPP vs. SubXPCA	1.5945×10^{-28}	6.0177×10^{-29}	4.3817×10^{-27}
SS-DSPP vs. SpNMF	2.6454×10^{-19}	1.1279×10^{-19}	3.9068×10^{-24}
SS-DSPP vs. Aw-SpLPP	3.2510×10^{-16}	2.5287×10^{-15}	1.2209×10^{-19}
SS-DSPP vs. S-SPP	1.7481×10^{-6}	3.1821×10^{-10}	6.0298×10^{-17}

表 6.30 CMU PIE 人脸图像数据库上所有方法的成对单边 t 检验 p 值

对比方法	16×16	24×24	34×34
SS-DSPP vs. SpPCA	1.1646×10^{-14}	2.1716×10^{-14}	1.2745×10^{-14}
SS-DSPP vs. Aw-SpPCA	6.2550×10^{-13}	7.2024×10^{-15}	4.8971×10^{-14}
SS-DSPP vs. ModPCA	3.9127×10^{-14}	1.4218×10^{-15}	4.2370×10^{-15}
SS-DSPP vs. SubXPCA	6.0529×10^{-16}	1.1525×10^{-16}	4.1518×10^{-15}
SS-DSPP vs. SpNMF	1.2114×10^{-10}	4.0777×10^{-11}	7.0086×10^{-13}
SS-DSPP vs. Aw-SpLPP	1.0223×10^{-10}	2.0485×10^{-11}	1.9511×10^{-10}
SS-DSPP vs. S-SPP	1.2208×10^{-5}	2.7071×10^{-6}	1.3144×10^{-6}

表 6.31 AR 人脸图像数据库上所有方法的成对单边 t 检验 p 值

对比方法	16×16	24×24	34×34
SS-DSPP vs. SpPCA	9.2878×10^{-13}	2.2256×10^{-12}	3.6474×10^{-15}
SS-DSPP vs. Aw-SpPCA	1.0204×10^{-10}	3.9719×10^{-11}	1.4944×10^{-13}
SS-DSPP vs. ModPCA	5.7432×10^{-13}	3.0264×10^{-12}	4.7337×10^{-15}
SS-DSPP vs. SubXPCA	1.3862×10^{-23}	3.1186×10^{-22}	5.9941×10^{-22}
SS-DSPP vs. SpNMF	9.6236×10^{-15}	5.3528×10^{-14}	5.9610×10^{-18}
SS-DSPP vs. Aw-SpLPP	1.1227×10^{-10}	6.2300×10^{-12}	6.6344×10^{-12}
SS-DSPP vs. S-SPP	6.2664×10^{-9}	3.8553×10^{-9}	8.5465×10^{-11}

6.6　本章小结

本章提出了一种空间平滑判别结构保持投影(SS-DSPP)的局部人脸识别方法。SS-DSPP 方法主要从两方面对 SPP 方法进行扩展。一方面,为了使每个子模式的低维特征具有更强可分离性,将子模式集的类间信息整合到 SS-DSPP 方法的目标函数中。另一方面,为了考虑子图像中近邻像素的空间结构关系,提出了一种新的空间平滑约束(SSC)准则,并将其融入 SS-DSPP 方法的目标函数中。另外,SPP 方法的有监督模型扩展版本(S-SPP)是 SS-DSPP 方法的一个特例。在 Yale、Extended YaleB、CMU PIE 和 AR 四个标准人脸图像数据库上进行大量实验,实验结果验证了 SS-DSPP 方法的性能要明显优于 S-SPP 方法及其他局部人脸识别方法。

尽管 SS-DSPP 方法在性能上要优于 S-SPP 方法及其他对比方法,但它同样是采用一种线性变换矩阵将原始高维数据映射到低维子空间中,该方式将会降低 SS-DSPP 方法在具有高度非线性结构的高维数据集上的识别性能。因此,未来的工作将会研究如何在再生核希尔伯特空间中执行 SS-DSPP 方法,即提出一种核化的 SS-DSPP 方法,从而改善 SS-DSPP 方法的性能。

参考文献

[1] Zou J, Ji Q, Nagy G. A comparative study of local matching approach for face recognition[J]. IEEE Transactions on Image Processing, 2007, 16(10): 2617-2628.

[2] Xue H, Zhu Y, Chen S. Local ridge regression for face recognition[J]. Neurocomputing, 2009, 72(4): 1342-1346.

[3] Wang J, Ma Z, Zhang B, et al. A structure-preserved local matching approach for face recognition[J]. Pattern Recognition Letters, 2011, 32(3): 494-504.

[4] Yang J, Zhang D, Frangi A F, et al. Two-dimensional PCA: a new approach to appearance-based face representation and recognition[J]. IEEE Transactions on Pattern Analysis and Machine Intelligence, 2004, 26(1): 131-137.

[5] Li M, Yuan B. 2D-LDA: a statistical linear discriminant analysis for image matrix[J]. Pattern Recognition Letters, 2005, 26(5): 527-532.

[6] Rana S, Liu W, Lazarescu M, et al. A unified tensor framework for face recognition[J]. Pattern Recognition, 2009, 42(11): 2850-2862.

[7] Cai D, He X, Hu Y, et al. Learning a spatially smooth subspace for face recognition[C]. IEEE Conference on Computer Vision and Pattern Recognition, 2007: 1-7.

[8] Hu D, Feng G, Zhou Z. Two-dimensional locality preserving projections(2DLPP) with its

application to palmprint recognition[J]. Pattern Recognition, 2007, 40(1): 339-342.

[9] Zhang H, Wu Q M J, Chow T W S, et al. A two-dimensional neighborhood preserving projection for appearance-based face recognition[J]. Pattern Recognition, 2012, 45(5): 1866-1876.

[10] Wan M, Li M, Yang G, et al. Feature extraction using two-dimensional maximum embedding difference[J]. Information Sciences, 2014, 274: 55-69.

[11] He X, Cai D, Niyogi P. Tensor subspace analysis[C]. Advances in Neural Information Processing Systems, 2005: 499-506.

[12] Liu S, Ruan Q. Orthogonal tensor neighborhood preserving embedding for facial expression recognition[J]. Pattern Recognition, 2011, 44(7): 1497-1513.

[13] Yale University Face Database. http://cvc.yale.edu/projects/yalefaces/yalefaces.html [2015-10-11].

[14] Lee K C, Ho J, Kriegman D J. Acquiring linear subspaces for face recognition under variable lighting[J]. IEEE Transactions on Pattern Analysis and Machine Intelligence, 2005, 27(5): 684-698.

[15] Sim T, Baker S, Bsat M. The CMU pose, illumination, and expression (PIE) database[C]. IEEE International Conference on Automatic Face and Gesture Recognition, 2002: 46-51.

[16] Martinez A M. The AR face database[J]. CVC Technical Report, 1998, 24: 10-20.

[17] Gottumukkal R, Asari V K. An improved face recognition technique based on modular PCA approach[J]. Pattern Recognition Letters, 2004, 25(4): 429-436.

[18] Chen S, Zhu Y. Subpattern-based principle component analysis[J]. Pattern Recognition, 2004, 37(5): 1081-1083.

[19] Tan K, Chen S. Adaptively weighted sub-pattern PCA for face recognition[J]. Neurocomputing, 2005, 64: 505-511.

[20] Kumar K V, Negi A. SubXPCA and a generalized feature partitioning approach to principal component analysis[J]. Pattern Recognition, 2008, 41(4): 1398-1409.

[21] Zhu Y. Sub-pattern non-negative matrix factorization based on random subspace for face recognition[C]. International Conference on Wavelet Analysis and Pattern Recognition, 2007, 3: 1356-1360.

[22] Wang J, Zhang B, Wang S, et al. An adaptively weighted sub-pattern locality preserving projection for face recognition[J]. Journal of Network and Computer Applications, 2010, 33(3): 323-332.

第7章 基于半监督局部岭回归的局部人脸识别方法

7.1 引　　言

为了充分利用高维人脸图像数据所携带的标签信息及缓解外界条件变化对人脸识别方法性能的影响，第4章提出了一种基于空间平滑判别结构保持投影(SS-DSPP)的局部人脸识别方法。尽管实验结果表明SS-DSPP方法的性能要优于其他对比方法，但SS-DSPP方法需要完整标记的训练样本集。因此，SS-DSPP方法难以处理包含未标记样本的训练数据集，以至于无法利用未标记样本的信息。正如5.1节所述，完整标记训练样本集通常需要大量人力与物力，并且标记过程非常耗时的。相反，在现实生活中，人们很容易获取大量的无标记样本。为了利用大量未标记样本与少量标记样本的信息来改善算法的性能，研究者们提出了大量半监督学习方法。在这些方法中，基于图的半监督学习方法是当前研究的热点。基于图的半监督学习方法首先需要构建一个加权无向图，图中的顶点表示样本点，边的权值反映了顶点之间的相似性(即样本之间的相似性)。然后，不同的方法采用不同的策略来利用加权无向图。如高斯场与调和函数(gaussian fields and harmonic functions，GFHF)[1]和局部全局一致(local and global consistency，LGC)[2]等标签传递方法是基于图中相连的近邻样本点应具有相似的标签的假设，然后通过在整个图上将标记样本的标签信息传递给未标记样本，从而实现对未标记样本的标签预测。另外，如半监督判别分析(semi-supervised discriminate analysis，SDA)[3]与拉普拉斯正则化最小二乘(Laplacian regularized least square，LapRLS)[4]等半监督子空间学习方法主要是利用构建的图寻找能够很好地保持标记样本与未标记样本的几何结构的最优低维子空间。最近，有研究者[5,6]提出了一类混合半监督学习方法，该类方法主要通过整合基于图的标签传递算法与子空间学习算法形成统一框架，包括第3章提出的基于标签传递的非负矩阵分解(LpSNMF)方法。

尽管上述半监督学习方法在人脸识别中能够取得较好的性能，但这类方法仍然利用人脸图像的全局信息。正如第4章所论述，基于全局信息的人脸识别方法的性能很容易受光照、表情、姿态等潜在因素变化的影响。虽然上述方法可以通过简单方法扩展到基于局部信息的人脸识别方法框架中(即在人脸图像每个子模式上单独执行相应的全局方法，再采用一种融合技术获得最终识别结果)，但这种简单的策略忽略了同幅人脸图像的不同子模式之间的互补信息，而这种互补信息对于提高识别性能具有比较重要的作用[7]。另外，基于图的标签传递算法还存在“样本外”问题，即对于新的样本无法直接预测它的标签。

为了克服现有方法的不足，本章提出一种基于半监督局部岭回归(semi-supervised local ridge regression，SSLRR)的方法用于人脸识别。图 7.1 给出了 SSLRR 方法的流程图。SSLRR 方法是一种半监督局部人脸识别方法，它可以看成局部岭回归(LRR)方法[7]半监督形式的扩展。因此，SSLRR 方法能够处理包含标记样本与未标记样本的训练集。为了充分利用少量标记样本与大量未标记样本的信息，首先提出一种自适应加权多图标签传递(adaptive weighted multiple graphs based label propagation，AWMGLP)技术将标记样本的标签信息传递给未标记样本，从而预测未标记样本的标签信息。在基于局部信息的人脸识别框架中，每幅人脸图像的每个子图像都可以看成一个子模式，它包含人脸图像的部分特征。同时，来自同幅人脸图像的不同子图像反映了人脸图像不同的信息，并且它们提供整幅人脸图像的所有信息。因此，它们彼此之间存在潜在的互补关系。为了挖掘同幅人脸图像不同子图像之间的互补信息，在 AWMGLP 技术中引入非负权值向量来融合不同子图像集得到的拉普拉斯矩阵，并给出自适应迭代更新策略优化权值向量。其次，为了解决现有标签传递算法存在的“样本外”问题，这里引入局部岭回归(LRR)技术构建子模式集与预测标签矩阵之间的线性关系。然后，将 AWMGLP 与 LRR 技术整合形成统一框架，从而同时实现标签预测与分类函数学习的目的。最后，提出一种简单且有效的迭代更新优化算法求解 SSLRR 方法的目标函数，并且从理论分析与数值实验两方面验证优化算法的收敛性，同时给出 SSLRR 方法的时间计算复杂度。据作者所知，SSLRR 是首次提出将半监督学习技术整合到基于局部信息的人脸识别框架中的方法，同时它还考虑了不同子模式之间的相互关系。在五个标准人脸图像数据库(Yale、Extended YaleB、CMU PIE、AR 和 LFW)上进行的大量实验也验证了 SSLRR 方法的性能要显著优于其他对比方法。

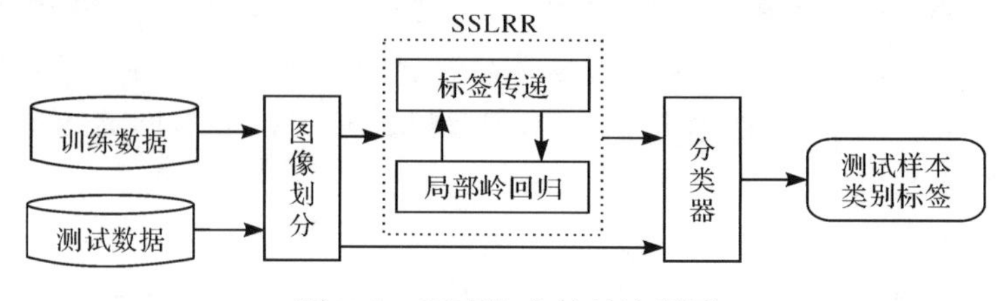

图 7.1　SSLRR 方法的流程图

7.2　基于半监督局部岭回归方法

本节主要介绍半监督局部岭回归(SSLRR)方法的目标函数。SSLRR 方法将局部岭回归(LLR)方法与标签传递(LP)两者融合成统一框架。

假设 $X=\{x_1\ x_2\ \cdots\ x_m\ x_{m+1}\cdots\ x_N\}\in\mathbf{R}^{D\times N}$表示包含来自 C 类的 N 个样本的集合,其中,前 $l\ (l\ll N)$个样本 $X_l=\{x_1\ x_2\ \cdots\ x_l\}\in\mathbf{R}^{D\times l}$表示标记样本集,余下 $N-l$个样本 $X_u=\{x_{l+1}\ x_{l+2}\cdots\ x_N\}\in\mathbf{R}^{D\times(N-l)}$ 表示未标记样本集。令二值矩阵 $Y=[y_1\ y_2\ \cdots\ y_N]^{\mathrm{T}}\in\{0,1\}^{N\times C}$表示样本的类别标签矩阵,其中,$y_i\in\mathbf{R}^C$ 是二值向量,若 x_i 是标记样本且属于第 j 类,则设置 $y_{ij}=1$,否则 $y_{ik}=0(k\neq j)$。若 x_i 是未标记样本,则向量 y_i 中的所有元素均为零,如 $\forall\, i>l, y_i=0\in\mathbf{R}^{C\times 1}$。类似于其他局部人脸识别方法,SSLRR 方法首先同样采用非重叠方法将每幅人脸图像划分为 M 块等大小的子图像,并将所有子图像转化为一维特征向量。令 $X^m=[x_1^m\ x_2^m\ \cdots\ x_N^m]\in\mathbf{R}^{d_m\times N}$表示所有人脸图像第 m 个子模式组成的子模式集,d_m 表示第 m 个子模式集 X^m 中子图像的维度。图像划分操作过程可参考图 2.1。

为了充分利用训练样本集中少量标记样本与大量未标记样本的信息,学习更为鲁棒的分类器,SSLRR 方法的第一个目标是通过自适应加权多图标签传递(AWMGLP)技术将少量标记样本的标签信息传递给未标记样本。为了实现此目标,首先对每个子模式集 X^m 构建一个加权无向图 G^m,然后采用较为流行的热核函数计算图 G^m 中子模式 x_i^m 与 x_j^m 之间的权重

$$S_{ij}^m=\begin{cases}\exp\left(-\dfrac{||x_i^m-x_j^m||_2^2}{2\sigma^2}\right), & x_j^m\in N_k(x_i^m)\text{或者 }x_i^m\in N_k(x_j^m)\\ 0, & \text{其他}\end{cases}\tag{7.1}$$

式中,$N_k(x_i^m)=[x_{i,1}^m\ x_{i,2}^m\cdots\ x_{i,k}^m]$为子模式 x_i^m 的 k 个近邻样本集;$\sigma>0$决定热核函数衰减率。

令矩阵 $F=[f_1\ f_2\ \cdots\ f_N]^{\mathrm{T}}\in\mathbf{R}_+^{N\times C}$表示训练样本的预测标签矩阵,其中,$f_i\in\mathbf{R}^C$ 表示样本 x_i 的预测标签向量。为了确保每个子模式集中相邻的样本被赋予相似的标签,则需要最小化如下目标函数:

$$\varepsilon(F)=\sum_{i,j=1}^{N}\left\|\frac{f_i}{d_{ii}^m}-\frac{f_j}{d_{jj}^m}\right\|_2^2 S_{ij}^m=\mathrm{tr}(F^{\mathrm{T}}(I-D^{m^{-\frac{1}{2}}}S^mD^{m^{-\frac{1}{2}}})F)=\mathrm{tr}(F^{\mathrm{T}}L^mF)$$
$$\text{s. t. } F\geqslant 0\tag{7.2}$$

式中,矩阵 D^m 为对角矩阵,其对角元素为 $d_{ii}^m=\sum_{j=1}^{N}S_{ij}^m$;矩阵 $L^m=I-D^{m^{-\frac{1}{2}}}S^mD^{m^{-\frac{1}{2}}}$ 为图 G^m 的归一化拉普拉斯矩阵。另外,为了充分考虑同幅人脸图像的不同子模式之间的互补信息,采用非负权值向量 $\omega=[\omega_1\ \omega_2\ \cdots\ \omega_M]\in\mathbf{R}^M$ 融合 M 个

加权无向图的归一化拉普拉斯矩阵，其中 ω_m 表示第 m 个无向图 G^m 的权值。于是，将式(7.2)扩展为

$$\min \varepsilon(F,\omega)=\sum_{m=1}^{M}\omega_m \operatorname{tr}(F^{\mathrm{T}}L^m F)+\beta\|\omega\|_2^2=\operatorname{tr}\Big(F^{\mathrm{T}}\Big(\sum_{m=1}^{M}\omega_m L^m\Big)F\Big)+\beta\|\omega\|_2^2$$

$$\text{s. t. } F\geqslant 0,\sum_{m=1}^{M}\omega_m=1,\omega\geqslant 0 \tag{7.3}$$

式中，ℓ_2 范数正则化项($||\omega||_2^2$)用于避免权重向量 ω 过拟合于任意一个归一化拉普拉斯矩阵[8]；参数 $\beta\geqslant 0$ 为权衡参数。

与此同时，为了确保标记样本的预测标签与其初始给定标签一致，这里引入如下惩罚项：

$$\begin{aligned}\min \varepsilon(F)&=\sum_{i=1}^{N}\|f_i-y_i\|_2^2 U_{ii}\\&=\operatorname{tr}(F^{\mathrm{T}}UF-2F^{\mathrm{T}}UY+Y^{\mathrm{T}}UY)\end{aligned} \tag{7.4}$$

式中，矩阵 U 为选择对角矩阵，其对角元素定义为

$$U_{ii}=\begin{cases}\infty, & x_i \text{ 是标记样本}\\ 0, & \text{其他}\end{cases} \tag{7.5}$$

结合式(7.3)与式(7.4)得到自适应加权多图标签传递(AWMGLP)目标函数为

$$\min \varepsilon(F,\omega)=\operatorname{tr}\Big(F^{\mathrm{T}}\Big(\sum_{m=1}^{M}\omega_m L^m\Big)F+F^{\mathrm{T}}UF-2F^{\mathrm{T}}UY+Y^{\mathrm{T}}UY\Big)+\beta\|\omega\|_2^2$$

$$\text{s. t. } F\geqslant 0,\sum_{m=1}^{M}\omega_m=1,\omega\geqslant 0 \tag{7.6}$$

当实现标签传递之后，SSLRR 方法的第二个目标是采用岭回归(ridge regression，RR)模型[9]建立每个子模式集与预测标签矩阵之间的线性依赖关系。对于第 m 个子模式集 X^m，RR 模型的数学表示形式为

$$\min_{W^m} \varepsilon(W^m)=\|X^{m^{\mathrm{T}}}W^m-F\|_2^2+\lambda\|W^m\|_2^2 \tag{7.7}$$

式中，矩阵 $W^m\in\mathbf{R}^{d_m\times C}$ 确保每个子模式集 X^m 与预测标签矩阵 F 尽可能接近；正则化参数 $\lambda\geqslant 0$ 用于防止 RR 模型过拟合。综合考虑所有 M 个子模式集，则局部岭回归(local ridge regression，LRR)[9]模型的目标函数为

$$\min_{W^m} \varepsilon(W^m)=\sum_{m=1}^{M}\|X^{m^{\mathrm{T}}}W^m-F\|_2^2+\lambda\|W^m\|_2^2 \tag{7.8}$$

于是，结合式(7.6)与式(7.8)得到 SSLRR 方法的最终目标函数为

$$\begin{aligned}\min_{W^m,F,\omega} \varepsilon(W^m,F,\omega)=&\sum_{m=1}^{M}\|X^{m^{\mathrm{T}}}W^m-F\|_2^2+\lambda\|W^m\|_2^2+\alpha\operatorname{tr}\Big(F^{\mathrm{T}}\Big(\sum_{m=1}^{M}\omega_m L^m\Big)F\\&+F^{\mathrm{T}}UF-2F^{\mathrm{T}}UY+Y^{\mathrm{T}}UY\Big)+\beta\|\omega\|_2^2\end{aligned}$$

$$\text{s.t.}\ F \geqslant 0, \sum_{m=1}^{M} \omega_m = 1, \omega \geqslant 0 \tag{7.9}$$

式中，$\alpha \geqslant 0$ 为平衡控制参数。由式(7.9)可以看出，通过整合RR与自适应加权多图标签传递(AWMGLP)形成统一目标函数，可以有效地克服LR方法和LRR方法及标签传递方法的缺点。首先，利用AWMGLP方法将少量标记样本的标签信息传递给未标记样本，SSLRR方法能够处理包含未标记样本的训练集。其次，AWMGLP方法的目标函数中采用自适应非负权值向量使得SSLRR方法能够捕获不同子模式集之间的互补信息。最后，LRR为子模式集与相应的预测标签矩阵提供了显式的变换关系矩阵，因而SSLRR方法能够避免"样本外"问题。

7.3 优化策略

本节主要介绍目标函数求解过程及分析算法的时间复杂度。从目标函数式(7.9)可知，SSLRR方法的目标函数对 F、ω 和 W^m 三个变量是非凸函数。因此，直接求解目标函数全局最优解是不切实际的。但由于目标函数对于每个单独变量是凸函数，因此本节提出一种交替迭代更新优化算法求解目标函数局部最优解。具体地说，先固定三个变量中的任意两个变量，更新另一个变量，交替执行此过程，直到目标函数值趋于稳定。

1. 优化 F

固定矩阵 $W^m (m=1,2,\cdots,M)$ 和向量 ω，优化矩阵 F，则式(5.9)中有关变量 F 的优化问题可简化为

$$\min_F \varepsilon(F) = \left(\sum_{m=1}^{M} \| X^{m^{\mathrm{T}}} W^m - F \|_2^2 + \alpha \operatorname{tr}(F^{\mathrm{T}} L F + F^{\mathrm{T}} U F - 2F^{\mathrm{T}} U Y + Y^{\mathrm{T}} U Y)\right)$$

$$\text{s.t.}\ F \geqslant 0 \tag{7.10}$$

式中，矩阵 $L = \sum_{m=1}^{M} \omega_m L^m$。

通过数学运算和移除不相关项，式(7.10)可简化为

$$\min_F \varepsilon(F) = \left(\sum_{m=1}^{M} \operatorname{tr}(F^{\mathrm{T}} F - 2F^{\mathrm{T}} X^{m^{\mathrm{T}}} W^m) + \alpha \operatorname{tr}(F^{\mathrm{T}} L F + F^{\mathrm{T}} U F - 2F^{\mathrm{T}} U Y)\right)$$

$$\text{s.t.}\ F \geqslant 0 \tag{7.11}$$

为了求解上述约束优化问题，引入拉格朗日乘子矩阵 Φ，式(5.11)的拉格朗日函数可表示为

$$\phi(F, \Phi) = \sum_{m=1}^{M} \operatorname{tr}(F^{\mathrm{T}} F - 2F^{\mathrm{T}} X^{m^{\mathrm{T}}} W^m) + \alpha \operatorname{tr}(F^{\mathrm{T}} L F + F^{\mathrm{T}} U F - 2F^{\mathrm{T}} U Y) + \operatorname{tr}(\Phi F) \tag{7.12}$$

式(5.12)对矩阵 F 求偏导并令导数等于零得

$$\frac{\partial\phi(F,\Phi)}{\partial F}=2MF-2\sum_{m=1}^{M}X^{m^{\mathrm{T}}}W^{m}+2\alpha LF+2\alpha UF-2\alpha UY+\Phi=0 \tag{7.13}$$

根据 KKT 条件 $\Phi_{ij}F_{ij}=0$[10]，有

$$[MF-P+\alpha LF+\alpha UF-\alpha UY]_{ij}F_{ij}=0 \tag{7.14}$$

式中，矩阵 $P=\sum_{m=1}^{M}X^{m^{\mathrm{T}}}W^{m}$。

类似于文献[10]，为了确保矩阵 F 的非负性，定义矩阵 $P=P^{+}-P^{-}$ 与 $L=L^{+}-L^{-}$，其中

$$\begin{aligned}P_{ij}^{+}&=\frac{(|P_{ij}|+P_{ij})}{2},\quad P_{ij}^{-}=\frac{(|P_{ij}|-P_{ij})}{2}\\L_{ij}^{+}&=\frac{(|L_{ij}|+L_{ij})}{2},\quad L_{ij}^{-}=\frac{(|L_{ij}|-L_{ij})}{2}\end{aligned} \tag{7.15}$$

将式(7.15)中的正分解与负分解部分代入式(7.14)中，可得变量 F 的更新准则为

$$F_{ij}\leftarrow F_{ij}\frac{[P^{+}+\alpha L^{-}F+\alpha UY]_{ij}}{[P^{-}+\alpha L^{+}F+\alpha UF+MF]_{ij}} \tag{7.16}$$

2. 优化 ω

固定矩阵 $W^{m}(m=1,2,\cdots,M)$ 与预测标签矩阵 F，优化权重向量 ω。移除不相关项，式(7.9)有关变量 ω 的优化问题可简化为

$$\begin{aligned}&\min_{\omega}\rho(\omega)=q^{\mathrm{T}}\omega+\beta\|\omega\|_2^2\\&\text{s. t. }\sum_{m=1}^{M}\omega_m=1,\omega\geqslant 0\end{aligned} \tag{7.17}$$

式中，$q=(q_1,q_2,\cdots,q_M)^{\mathrm{T}}$，其元素 $q_m=\mathrm{tr}(F^{\mathrm{T}}L^{m}F)$。当 $\beta=0$ 时，式(7.17)的平凡解为

$$\omega_i=\begin{cases}1, & q_i=\min\limits_{m=1,\cdots,M}q_m\\0, & \text{其他}\end{cases} \tag{7.18}$$

然而，极度稀疏的平凡解却不是理想解。因为平凡解意味着 SSLRR 方法仅利用了单个子模式集的信息，而忽略了其他子模式集之间的互补信息。另外，如果给所有子模式集赋予相同的权重，即 $\omega_i=1/M(i=1,2,\cdots,M)$，那么不同子模式集之间的差异性将被忽视。因此，如何选择适当参数 β 值是非常重要的。

式(7.17)是一个凸的二次规划(quadratic programming，QP)问题。因此，可以通过一般的 QP 求解方法(如 CVX[11])求解，但对于大规模数据集 QP 求解方法

非常耗时且收敛很慢。根据文献[8]，本章采用坐标梯度下降算法(coordinate descent algorithm，CDA)的求解式(7.17)。具体地，考虑约束条件 $\sum_{m=1}^{M}\omega_m=1$ 与 $\omega_m\geqslant 0$，在迭代过程中每次只更新向量 ω 中任意两个成对元素，而其他元素固定。假设更新成对元素 ω_i 和 $\omega_j(i\neq j)$，固定其他元素 $\omega_m(m\neq i,j)$，根据约束条件有

$$\omega_j=1-\sum_{\substack{m=1\\m\neq i,j}}^{M}\omega_m-\omega_i \tag{7.19}$$

令 $\rho(\omega_i)$表示目标函数，其形式为

$$\begin{aligned}\rho(\omega_i)&=\sum_{\substack{m=1\\m\neq i,j}}^{M}\omega_m q_m+\beta\sum_{\substack{m=1\\m\neq i,j}}^{M}\omega_m^2+\omega_i q_i+\omega_j q_i+\beta(\omega_i^2+\omega_j^2)\\&=\sum_{\substack{m=1\\m\neq i,j}}^{M}\omega_m q_m+\beta\sum_{\substack{m=1\\m\neq i,j}}^{M}\omega_m^2+\omega_i q_i+\Big(1-\sum_{\substack{m=1\\m\neq i,j}}^{M}\omega_m-\omega_i\Big)q_i\\&\quad+\beta\Big[\omega_i^2+\Big(1-\sum_{\substack{m=1\\m\neq i,j}}^{M}\omega_m-\omega_i\Big)^2\Big]\end{aligned} \tag{7.20}$$

对式(7.20)求偏导并令其等于零得

$$\begin{aligned}\frac{\partial\rho(\omega_i)}{\partial\omega_i}&=q_i+(-1)q_j+\beta\Big[2\omega_i+2\Big(1-\sum_{\substack{m=1\\m\neq i,j}}^{M}\omega_m-\omega_i\Big)\times(-1)\Big]\\&=q_i-q_j+2\beta(\omega_i-\omega_j)=0\end{aligned} \tag{7.21}$$

根据式(7.21)得

$$\omega_i^*-\omega_j^*=\frac{1}{2\beta}(q_j-q_i) \tag{7.22}$$

考虑 $\omega_i^*+\omega_j^*=\omega_i+\omega_j$，则 ω_i^* 更新可表示为

$$\omega_i^*=\frac{1}{4\beta}(q_j-q_i)+\frac{\omega_i+\omega_j}{2} \tag{7.23}$$

为了保证 ω_i^* 满足非负约束条件，式(7.17)的解可分解为如下几种。

(1) 若满足$\frac{q_j-q_i}{4\beta}+\frac{\omega_i+\omega_j}{2}\leqslant 0$，则有

$$\begin{cases}\omega_i^*=0\\\omega_j^*=\omega_i+\omega_j\end{cases} \tag{7.24}$$

(2) 考虑变量 i 和 j 的对称性，若$\frac{q_i-q_j}{4\beta}+\frac{\omega_i+\omega_j}{2}\leqslant 0$，则有

$$\begin{cases}\omega_i^*=\omega_i+\omega_j\\\omega_j^*=0\end{cases} \tag{7.25}$$

(3) 否则有

$$\begin{cases} \omega_i^* = \frac{1}{4\beta}(q_j - q_i) + \frac{\omega_i + \omega_j}{2} \\ \omega_j^* = \omega_i + \omega_j - \omega_i^* \end{cases} \tag{7.26}$$

通过使用式(7.24)～式(7.26)，成对优化向量 ω 中的变量直到目标函数式(7.17)收敛。CDA 算法伪代码如算法 7.1 所示。

算法 7.1　坐标梯度下降(CDA)算法

1. 输入：参数 β，向量 $q=[q_1\ \cdots\ q_M]$
2. 输出：非负权值向量 ω
3. 初始化：$\omega=1/M$
4. for $i=1$ to M do
5. 　　for $j=1$ to $M(j\neq i)$ do
6. 　　　　repeat
7. 　　　　　　if $2\beta(\omega_i+\omega_j)+(q_j-q_i)\leqslant 0$ then
8. 　　　　　　　　$\omega_i^*=0, \omega_j^*=\omega_i+\omega_j$
9. 　　　　　　else
10. 　　　　　　　　if $2\beta(\omega_i+\omega_j)+(q_i-q_j)\leqslant 0$ then
11. 　　　　　　　　　　$\omega_j^*=0, \omega_i^*=\omega_i+\omega_j$
12. 　　　　　　　　else
13. 　　　　　　　　　　$\omega_i^*=\frac{2\beta(\omega_i+\omega_j)+(q_i-q_j)}{4\beta}$
14. 　　　　　　　　　　$\omega_j^*=\omega_i+\omega_j-\omega_i^*$
15. 　　　　　　　　end if
16. 　　　　　　end if
17. 　　　　until Convergence
18. 　　end for
19. end for

3. 优化 W^m

固标预测标签矩阵 F 与权重向量 ω，更新分类器 W^m，由式(7.9)可知，关于变量 W^m 的优化问题可简化为 LRR 方法的目标函数，即

$$\min_{W^m} \varepsilon(W^m) = \sum_{m=1}^{M} \| X^{m^{\mathrm{T}}} W^m - F \|_2^2 + \lambda \| W^m \|_2^2 \tag{7.27}$$

对式(7.27)求偏导并令导数等于零，则有

$$W^m=(X^m X^{m^{\mathrm{T}}}+\lambda I)^{-1}X^m F \tag{7.28}$$

综上所述，SSLRR 方法的优化过程如算法 7.2 所示。

算法 7.2　半监督局部岭回归（SSLRR）方法

1. 输入：数据矩阵 $X^m(m=1,2,\cdots,M)$；数据标签矩阵 Y；参数 λ、α 和 β
2. 初始化：$F=\mathrm{rand}(N,C)$；$\omega=1/M$；$T=1$
3. 根据式(7.1)计算权重矩阵 $S^m(m=1,2,\cdots,M)$
4. repeat
5. 根据式(7.16)更新预测标签矩阵 F；
6. 根据 CDA 算法求解非负权值向量 ω；
7. 根据式(7.28)更新矩阵 $W^m(m=1,2,\cdots,M)$；
8. 更新 $T=T+1$；
9. until{满足终止条件：目标函数式(7.9)值不再改变}
10. 输出：矩阵 $W^m(m=1,2,\cdots,M)$；预测标签矩阵 F；非负权值向量 ω

由算法 7.2 可知，SSLRR 方法目标函数中的三个变量 F、ω 和 W^m 在迭代过程中是相互交替进行更新的。这意味着 SSLRR 方法中的标签传递与分类器学习过程是联合实现的。由于在每次迭代过程中预测标签矩阵 F 与矩阵 W^m 是相互影响的，因此 SSLRR 方法能够学到更为鲁棒的分类器 W^m 和更为准确的预测标签矩阵 F。

最后，分析 SSLRR 方法的时间复杂度。令 D、N、C 和 M 分别表示人脸图像的维度、数量、类别数和每幅人脸图像的子图像数量。首先，需要构建加权无向图用于标签传递，其时间复杂度为 $O(N^2D)$。然后，每次迭代更新三个变量的时间复杂度，分别为 $O(N^2C)$、$O(M^2)$ 和 $O(D^3/M^3)$。由于子图像数量 M 远小于 N 和 D，因此 SSLRR 方法的总体时间复杂度为 $O(N^2D+T(N^2C+D^3/M^3))$，其中，T 表示算法 7.2 中的迭代次数。

7.4　识别准则

对于一幅测试人脸图像 $\tilde{I}$，首先以同样的方式将其划分为 M 个子图像。然后通过式(7.29)计算它的预测标签向量 $f=[f_1\ f_2\ \cdots\ f_C]\in\mathbf{R}^C$

$$f=\frac{\sum_{m=1}^{M}\tilde{I}_m^{\mathrm{T}}W^m}{M} \tag{7.29}$$

式中，$\tilde{I}_m$ 为人脸图像 $\tilde{I}$ 的第 m 个子图像。

最后，利用预测标签向量 f，采用式(7.30)计算测试人脸图像的类别标签

$$\text{Identity}(\tilde{I})=\arg\max_{c} f_c,\quad c=1,2,\cdots,C \tag{7.30}$$

7.5　收敛性分析

本节主要分析 SSLRR 方法的收敛性。由 7.3 节可知，SSLRR 方法的优化过程可分解为三个子优化问题，分别为式(7.10)、式(7.17)和式(7.27)。文献[8]、[12]、[13]已经证明了子问题式(7.17)是凸问题，因此，通过 CDA 算法求解会使 SSLRR 方法的目标函数值递减。对于子问题式(7.27)，通过式(7.28)可以求得 $W^m(m=1,2,\cdots,M)$ 的显式解，因此每次迭代求解 $W^m(m=1,2,\cdots,M)$ 后，SSLRR 方法的目标函数值也将会递减。

为了分析 SSLRR 方法的收敛性，仅需证明通过式(7.16)优化求解 F，目标函数式(7.9)的函数值是非递增的。

定理 7.1　目标函数式(7.9)依据更新准则求解式(7.16)，其函数值是非递增的。

为了证明定理，同样利用文献[14]中定义的辅助函数。如果函数 $R(u,u')$ 和 $H(u)$ 满足 $R(u,u')\geqslant H(u)$ 与 $R(u,u)=H(u)$ 两个条件，那么函数 $R(u,u')$ 是函数 $H(u)$ 的辅助函数。

引理 7.1　如果函数 $H(u)$ 存在辅助函数 R 满足 $R(u,u')\geqslant H(u)$ 和 $R(u,u)=H(u)$，那么函数通过式(7.23)更新其值是非递增的。

$$u^{t+1}=\arg\min_{u} R(u,u^t) \tag{7.31}$$

证明　$H(u^{t+1})\leqslant R(u^{t+1},u^t)\leqslant R(u^t,u^t)=H(u^t)$。证毕。

接下来，需要证明当设计一个合适的辅助函数 $R(F,F^t)$ 时，变量 F 的更新式(7.16)与式(7.31)一致。考虑矩阵 F 中任意元素 F_{ij}，令 $\psi(F_{ij})$ 表示式(7.10)中仅与变量 F_{ij} 相关的部分。于是，很容易得到

$$\psi(F_{ij})=[MF^{\mathrm{T}}F-2F^{\mathrm{T}}P+\alpha F^{\mathrm{T}}LF+\alpha F^{\mathrm{T}}UF-2\alpha F^{\mathrm{T}}UY]_{ij} \tag{7.32}$$

$$\psi'(F_{ij})=\left[\frac{\partial\psi}{\partial F}\right]=[2MF-2P+2\alpha LF+2\alpha UF-2\alpha UY]_{ij} \tag{7.33}$$

$$\psi''(F_{ij})=2M+2\alpha[L]_{ii}+2\alpha[U]_{ii} \tag{7.34}$$

式中，$\psi'(F_{ij})$ 和 $\psi''(F_{ij})$ 分别为函数 $\psi(F_{ij})$ 对变量 F_{ij} 的一阶和二阶偏导数。

引理 7.2　函数

$$R(F_{ij},F_{ij}^t)=\psi(F_{ij}^t)+\psi'(F_{ij}-F_{ij}^t)+\frac{[P^-+\alpha L^+F+\alpha UF+MF]_{ij}}{F_{ij}^t}(F_{ij}-F_{ij}^t)^2 \tag{7.35}$$

是函数 $\psi(F_{ij})$ 的辅助函数。

证明 首先,通过泰勒级数展开得

$$\begin{aligned}\psi(F_{ij}) &= \psi(F_{ij}^t)+\psi'(F_{ij}-F_{ij}^t)+\frac{1}{2}\psi''(F_{ij}-F_{ij}^t)^2 \\ &= \psi(F_{ij}^t)+\psi'(F_{ij}-F_{ij}^t)+\{M+\alpha[L]_{ii}+\alpha[U]_{ii}\}(F_{ij}-F_{ij}^t)^2\end{aligned} \tag{7.36}$$

由式(7.35)和式(7.36)可以发现,$R(F_{ij},F_{ij}^t)\geqslant\psi(F_{ij})$ 等价于

$$\frac{[P^-+\alpha L^+F+\alpha UF+MF]_{ij}}{F_{ij}^t}\geqslant M+\alpha[L]_{ii}+\alpha[U]_{ii} \tag{7.37}$$

根据矩阵性质可以得到

$$\alpha[L^+F]_{ij}=\alpha\sum_{k=1}^{n}L_{ik}^+F_{kj}\geqslant\alpha L_{ii}^+F_{ij}\geqslant\alpha(L_{ii}^+-L_{ii}^-)F_{ij}=\alpha L_{ii}F_{ij} \tag{7.38}$$

$$\alpha[UF]_{ij}=\alpha\sum_{k=1}^{n}U_{ik}F_{kj}\geqslant\alpha U_{ii}F_{ij} \tag{7.39}$$

因此,不等式 $R(F_{ij},F_{ij}^t)\geqslant\psi(F_{ij})$ 成立。而且,等式 $R(F_{ij},F_{ij})=\psi(F_{ij})$ 是显然成立的。引理得以证明。

然后,证明定理7.1的收敛性。

证明 根据式(7.31),当固定 F_{ij}^t 时,最小化 $R(F_{ij}^{t+1},F_{ij}^t)$ 问题可以通过 $\nabla_{F^{t+1}}R(F_{ij}^{t+1},F_{ij}^t)=0$ 求解。于是可以得到如下更新规则:

$$F_{ij}^{t+1}=F_{ij}^t\frac{[P^++\alpha L^-F+\alpha UY]_{ij}}{[P^-+\alpha L^+F+\alpha UF+MF]_{ij}} \tag{7.40}$$

由于式(7.35)是函数 $\psi(F_{ij})$ 的辅助函数,因此函数 $\psi(F_{ij})$ 依据式(7.16)更新,它的函数值是非递增的。证毕。

现在,为了分析算法7.2的收敛性,用 $\phi(F,\omega,W)$ 表示SSLRR方法的目标函数,于是有如下定理。

定理7.2 算法7.2使函数 $\phi(F,\omega,W)$ 的值非递增。

证明 令 $\phi(F^t,\omega^t,W^t)$ 表示在 t 次迭代时SSLLRR方法的目标函数值。在 $t+1$ 次迭代中,首先,固定 ω^t 和 W^t,求解子问题 $\min\limits_F\phi(F,\omega^t,W^t)$。通过式(7.16)可以求解第 $t+1$ 次迭代的最优解 F^{t+1}。根据定理7.1,可得

$$\phi(F^{t+1},\omega^t,W^t)\leqslant\phi(F^t,\omega^t,W^t) \tag{7.41}$$

其次,固定 F^t 和 W^t,求解子问题 $\min\limits_\omega\phi(F^t,\omega,W^t)$,通过算法7.1中CDA方法可以求解最优值 ω^{t+1}。由于子问题是凸的,因此有

$$\phi(F^t,\omega^{t+1},W^t)\leqslant\phi(F^t,\omega^t,W^t) \tag{7.42}$$

然后,固定 F^t 和 ω^t,求解子问题 $\min\limits_W\phi(F^t,\omega^t,W)$,因为式(7.28)给出了 W^{t+1} 的显式解,所以有

$$\phi(F^t,\omega^t,W^{t+1})\leqslant\phi(F^t,\omega^t,W^t) \tag{7.43}$$

结合式(7.41)～式(7.43),可得

$$\phi(F^{t+1},\omega^{t+1},W^{t+1})\leqslant\phi(F^t,\omega^t,W^t) \tag{7.44}$$

综合上述,定理 7.2 证毕。

最后,由于式(7.9)中所有项的值都不小于零,因此函数 $\phi(F^t,\omega^t,W^t)$ 具有下界。根据定理 7.2 和柯西收敛规则(Cauchy's convergence rule)[15],证明本节提出的优化算法是收敛的。

7.6　实验与分析

在五个标准的人脸图像数据库(包括 Yale[16]、Extended YaleB[17]、CMU PIE[18]、AR[19]和 LFW[20])上进行大量实验验证 SSLRR 方法的有效性和可行性,并与目前主流的方法进行比较。对于 LFW 人脸图像数据库,实验中采用文献[21]从 LFW-a 数据库[22]中收集部分数据。表 7.1 和表 7.2 分别给出了实验中所采用的人脸图像数据库和对比方法的详细信息。表 7.2 可知,SPP[23]和 LRR[7]分别是无监督和有监督局部人脸识别方法,而高斯场与调和函数(GFHF)[1]、局部全局一致性(LGC)[2]、局部样条回归(local spine regression,LSR)[24]、灵活流形嵌入(flexible manifold embedding,FME)[25]、自适应多模态半监督分类(adaptive multi-modal semi-supervised classification,AMMSS)[26]和多特征融合层次回归(multi-feature learning via hierarchical regression,MLRH)[27]六种方法属于半监督学习方法。对于 GFHF、LGC、LSR 和 FME 四种全局半监督学习方法,需要进一步将其扩展为局部人脸识别方法。具体操作过程如下:首先在每个子模式单独执行相应的全局半监督方法,然后采用一种投票机制来估计未标记样本的标签。对于 AMMSS 和 MLRH 两种方法,由于它们属于多模态(multi-modal)或多特征(multi-feature)学习的半监督方法,因此可以直接将它们应用到局部人脸识别任务中,即将每个子模式视为人脸图像每个模态或每个特征。此外,由于 GFHF、LGC、LSR 和 AMMSS 四种方法仅能将少量标记样本的标签信息传递给未标记样本,却不能提供一个显式的分类器用于分类训练集之外的测试样本,因此对于这四种方法采用 RR 模型构建子模式与标签矩阵之间的依赖关系。即首先利用 GFHF、LGC、LSR 和 AMMSS 四种方法预测训练集中未标记样本标签,然后再利用训练集中的所有样本和相对应的标签矩阵训练 RR 模型,最后分类测试样本。SSLRR 方法与其他对比方法均是在 Windows 操作系统环境下采用 MATLAB 编程语言实现的,实验平台为英特尔酷睿 i7-2600 CPU,频率为 3.4GHz,物理内存为 16GB。

表 7.1　五个标准人脸图像数据库的具体统计信息与样本选择信息

数据库	样本(N)	大小(D)	类别(C)	标记样本(l)	未标记样(u)	测试样本(t)
Yale	165	64×64	15	3	3	5
Extended YaleB	2414	64×64	38	10	10	44
AR	1400	64×64	100	3	4	7
CMU PIE	1632	64×64	68	6	6	12
LFW	1580	32×32	158	4	3	3

表 7.2　不同方法的具体信息

方法	发表年份	全局	局部	无监督	有监督	半监督	是否存在样本外问题
GFHF	2003	√				√	√
LGC	2004	√				√	√
LSR	2010	√				√	√
FME	2010	√				√	
SPP	2011		√	√			
LRR	2009		√		√		
AMMSS	2013		√			√	√
MLRH	2013		√			√	
SSLRR	2015		√			√	

图 7.2 给出了五个标准人脸图像数据库中的部分实例图像。对于每个人脸图像数据库,均从每类样本中随机选择 l 个标记样本和 u 个未标记样本形成训练集,余下的 t 个样本被视为测试集。随机选择样本过程重复 10 次。表 7.1 给出了五个标准人脸图像数据库的具体样本选择信息。

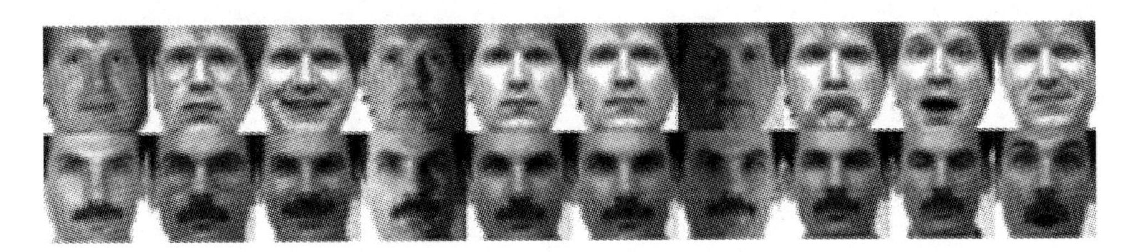

(a) Yale 人脸图像数据库

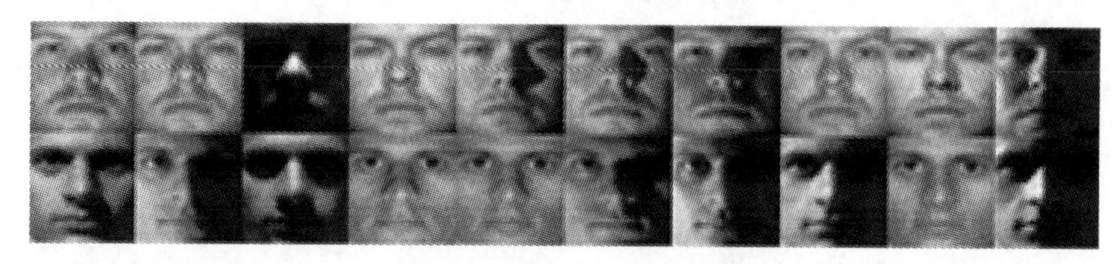

(b) Extended YaleB 人脸图像数据库

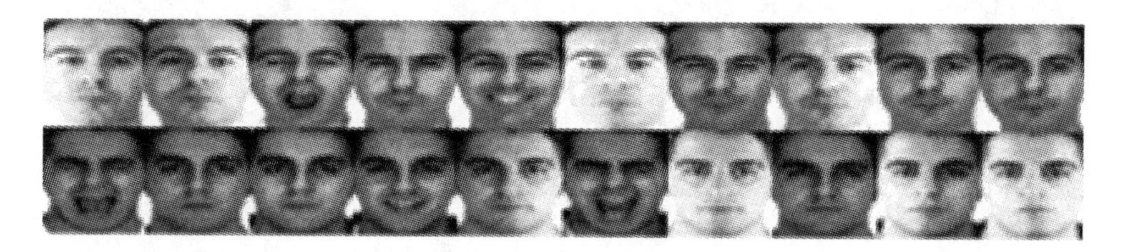

(c) AR 人脸图像数据库

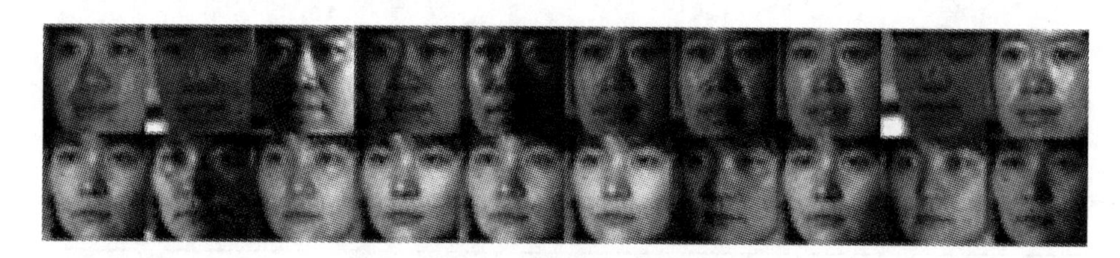

(d) CMU PIE 人脸图像数据库

(e) LFW 人脸图像数据库

图 7.2　五个标准人脸图像数据库中的部分实例图像

7.6.1　参数设置

SSLRR 方法包含 λ、α 和 β 三个参数，因此如何为 SSLRR 方法中的参数赋予适当的值是非常重要的。但这三个参数具有清晰的物理意义，并且能对参数值的设定提供指导性作用。首先，参数 λ 主要是为了防止 RR 模型出现过拟合现象，因此参数 λ 应设置为一个相对小的值。其主要原因在于 λ 设置较大将会使 RR 模型中正则化项起主导作用，从而使子模式与标记矩阵之间的依赖关系不能被很好地估计。其次，参数 α 用于控制式(7.9)中标签传递项的重要性，因此，应设置为相对较大的值以强调半监督学习部分的重要性，使 SSLRR 方法能够充分利用未标记样本信息来改善其性能。而且，实验部分也证明了当参数 α 设置为较大值时，SSLRR 方法的性能对参数 α 取值不敏感。最后，参数 β 控制非负权值向量 ω 的稀疏性，因此，参数 β 应设置为既不能过大也不能过小。正如 7.3 节所述，参数 β 设置过小将会使 SSLRR 方法忽视不同子模式之间潜在的互补信息，而参数 β 设置过大却会使 SSLRR 方法忽略不同子模式之间的差异性。

在实验中，通过一种交替网格搜索方式选择参数 λ、α 和 β 的值，参数网格搜索范围分别设置为{0.001,0.0025,0.005,0.0075,0.01,0.025,0.05,0.075,0.1,0.25,0.5,0.75,1}、{0.01,0.1,0.2,0.3,0.4,0.5,0.6,0.7,0.8,0.9,1,2,3,4,5,6,7,8,9,10}和{0.01,0.1,0.2,0.3,0.4,0.5,0.6,0.7,0.8,0.9,1,2,3,4,5,6,7,8,9,10}。

7.6.2　实验结果及分析

在局部人脸识别方法中，根据用户的选择可以将人脸图像划分为等大小或者不等大小的子图像。虽然如此，但如何选择合适的子图像仍然是一个有待于研究的问题，所以本书暂且不讨论该问题。不失一般性，在本实验中采用其他局部方法所采用的等大小划分方式。对于 Yale、Extended YaleB、CMU PIE 和 AR 四个标准人脸图像数据库，子图像大小均设置为 32×32、21×32、16×32、16×21 和 16×16，子图像块数分别为 4、6、8、12 和 16。对于 LFW 标准人脸图像数据库，由于文献[2]提供的人脸图像大小为 32×32，所以将子图像大小设置为 32×16、32×16 和 16×16，子图像块数分别为 6、6 和 8。表 7.3～表 7.7 给出了不同方法在五个标准人脸图像数据库上的最优平均识别率、标准差及平均训练时间。由表 7.3～表 7.7 中的实验结果可以得到如下几点结论。

(1) 由于 SPP 方法是一种无监督特征提取方法，它在特征提取过程中忽略了训练样本的标签信息，因此在大多数情况下，它的性能要低于其他对比方法。但是由于 SPP 方法考虑了不同子模式之间的相互关系，因此它的性能在某些情况下要好于其他半监督学习方法。

(2) 在半监督学习方法中，由于 FME 和 MLRH 两种方法中的标签传递过程与分类器学习过程是共同执行的，因此它们的性能要优于 GFHF、LGC、LSR 和 AMMSS 四种方法。而且，由于 MLRH 方法考虑了不同子模式之间的互补信息，而 FME 方法分别单独处理训练样本的不同子模式集而忽视了不同子模式集之间的关系，因此 MLRH 方法的性能优于 FME 方法的性能。

(3) LRR 方法是一种有监督学习方法。由于 LRR 方法不能利用训练集中的未标记样本信息，同时还忽略了不同子模式集之间的互补信息，因此其性能要次于某些半监督学习方法，如MLRH和FME两种方法。

(4) SSLRR方法在五个标准人脸图像数据库上的识别性能优于其他对比方法。这是因为SSLRR方法充分利用了少量标记样本与大量未标记样的信息，而且还考虑了不同子模式集之间的互补信息。此外，联合实现标签传递与分类器学习过程也可以进一步改善SSLRR方法的性能。

(5) 对于不同方法的平均训练时间，由于SSLRR方法融合了标签传递与局部岭回归两个学习过程，因此其平均训练时间略高于单纯的标签传递方法(GFHF、LGC)和基于回归的方法(FME和LRR)。然而在大多数情况下，SSLRR方法的平均训练时间要低于LSR、AMMSS和MLRH三种方法，其主要原因在于LSR、AMMSS和MLRH三种方法需要执行包含至少一个以上的矩阵求逆操作过程，而SSLRR方法仅需要执行一个矩阵的求逆操作过程。总体上，SSLRR方法的平均训练时间还是可以接受的。

表7.3　不同方法在Yale人脸图像数据库上的最优平均识别率(%)与标准差(%)

方法	32×32	21×32	16×32	16×21	16×16
SPP	81.33±3.82 (2.15)	82.93±5.18 (1.00)	82.13±4.58 (0.71)	83.20±3.99 (0.48)	83.60±4.90 (0.99)
GFHF	79.60±4.26 (0.02)	83.20±5.76 (0.02)	79.33±5.07 (0.03)	83.86±4.55 (0.02)	87.60±3.66 (0.12)
LGC	81.46±4.28 (0.03)	86.40±4.11 (0.03)	83.20±4.83 (0.04)	86.93±3.91 (0.05)	90.00±3.39 (0.14)
LSR	84.67±3.40 (1.09)	88.13±4.42 (1.50)	87.20±4.13 (0.88)	89.20±3.23 (2.64)	92.40±2.81 (3.81)
FME	91.60±3.01 (0.04)	92.80±3.27 (0.05)	92.80±3.51 (0.05)	93.73±3.72 (0.06)	94.80±2.21 (0.10)
AMMSS	85.07±3.07 (0.09)	88.80±4.31 (0.14)	89.86±4.08 (0.17)	89.33±3.26 (0.32)	94.00±2.19 (0.47)
MLRH	92.40±1.54 (1.26)	93.06±1.96 (0.82)	93.06±2.06 (0.63)	94.93±2.24 (0.44)	95.06±2.43 (0.43)
LRR	91.73±3.76 (1.98)	92.26±3.31 (0.99)	92.53±4.45 (0.58)	92.13±2.91 (0.25)	94.66±2.66 (0.21)
SSLRR	96.80±2.60 (3.74)	97.33±2.08 (2.01)	97.20±2.47 (1.33)	98.13±1.68 (0.60)	97.86±2.60 (0.53)

注：括号中的数值表示每种方法的平均训练时间(单位：s)。

表7.4　不同方法在Extended YaleB人脸图像数据库上的最优平均识别率(%)与标准差(%)

方法	32×32	21×32	16×32	16×21	16×16
SPP	84.43±0.70 (2.21)	85.44±0.63 (1.43)	87.22±0.71 (1.38)	89.95±0.72 (1.38)	91.32±1.00 (1.55)
GFHF	84.06±0.85 (0.44)	87.00±0.98 (0.58)	86.29±0.74 (0.72)	88.05±1.20 (0.85)	90.61±1.14 (1.03)
LGC	85.16±0.81 (1.77)	88.58±0.71 (2.95)	87.18±0.62 (3.51)	88.30±1.24 (4.93)	90.71±1.20 (6.35)
LSR	89.92±1.18 (8.61)	90.52±0.85 (12.3)	91.33±0.96 (16.1)	91.80±1.21 (22.8)	92.85±1.20 (30.2)
FME	90.70±0.67 (2.09)	91.86±0.78 (2.38)	92.11±0.80 (1.92)	92.47±0.60 (1.67)	93.15±0.55 (1.76)
AMMSS	85.63±0.86 (128)	88.23±0.94 (218)	90.83±0.87 (288)	90.89±1.03 (500)	91.73±1.08 (567)
MLRH	92.94±0.50 (34.5)	92.42±0.95 (31.6)	92.00±0.79 (29.3)	91.36±1.07 (26.3)	92.49±0.92 (26.1)
LRR	91.85±1.03 (2.49)	92.55±0.82 (1.21)	91.86±0.91 (0.77)	92.31±0.71 (0.49)	93.01±0.72 (0.37)
SSLRR	94.18±0.55 (7.95)	94.32±1.00 (5.20)	93.83±0.62 (4.41)	94.26±0.94 (4.04)	95.03±0.73 (4.32)

注:括号中的数值表示每种方法的平均训练时间(单位:s)。

表7.5　不同方法在AR人脸图像数据库上的最优平均识别率(%)与标准差(%)

方法	32×32	21×32	16×32	16×21	16×16
SPP	80.56±1.24 (1.75)	82.80±1.34 (1.13)	85.39±1.23 (1.08)	87.14±1.30 (1.13)	87.89±0.80 (1.28)
GFHF	73.72±1.03 (0.38)	73.14±1.77 (0.46)	81.28±0.98 (0.56)	82.95±1.13 (0.76)	85.90±1.12 (0.95)
LGC	74.53±1.20 (1.41)	74.67±1.63 (2.21)	82.87±1.05 (2.69)	83.81±0.73 (3.91)	87.38±0.79 (5.16)
LSR	85.57±1.03 (7.94)	87.73±0.78 (11.2)	87.21±1.06 (14.6)	89.21±0.63 (21.8)	89.74±1.23 (28.9)
FME	87.64±0.96 (1.59)	88.90±1.60 (2.01)	89.34±1.14 (1.78)	90.35±1.17 (1.53)	90.54±0.68 (1.59)

续表

方法	32×32	21×32	16×32	16×21	16×16
AMMSS	88.62±0.83 (17.5)	86.81±0.92 (22.5)	91.00±0.87 (46.9)	89.12±0.84 (65.3)	90.15±1.40 (85.5)
MLRH	89.84±1.21 (28.6)	90.22±0.97 (25.9)	91.57±0.88 (24.5)	89.87±0.95 (21.7)	89.80±0.92 (21.8)
LRR	88.50±1.22 (1.93)	88.68±1.36 (0.96)	88.84±0.93 (0.71)	89.54±0.90 (0.46)	89.60±0.98 (0.38)
SSLRR	93.97±1.04 (7.32)	93.33±1.03 (5.26)	93.65±0.73 (4.83)	92.61±0.97 (4.42)	92.03±1.08 (4.76)

注:括号中的数值表示每种方法的平均训练时间(单位:s)。

表 7.6　不同方法在 CMU PIE 人脸图像数据库上的最优平均识别率(%)与标准差(%)

方法	32×32	21×32	16×32	16×21	16×16
SPP	87.68±1.07 (1.87)	88.91±0.91 (1.38)	89.51±1.01 (1.33)	90.20±0.97 (1.44)	90.64±1.07 (1.67)
GFHF	87.38±0.94 (0.48)	89.30±1.14 (0.59)	88.89±1.17 (0.73)	88.92±1.22 (0.98)	90.91±1.04 (1.20)
LGC	89.22±0.97 (2.09)	89.85±1.21 (3.12)	89.98±1.15 (4.08)	89.92±1.23 (5.75)	91.28±1.17 (7.70)
LSR	89.30±0.92 (9.25)	90.56±1.11 (12.9)	90.18±1.02 (16.9)	90.22±1.15 (25.1)	91.35±0.91 (33.2)
FME	91.06±0.86 (2.27)	91.34±0.89 (2.28)	91.23±0.87 (2.06)	91.32±1.00 (1.86)	91.71±1.03 (2.03)
AMMSS	90.24±1.06 (36.4)	90.20±1.12 (47.4)	90.33±1.24 (71.1)	90.66±1.11 (119)	91.65±0.79 (158)
MLRH	91.41±1.03 (39.1)	91.73±0.80 (36.1)	91.61±0.77 (34.8)	91.21±0.87 (30.7)	92.13±0.86 (30.6)
LRR	90.36±0.82 (2.05)	91.27±0.84 (1.03)	90.71±0.84 (0.83)	91.09±0.94 (0.51)	91.78±0.69 (0.39)
SSLRR	93.12±0.81 (7.81)	93.01±0.73 (5.69)	92.61±0.80 (5.36)	92.58±0.64 (5.01)	92.94±0.58 (5.59)

注:括号中的数值表示每种方法的平均训练时间(单位:s)。

表 7.7　不同方法在 LFW 人脸图像数据库上的最优平均识别率(%)与标准差(%)

方法	16×32	32×16	16×16
SPP	20.74±1.05 (0.58)	25.25±1.34 (0.58)	20.70±1.44 (0.74)
GFHF	13.48±1.31 (0.31)	16.58±0.67 (0.31)	16.83±0.86 (0.47)
LGC	13.78±1.33 (2.37)	17.62±1.08 (2.37)	18.14±1.53 (4.59)
LSR	19.28±3.10 (6.67)	25.04±1.36 (6.67)	25.86±1.57 (13.2)
FME	31.67±1.03 (6.80)	39.05±1.13 (6.80)	34.09±1.27 (0.94)
AMMSS	20.73±1.95 (14.2)	23.79±0.93 (14.2)	27.59±1.54 (32.7)
MLRH	35.90±1.02 (17.4)	42.61±1.39 (17.4)	38.08±1.14 (15.5)
LRR	30.73±0.89 (0.25)	38.08±1.74 (0.25)	32.63±1.37 (0.12)
SSLRR	43.25±1.75 (3.92)	49.60±1.59 (3.92)	45.11±1.61 (4.61)

注:括号中的数值表示每种方法的平均训练时间(单位:s)。

然后,为了进一步验证 SSLRR 方法的性能优势,这里利用统计显著检测方法来验证 SSLRR 方法在性能上的改善是否显著优于其他方法。实验中,采用单边 Wilcoxon 秩和检验(one-tailed Wilcoxon rank sum test)。在秩和检验中,原假设是 SSLRR 方法的性能与其他对比方法的性能无差异,而备择假设是 SSLRR 方法的性能显著优于其他对比的性能。例如,假设比较 SSLRR 方法与 GFHF 方法的性能(标记为 SSLRR vs. GFHF),原假设和备择假设分别为 $H_0:\mathcal{M}_{\mathrm{SSLRR}}=\mathcal{M}_{\mathrm{GFHF}}$ 和 $H_1:\mathcal{M}_{\mathrm{SSLRR}}>\mathcal{M}_{\mathrm{GFHF}}$,其中,$\mathcal{M}_{\mathrm{SSLRR}}$和$\mathcal{M}_{\mathrm{GFHF}}$分别表示 SSLRR 方法和 GFHF 方法所获得的识别率的中值。将显著检测水平设置为 0.01。表 7.8～表 7.12 给出了五个标准人脸图像数据库上 SSLRR 方法与其他对比方法的结果。由表 7.8～表 7.12 中的实验结果可以看出,所有成对秩和检验所获得的 p 值均小于 0.01,这意味着在所有检验中拒绝了原假设而接受备择假设,证明 SSLRR 方法的性能显著优于其他对比方法。

表 7.8　所有方法在 Yale 人脸图像数据库上的成对单边 Wilcoxon 秩和检验 p 值

对比方法	32×32	21×32	16×32	16×21	16×16
SSLRR vs. SPP	8.20×10^{-5}	8.29×10^{-5}	8.68×10^{-5}	7.97×10^{-5}	8.29×10^{-5}
SSLRR vs. GFHF	8.34×10^{-5}	7.65×10^{-5}	8.58×10^{-5}	8.01×10^{-5}	1.10×10^{-4}
SSLRR vs. LGC	8.34×10^{-5}	8.44×10^{-5}	8.54×10^{-5}	7.83×10^{-5}	2.61×10^{-4}
SSLRR vs. LSR	8.20×10^{-5}	8.29×10^{-5}	8.29×10^{-5}	6.59×10^{-5}	7.23×10^{-4}
SSLRR vs. FME	8.53×10^{-4}	1.28×10^{-3}	2.13×10^{-3}	1.09×10^{-3}	7.95×10^{-3}
SSLRR vs. AMMSS	7.87×10^{-5}	9.49×10^{-5}	3.15×10^{-4}	7.97×10^{-5}	4.11×10^{-3}
SSLRR vs. MLRH	8.29×10^{-4}	7.54×10^{-4}	1.30×10^{-3}	1.49×10^{-3}	9.80×10^{-3}
SSLRR vs. LRR	2.04×10^{-3}	9.90×10^{-4}	7.44×10^{-3}	2.20×10^{-4}	5.17×10^{-3}

表 7.9　所有方法在 Extended YaleB 人脸图像数据库上的成对单边 Wilcoxon 秩和检验 p 值

对比方法	32×32	21×32	16×32	16×21	16×16
SSLRR vs. SPP	9.03×10^{-5}	9.08×10^{-5}	9.08×10^{-5}	8.98×10^{-5}	9.03×10^{-5}
SSLRR vs. GFHF	9.08×10^{-5}	9.08×10^{-5}	9.03×10^{-5}	9.08×10^{-5}	9.08×10^{-5}
SSLRR vs. LGC	9.13×10^{-5}	9.08×10^{-5}	9.08×10^{-5}	9.03×10^{-5}	9.03×10^{-5}
SSLRR vs. LSR	9.13×10^{-5}	9.08×10^{-5}	1.22×10^{-4}	1.62×10^{-4}	5.71×10^{-4}
SSLRR vs. FME	9.08×10^{-5}	1.40×10^{-4}	3.76×10^{-4}	2.89×10^{-4}	2.90×10^{-4}
SSLRR vs. AMMSS	9.13×10^{-5}	8.98×10^{-5}	9.03×10^{-5}	9.08×10^{-5}	9.03×10^{-5}
SSLRR vs. MLRH	2.86×10^{-4}	8.43×10^{-4}	2.19×10^{-4}	9.08×10^{-5}	9.08×10^{-5}
SSLRR vs. LRR	9.13×10^{-5}	7.28×10^{-4}	2.14×10^{-4}	4.34×10^{-4}	1.40×10^{-4}

表 7.10　所有方法在 AR 人脸图像数据库上的成对单边 Wilcoxon 秩和检验 p 值

对比方法	32×32	21×32	16×32	16×21	16×16
SSLRR vs. SPP	9.08×10^{-5}	8.83×10^{-5}	9.08×10^{-5}	8.83×10^{-5}	8.98×10^{-5}
SSLRR vs. GFHF	8.98×10^{-5}	8.98×10^{-5}	8.98×10^{-5}	8.93×10^{-5}	8.93×10^{-5}
SSLRR vs. LGC	9.03×10^{-5}	8.93×10^{-5}	9.08×10^{-5}	8.78×10^{-5}	8.78×10^{-5}
SSLRR vs. LSR	9.03×10^{-5}	8.78×10^{-5}	8.98×10^{-5}	8.93×10^{-5}	9.58×10^{-4}
SSLRR vs. FME	9.03×10^{-5}	8.98×10^{-5}	9.03×10^{-5}	6.46×10^{-4}	2.82×10^{-3}
SSLRR vs. AMMSS	9.08×10^{-5}	9.03×10^{-5}	1.22×10^{-4}	8.54×10^{-5}	2.02×10^{-3}
SSLRR vs. MLRH	9.03×10^{-5}	8.93×10^{-5}	1.88×10^{-4}	1.22×10^{-4}	4.33×10^{-4}
SSLRR vs. LRR	9.08×10^{-5}	8.93×10^{-5}	8.98×10^{-5}	8.93×10^{-5}	7.31×10^{-4}

表 7.11　所有方法在 CMU PIE 人脸图像数据库上的成对单边 Wilcoxon 秩和检验 p 值结果

对比方法	32×32	21×32	16×32	16×21	16×16
SSLRR vs. SPP	8.93×10^{-5}	8.83×10^{-5}	8.93×10^{-5}	8.78×10^{-5}	8.98×10^{-5}

续表

对比方法	32×32	21×32	16×32	16×21	16×16
SSLRR vs. GFHF	8.88×10^{-5}	9.03×10^{-5}	1.03×10^{-4}	2.14×10^{-4}	1.08×10^{-3}
SSLRR vs. LGC	8.88×10^{-5}	1.04×10^{-4}	8.68×10^{-5}	8.98×10^{-5}	1.40×10^{-4}
SSLRR vs. LSR	8.88×10^{-5}	1.04×10^{-4}	1.19×10^{-4}	2.85×10^{-4}	4.25×10^{-4}
SSLRR vs. FME	2.14×10^{-4}	5.52×10^{-4}	3.17×10^{-3}	3.21×10^{-3}	7.72×10^{-3}
SSLRR vs. AMMSS	8.88×10^{-5}	1.04×10^{-4}	3.26×10^{-4}	3.60×10^{-4}	1.04×10^{-3}
SSLRR vs. MLRH	7.31×10^{-4}	2.50×10^{-3}	6.19×10^{-3}	7.31×10^{-4}	2.43×10^{-2}
SSLRR vs. LRR	1.20×10^{-4}	3.76×10^{-4}	2.80×10^{-4}	1.74×10^{-3}	1.77×10^{-3}

表 7.12　所有方法在 LFW 人脸图像数据库上的成对单边 Wilcoxon 秩和检验 p 值结果

对比方法	16×32	32×16	16×16
SSLRR vs. SPP	9.03×10^{-5}	9.03×10^{-5}	8.88×10^{-5}
SSLRR vs. GFHF	8.83×10^{-5}	8.93×10^{-5}	8.83×10^{-5}
SSLRR vs. LGC	8.98×10^{-5}	8.83×10^{-5}	9.03×10^{-5}
SSLRR vs. LSR	9.08×10^{-5}	8.98×10^{-5}	8.93×10^{-5}
SSLRR vs. FME	8.78×10^{-5}	8.93×10^{-5}	9.03×10^{-5}
SSLRR vs. AMMSS	9.08×10^{-5}	8.93×10^{-5}	8.98×10^{-5}
SSLRR vs. MLRH	8.88×10^{-5}	8.98×10^{-5}	8.93×10^{-5}
SSLRR vs. LRR	8.83×10^{-5}	8.98×10^{-5}	8.88×10^{-5}

最后，从数值实验角度验证 SSLRR 方法的收敛性。为了简洁清晰，图 7.3 仅给出了子图像大小为 16×16 情况下，SSLRR 方法在五个标准人脸图像数据库上的收敛曲线图，图 7.3(a)～(e)的横坐标和纵坐标分别表示 SSLRR 方法的迭代次数与目标函数值。由图 7.3 可以看出，SSLRR 方法在五个标准人脸图像数据库上收敛速度较快。

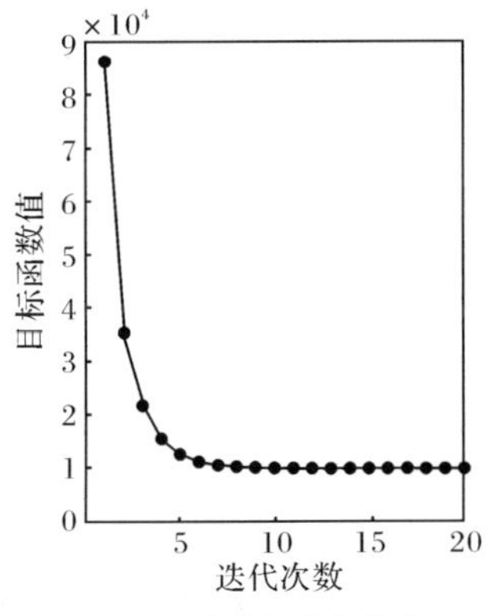

(a) Yale 人脸图像数据库

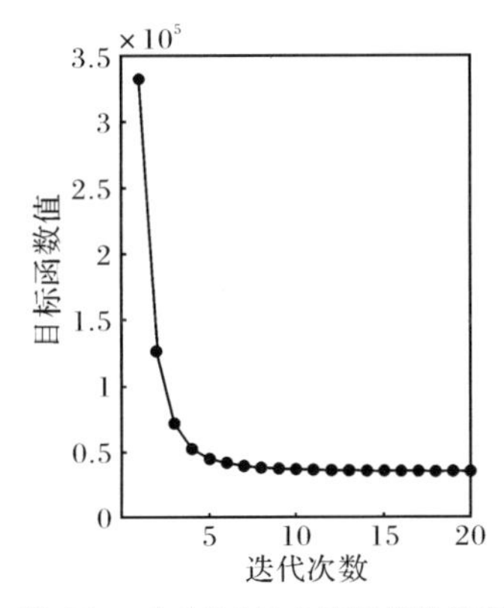

(b) Extended YaleB 人脸图像数据库

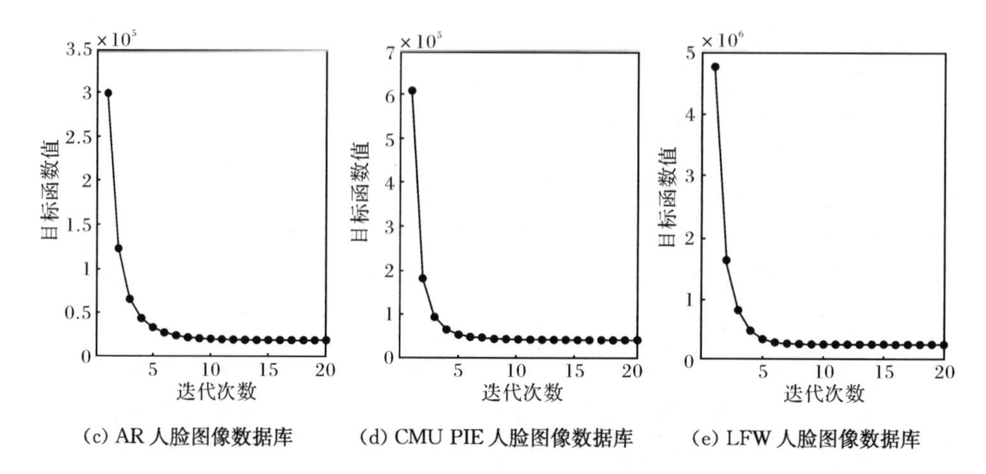

(c) AR 人脸图像数据库　　(d) CMU PIE 人脸图像数据库　　(e) LFW 人脸图像数据库

图 7.3　当子图像大小为 16×16 时，SSLRR 方法在五个标准人脸图像数据库上的收敛曲线图

7.6.3　参数敏感性分析

本节主要测试不同参数对 SSLRR 方法性能的影响。

首先，测试 SSLRR 方法在参数 λ 不同取值下的性能。固定其他参数，并设置参数 λ 取值为[0.001,1]。图 7.4～图 7.8 给出了 SSLRR 方法在五个标准人脸图像数据库上参数 λ 不同取值所对应的最优平均识别结果曲线图。从图 7.4～图 7.8 中可以看出，当参数 λ 取值在较小区间内时，SSLRR 方法的识别率随着参数 λ 取值的增大而提高。然而，当 SSLRR 方法的识别率达到最高后，随着参数 λ 取值的增大，SSLRR 方法的性能反而降低。实验结果与 7.6.1 节中的参数分析一致，也就是说，参数 λ 取值较大将会使得 SSLRR 方法的目标函数式(7.9)中的正则项 $||W^m||_2^2$ 起主导作用，从而使目标函数失去预测能力。

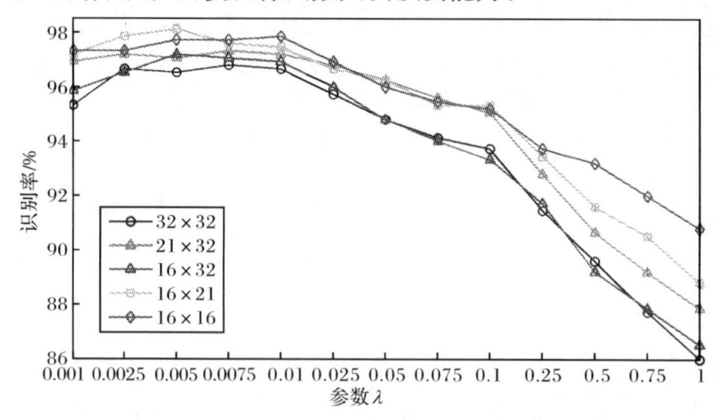

图 7.4　SSLRR 方法在 Yale 人脸图像数据库上的识别率与参数 λ 取值变化的曲线图

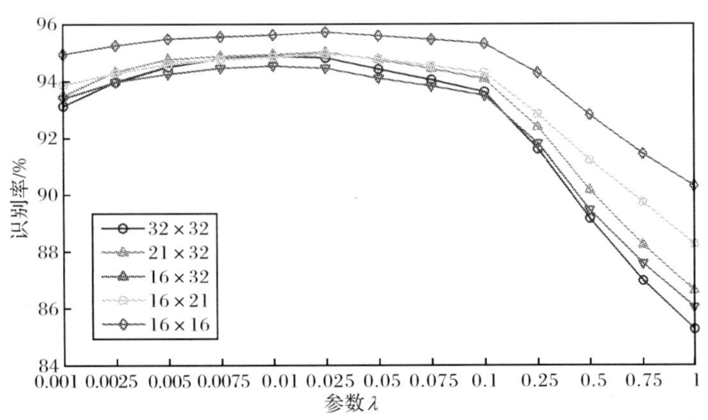

图 7.5　SSLRR 方法在 Extended YaleB 人脸图像数据库上的识别率与参数 λ 取值变化的曲线图

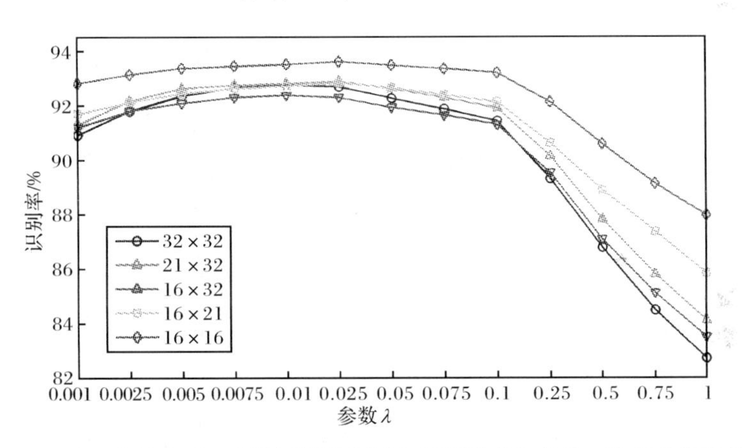

图 7.6　SSLRR 方法在 AR 人脸图像数据库上的识别率与参数 λ 取值变化的曲线图

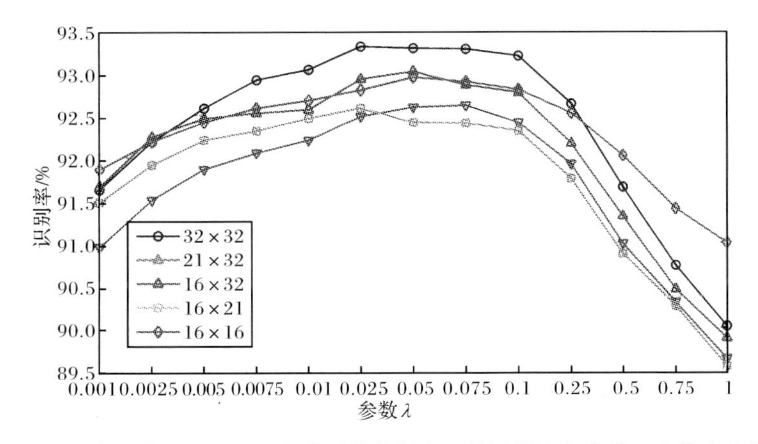

图 7.7　SSLRR 方法在 CMU PIE 人脸图像数据库上的识别率与参数 λ 取值变化的曲线图

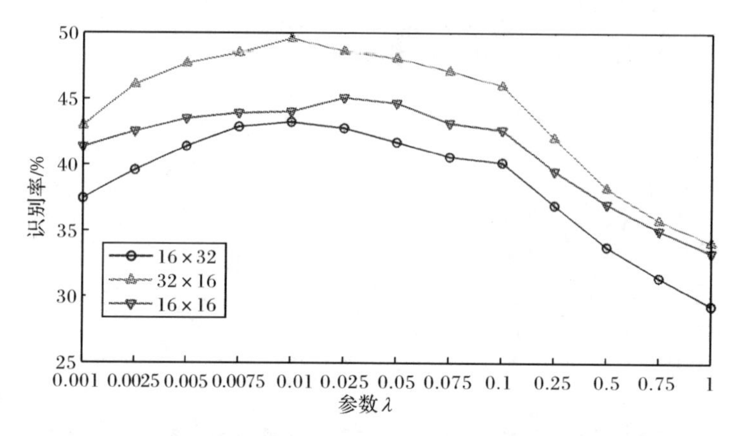

图 7.8　SSLRR 方法在 LFW 人脸图像数据库上的识别率与参数 λ 取值变化的曲线图

然后,固定参数 λ 和 β,测试 SSLRR 方法在参数 α 不同取值下的性能变化。SSLRR 方法在五个标准人脸图像数据库上参数 α 不同取值下所获得的平均识别率曲线图如图 7.9～图 7.13 所示。从图 7.9～图 7.13 中可以看出,当参数 α 取值很小时,SSLRR 方法所获取的识别结果相对较低。然而,随着参数 α 取值的增大,SSLRR 方法的性能也显著提升。实验结果意味着标签传递在 SSLRR 方法中起着重要作用。而且,当参数 α 取值大于某个特定值时,其对 SSLRR 方法的性能影响变小(多数情况下 SSLRR 方法的识别率变化在 1%左右)。

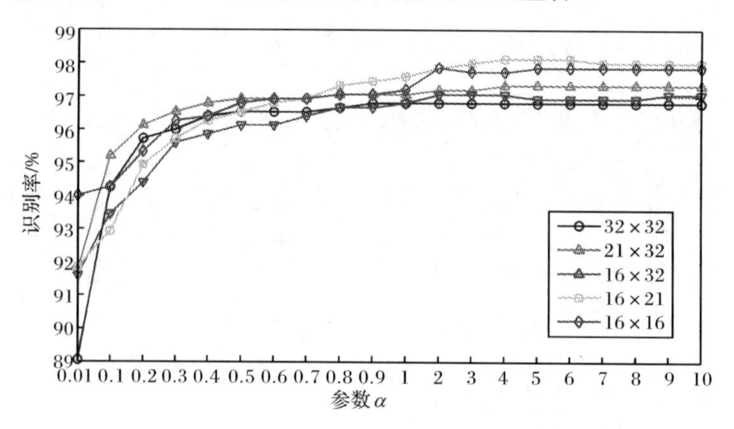

图 7.9　SSLRR 方法在 Yale 人脸图像数据库上的性能与参数 α 取值变化的曲线图

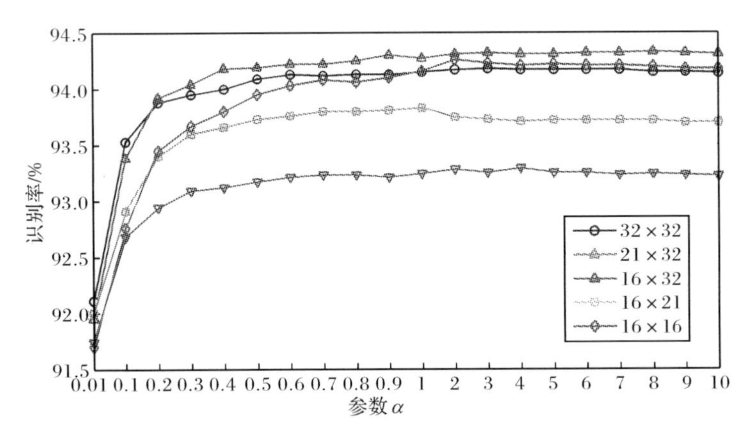

图 7.10　SSLRR 方法在 Extended YaleB 人脸图像数据库上的性能与参数 α 取值变化的曲线图

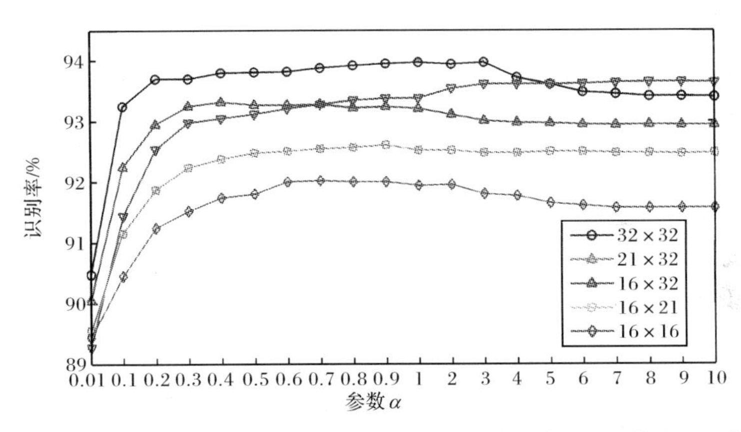

图 7.11　SSLRR 方法在 AR 人脸图像数据库上的性能与参数 α 取值变化的曲线图

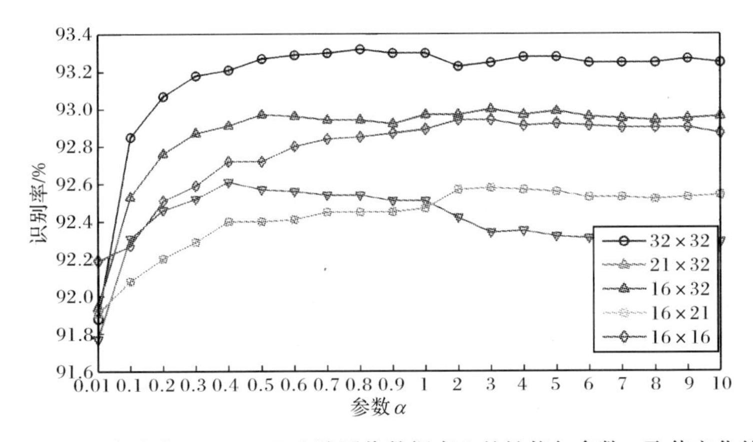

图 7.12　SSLRR 方法在 CMU PIE 人脸图像数据库上的性能与参数 α 取值变化的曲线图

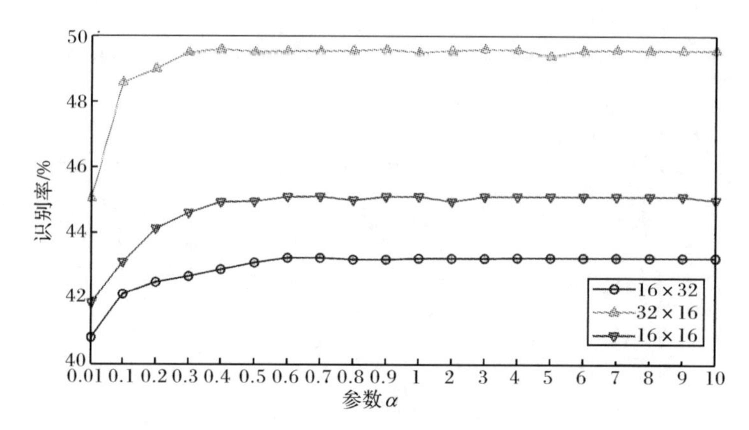

图 7.13　SSLRR 方法在 LFW 人脸图像数据库上的性能与参数 α 取值变化的曲线图

最后，固定参数 λ 和 α 取值为对应最优值，测试参数 β 对 SSLRR 方法性能的影响。图 7.14～图 7.18 给出了五个标准人脸图像数据库上 SSLRR 方法在参数 β 不同取值下所获得的识别结果曲线图。从图 7.14～图 7.18 中可以看出，当 β 参数设置为一个大小适中的值时，SSLRR 方法能获得最好的识别结果。

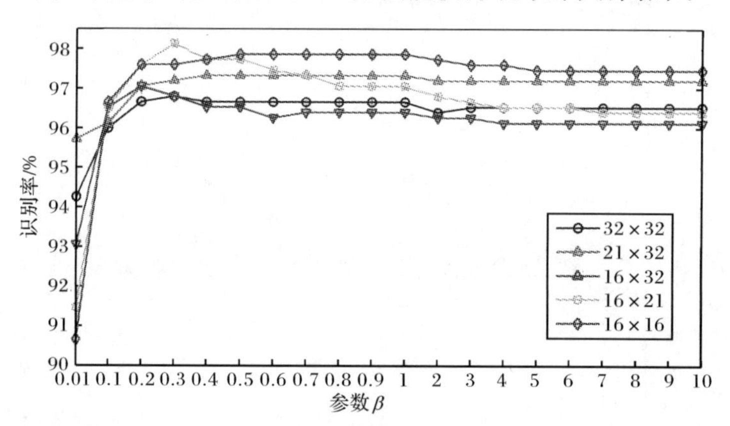

图 7.14　SSLRR 方法在 Yale 人脸图像数据库上的性能与参数 β 取值变化的曲线图

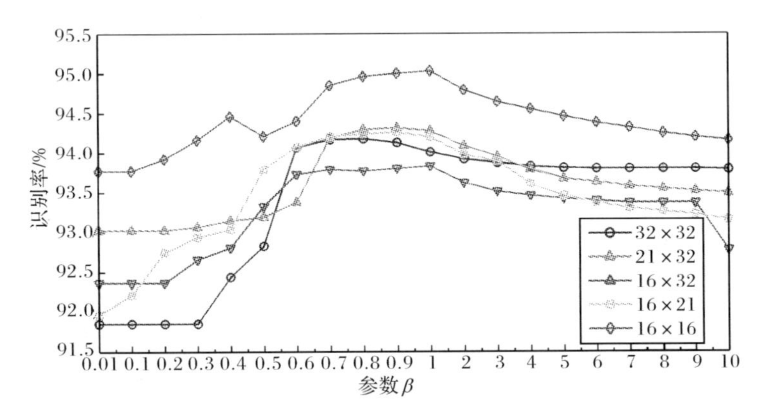

图 7.15　SSLRR 在 Extended YaleB 人脸图像数据库上方法的性能与参数 β 取值变化的曲线图

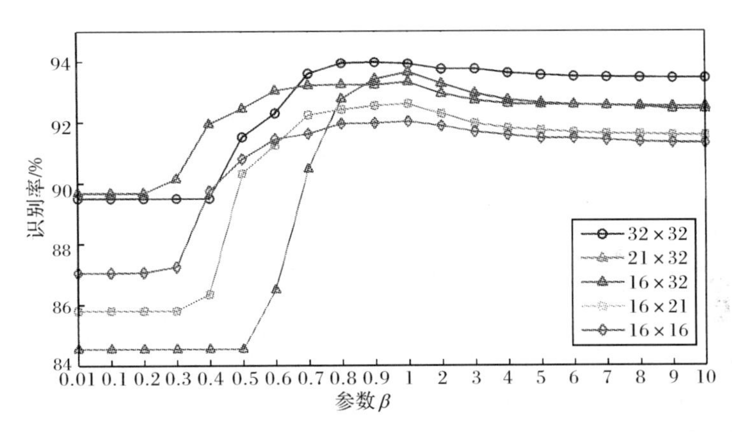

图 7.16　SSLRR 方法 AR 在人脸图像数据库上的性能与参数 β 取值变化的曲线图

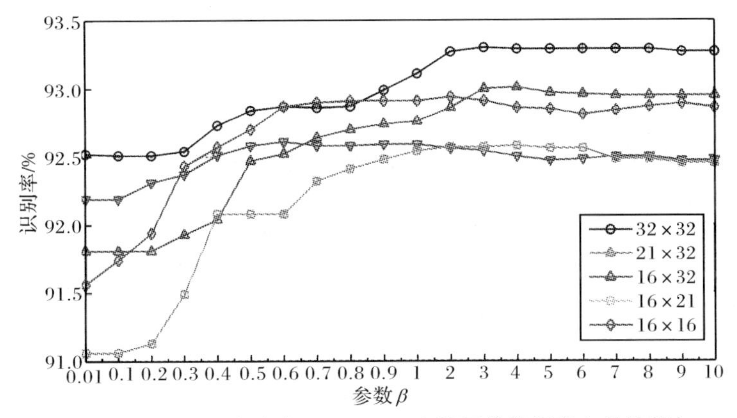

图 7.17　SSLRR 方法在 CMU PIE 人脸图像数据库上的性能与参数 β 取值变化的曲线图

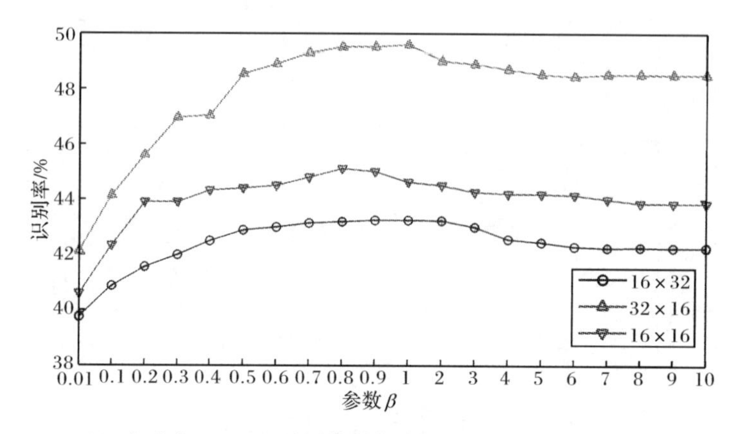

图 7.18 SSLRR 方法在 LFW 人脸图像数据库上的性能与参数 β 取值变化的曲线图

7.7 本章小结

本章提出了一种称为半监督局部岭回归(SSLRR)的半监督局部人脸识别方法。SSLRR 方法可以视为 LRR 方法的半监督扩展形式。通过整合 AWMGLP 技术与 LRR 方法形成统一框架,SSLRR 方法不仅考虑了不同子模式之间潜在的互补信息,而且能够处理包含标记样本和未标记样本的数据集,同时还能有效地解决"样本外"问题。此外,为了求解 SSLRR 方法的目标函数,本章提出了一种有效的迭代策略优化算法,并从理论分析和数值实验两方面分析了优化算法的收敛性。实验中,在五个标准人脸图像数据库(Yale、Extended YaleB、AR、CMU PIE 和 LFW)上验证了 SSLRR 方法的有效性。大量实验结果也表明了 SSLRR 方法的性能优于其他对比方法。

参考文献

[1] Zhu X, Ghahramani Z, Lafferty J. Semi-supervised learning using gaussian fields and harmonic functions[C]. International Conference on Machine Learning, 2003, 3: 912-919.

[2] Zhou D, Bousquet O, Lal T N, et al. Learning with local and global consistency[C]. Advances in Neural Information Processing Systems, 2004, 16(16): 321-328.

[3] Cai D, He X, Han J. Semi-supervised discriminant analysis[C]. IEEE International Conference on Computer Vision, 2007: 1-7.

[4] Belkin M, Niyogi P, Sindhwani V. Manifold regularization: a geometric framework for learning from labeled and unlabeled examples[J]. The Journal of Machine Learning Research, 2006, 7: 2399-2434.

[5] Zhao M, Zhang Z, Chow T W S, et al. Soft label based Linear Discriminant Analysis for image recognition and retrieval[J]. Computer Vision and Image Understanding, 2014, 121: 86-99.

[6] Zhao M, Zhang Z, Chow T W S, et al. A general soft label based Linear Discriminant Analysis for semi-supervised dimensionality reduction[J]. Neural Networks, 2014, 55: 83-97.

[7] Wang J, Yi Y, Zhou W, et al. Locality constrained joint dynamic sparse representation for local matching based face recognition[J]. PLOS ONE, 2014, 9(11): 113198.

[8] Li P, Bu J, Chen C, et al. Relational multimanifold coclustering[J]. IEEE Transactions on Cybernetics, 2013, 43(6): 1871-1881.

[9] Xue H, Zhu Y, Chen S. Local ridge regression for face recognition[J]. Neurocomputing, 2009, 72(4): 1342-1346.

[10] Ding C, Li T, Jordan M. Convex and semi-nonnegative matrix factorizations[J]. IEEE Transactions on Pattern Analysis and Machine Intelligence, 2010, 32(1): 45-55.

[11] Boyd S, Vandenberghe L. Convex Optimization[M]. Cambridge: Cambridge University Press, 2009.

[12] Luo Y, Tao D, Xu C, et al. Multiview vector-valued manifold regularization for multilabel image classification[J]. IEEE Transactions on Neural Networks and Learning Systems, 2013, 24(5): 709-722.

[13] Tao D, Jin L, Yuan Y, et al. Ensemble manifold rank preserving for acceleration-based human activity recognition[J]. IEEE Transactions on Neural Networks and Learning Systems, 2014. DOI: 10.1109/TNNLS.2014.2357794.

[14] Lee D D, Seung H S. Learning the parts of objects by non-negative matrix factorization[J]. Nature, 1999, 401(6755): 788-791.

[15] Rudin W. Principles of Mathematical Analysis[M]. New York: McGraw-Hill, 1964.

[16] Yale University Face Database. http://cvc.yale.edu/projects/yalefaces/yalefaces.html [2015-03-10].

[17] Lee K C, Ho J, Kriegman D J. Acquiring linear subspaces for face recognition under variable lighting[J]. IEEE Transactions on Pattern Analysis and Machine Intelligence, 2005, 27(5): 684-698.

[18] Sim T, Baker S, Bsat M. The CMU pose, illumination, and expression(PIE) database[C]. IEEE International Conference on Automatic Face and Gesture Recognition, 2002: 46-51.

[19] Martinez A M. The AR face database[J]. CVC Technical Report, 1998, 24: 10-20.

[20] Huang G B, Ramesh M, Berg T, et al. Labeled Faces in the Wild: A Database for Studying Face Recognition in Unconstrained Environments[R]. Technical Report 07-49. University of Massachusetts, 2007.

[21] Zhu P, Zhang L, Hu Q, et al. Multi-scale patch based collaborative representation for face recognition with margin distribution optimization[C]. European Conference on Computer Vision. Berlin: Springer Berlin Heidelberg, 2012: 822-835.

[22] Wolf L, Hassner T, Taigman Y. Similarity scores based on background samples[C]. Asian Conference on Computer Vision. Berlin: Springer Berlin Heidelberg, 2010: 88-97.

[23] Wang J, Ma Z, Zhang B, et al. A structure-preserved local matching approach for face recognition[J]. Pattern Recognition Letters, 2011, 32(3): 494-504.

[24] Xiang S, Nie F, Zhang C. Semi-supervised classification via local spline regression[J]. IEEE Transactions on Pattern Analysis and Machine Intelligence, 2010, 32(11): 2039-2053.

[25] Nie F, Xu D, Tsang I W H, et al. Flexible manifold embedding: a framework for semi-supervised and unsupervised dimension reduction[J]. IEEE Transactions on Image Processing, 2010, 19(7): 1921-1932.

[26] Cai X, Nie F, Cai W, et al. Heterogeneous image features integration via multi-modal semi-supervised learning model[C]. IEEE International Conference on Computer Vision, 2013: 1737-1744.

[27] Yang Y, Song J, Huang Z, et al. Multi-feature fusion via hierarchical regression for multimedia analysis[J]. IEEE Transactions on Multimedia, 2013, 15(3): 572-581.

第 8 章 局部约束联合动态稀疏表示

8.1 引 言

近年来，压缩感知(compressive sensing，CS)理论的兴起，引起国内外许多学者的研究。压缩感知理论中的稀疏表示被认为是最经典的内容。稀疏表示最早出现在信号领域，最初的目的是用比香农采样定理更低的采样率来表示和压缩信号，通过对重构矩阵的设计，构建重构空间，进而计算重构空间上的最佳稀疏重构系数。压缩感知理论能够很好地解决数据从高维到低维的转换，给人脸识别领域开辟了一条新的途径，引起众多学者的关注和研究。近年来，受压缩感知理论的启发，稀疏表示(或稀疏编码)技术已经广泛和成功地应用于信号、图像、视频处理和生物识别等领域中[1]。Wright 等[2]提出了一种基于稀疏表示分类(sparse representation based classification，SRC)的人脸识别方法。在 SRC 方法中，将原始训练图像集看成一个字典。对于每一幅待查询人脸图像，首先通过该字典稀疏编码该图像，然后计算每类样本的重构误差，并将误差最小的类别赋予待查询人脸图像。文献[2]中的实验结果表明，SRC 算法明显地提高了人脸识别的性能。因此，学者们基于 SRC 的思想提出了大量的人脸识别算法。Gao 等[3]提出了一种核化的稀疏表示分类(kernel SRC，KSRC)算法，该算法首先通过核的方法获得一个新的高维特征空间，然后在新的高维空间中利用稀疏表示分类技术进行识别[4]。Yang 等[5]采用 Gabor 特征替代原始人脸图像的面部特征，从而提高了稀疏表示分类算法的识别精度。Wang 等[6]提出了一种局部约束的线性编码(locality constrained linear coding，LLC)算法。在 LLC 算法中，仅仅采用最近邻的训练样本重构每幅待查询图像，从而提高了识别的性能。然而，SRC、KSRC 和 LLC 三种算法都忽略了训练样本的结构信息。因此，它们可能无法独立处理位于高维原始空间中的多个低维流形子空间上的数据[7,8]。为了处理这一问题，Elhamifar 等[9]提出了一种具有结构的稀疏表示算法，该算法首先从训练样本集中选择最小数量的结构块，然后利用选择的结构块对待查询样本进行表示。Wagner 等[10]提出了一种稀疏表示算法来处理人脸的不对称和光照变化。Yang 等[11]提出了一种鲁棒的稀疏编码(robust sparse coding，RSC)模型，该模型放宽了原始 SRC 算法中规定的重构误差应该服从高斯或拉普拉斯分布的假设，通过寻找最大似然估计量的方式来求解稀疏编码的问题。Deng 等[12]提出了扩展的 SRC(extended SRC,ESRC)算法,作者认为每个主体的类内变化均可以通过其他主体的稀疏线性结合来近似重构。因此,ESRC 算法可以有效地处理拥有少量训练样本人脸识别的问题。最近,Mi 等[13]提出了一种基于 k 近邻子空间的稀疏表示分类(sparse representation-based classification on k-nearest subspace,SRC-KNS)算法。在 SRC-KNS 算法中,首先计算测试图像和每一类别子空间的距离,然后从中选择距离最近的 k 个类别子空间,最后在所选择的 k 个类别上执行 SRC 算法。

尽管上述提到的基于 SRC 的人脸识别技术均能取得较好的性能,但在实际人脸识别应用中,这些算法均利用原始人脸图像特征信息进行识别,因此它们的性能很容易受光照、表情、伪装和姿势等因素的影响。研究表明,人脸图像的局部面部特征往往不会随着姿势、光照、面部表情和伪装等因素的变化而变化,即人脸图像的变化往往只体现在人脸图像的部分区域,而其他部分的变化很少、甚至无变化[14]。因此,一些基于局部信息的人脸识别算法被相继提出,这类算法均从不同的局部层次上提取面部特征,从而在人脸识别领域中取得了更好的分类性能[15-25]。在文献[2]中,Wright 等将 SRC 算法扩展为基于局部信息的人脸识别方法,从而进一步改善了算法的性能。在基于局部信息的 SRC(local information based SRC,LMSRC)算法中,首先,将待查询的人脸图像和训练集中的人脸图像均划分成许多等大小的子图像块;然后,利用相同位置组成的人脸子图像集对每幅待查询图像中相对应的子图像进行稀疏表示重构;最后,利用投票机制对待查询人脸图像进行识别。由于 LMSRC 方法仅关注如何很好地稀疏编码待查询人脸图像中所对应的全部子图像,而忽视了相同人脸图像中的多个子图像间所具备的潜在关系,因此可能会降低该模型的性能[25]。

在基于局部信息的人脸识别框架下,每幅人脸图像中的子图像均视为一个子模式。同时,同幅人脸图像中的不同子图像可以很好地反映出待查询人脸图像的不同变化的信息,并且它们联合起来能够提供整张人脸图像的全部信息。所以,在基于局部匹配的人脸识别算法中,每幅图像中的子图像均被看成一个任务[26]。受多任务学习思想的启发,一些基于多任务稀疏表示分类算法被相继提出。Yuan 等[27]提出了一种多任务联合稀疏表示分类(multi-task joint sparse representation-based classification,MTJSRC)算法。MTJSRC 算法假设不同特征的稀疏表示系数应该具有相同的稀疏模式。作者通过采用 $\ell_{2,1}$ 范数约束使不同特征的稀疏表示系数无论在原子级别上还是在类级别上均拥有相同的稀疏表示模式。然而,这种假设过于严格以至于在实际应用问题中很难满足。例如,有一幅受较强光照变化影响的人脸图像,就很难恰当地采用相同的原子集来稀疏表示该查询图像中的全部子图像。针对以上不足,Zhang 等[28]提出了联合动态稀疏表示分类(joint dynamic sparse representation-based classification，JDSRC)算法，该算法可以很好地解决上述问题。在 JDSRC 算法中，作者提出了联合动态活跃集合的概念，通过引入该概念可以使得所有类型特征的稀疏表示系数在类级别上共享相同的稀疏模式而在原子级别上却不同。此外，Yang 等[26]也提出了一种松弛的协同表示(relaxed collaborative representation，RCR)算法。在 RCR 算法中，作者假设不同特征的稀疏表示系数具有相似性，即在 RCR 算法下获得的所有特征的稀疏表示系数均具有相似的稀疏模式(如在不同的稀疏表示向量中非零元素的位置和非零数值均具有相似性)。文献[26]～[28]中的实验结果表明，MTJSRC、JDSRC 和 RCR 三种算法均比 SRC 和 LMSRC 算法取得了更好的分类性能，但是这些算法却忽视了数据的局部结构信息[6](即待查询样本和训练样本间的相似性)。因此，这些算法很容易选择与待查询样本不相似的训练样本来稀疏重构待查询样本，从而降低识别性能。近期研究表明，在某些情况下数据间的局部结构性要比稀疏性更加重要[29-31]。因此，将局部结构信息整合到基于多任务的稀疏表示算法中是非常必要的。

受联合动态稀疏表示和数据局部重要性的启发，本章基于多任务学习框架提出了一种基于局部约束的联合动态稀疏表示分类(locality constrained joint dynamic sparse representation-based classification，LCJDSRC)算法，并将该算法应用到局部人脸识别问题中。本章所提出的 LCJDSRC 算法的主要创新点是将联合稀疏表示和局部性约束整合成一个统一的框架。因此，LCJDSRC 算法不仅考虑了来自同幅人脸图像中不同子图像之间的潜在相关性，而且也考虑了待查询样本图像与训练样本图像之间的相似性。类似于 JDSRC 算法，对于来自同一幅人脸图像中不同子图像的稀疏表示系数，在类级别上具有相同的稀疏模式。然而，不同之处是 LCJDSRC 算法考虑到了数据的局部约束，它会使 LCJDSRC 方法更加倾向于选择相似于待查询子图像的训练样本进行重构，同时削减非相似样本的表示能力。换句话说，LCJDSRC 算法更加倾向于选择距离待查询子图像近的训练样本子图像的重构表示，从而提高算法的识别性能。

8.2　稀疏表示相关算法介绍

本节主要针对目前应用比较广泛的基于稀疏的相关算法展开详细介绍，包括基于稀疏表示的分类(SRC)算法[2]、协同表示分类(collaborative representation-based classification，CRC)算法[32]、鲁棒的稀疏编码(RSC)算法[11]、MTJSRC 算法[27]和松弛的协同表示(RCR)算法[26]等。首先定义$X=[X_1\ X_2\ \cdots\ X_C]\in\mathbf{R}^{d\times n}$表示 C 类训练样本集，其中 X_c 为第 c 类的训练样本集($c=1,2,\cdots,C$)，$y\in\mathbf{R}^d$ 表示

测试样本,同时设定误差容限 $\varepsilon>0$。

1. 基于稀疏表示的分类算法

近年来,受压缩感知理论的启发,稀疏表示技术已经成功地应用于计算机视觉、模式识别和信号处理等热门研究领域。2009 年,Wright 等首次将稀疏表示引入人脸识别领域中,从而提出 SRC 算法[2]。该算法假设同一类别的样本,无论测试样本还是训练样本,均来自同一个线性子空间。在 SRC 算法中,当训练样本充足时,每一个新来的测试样本都可以通过同类的训练样本对其进行线性重构表示,同时约束其他类别样本的重构能力。对于每一幅给定的测试样本图像,首先通过求解 ℓ_1 最小化问题,将测试样本表示成全部原始训练样本的线性组合,然后根据测试样本图像类别的最小重构误差进行分类。该算法的具体流程如下。

第一步:采用 ℓ_2 范数对训练样本矩阵 X 中的每一列进行归一化。

第二步:求解最小 ℓ_1 范数问题。

$$\hat{a} = \arg\min_{a} \| a \|_1 \quad \text{s. t.} \quad Xa = y \tag{8.1}$$

式(8.1)等价于

$$\hat{a} = \arg\min_{a} \| a \|_1 \quad \text{s. t.} \quad \| Xa - y \|_2^2 \leqslant \varepsilon \tag{8.2}$$

第三步:计算重构误差量。

$$r_c(y) = \| y - X\delta_c\hat{a} \|_2^2, \quad c=1,2,\cdots,C \tag{8.3}$$

式中,$\delta_c \in \mathbf{R}^{n\times n}$ 为选择矩阵,其定义为

$$\delta_c(i,j)=\begin{cases}1, & x_i \text{ 与 } x_j \text{ 同属于第 } c \text{ 类}\\ 0, & \text{其他}\end{cases} \tag{8.4}$$

第四步:输出所属类别。

$$\text{Identity}(y)=\arg\min_{c}\{r_c(y)\} \tag{8.5}$$

由文献[2]中给出的描述可知,该算法对噪声具有很强的鲁棒性,即使在人脸图像受 80%随机噪声干扰的情况下,该算法仍然可以达到很高的识别率。此外,对于人脸图像受部分遮挡的情况,如戴围巾、戴眼镜等,该算法仍能够保持较高的识别性能。以上提到的这两个方面是该算法应用于人脸识别领域中的主要优势,同时也是其他任何传统的人脸识别算法所不具有的。虽然该算法具有以上优点,但仍存在以下不足。

(1) 对于一幅来自实际环境下拍摄的人脸图像,将数据库中的全部人脸图像看成字典,来稀疏重构该幅待查询人脸图像。对于这个算法的求解,通常情况下

是比较耗时的。尽管针对该问题已经有很多算法被相继提出，但是对于实时应用的问题，依然没办法满足。所以，关键还是求解 ℓ_1 范数的最小化问题。

(2) 在传统的 SRC 算法中，仅采用训练样本本身作为字典来重构待查询样本。由于受数据学习及字典应用的驱动，学习一个合适的字典将更加适用于实际的应用问题。

(3) 该模型的建立满足如下假设：在一个足够大的图像空间条件下，对于任意一幅图像都可以通过同类图像组成的子空间对其进行线性表示。但是，在实际的应用问题中，图像空间通常是呈非线性的，这就限制了该模型的应用。

(4) 通过上述模型的描述，可以得出基于稀疏表示的另一个假设条件：实验中用到的人脸图像必须采用经过严格矫正后的图像，否则，将很难满足稀疏性的要求。换言之，对于面部表情、姿势等发生变化的人脸图像，它们将不满足这个稀疏性的假设。所以，经典的稀疏表示人脸识别算法将很难应用于真实的场景中。

2. 协同表示分类算法

针对 SRC 方法的求解效率问题，Zhang 等[32]于 2011 年在 CVPR 上发表了一篇文章（sparse representation or collaborative representation: which helps face recognition?）。作者通过采用 ℓ_2 范数约束的形式来替代传统的 ℓ_1 范数来求解问题。这样就可以使传统的算法达到快速求解的目的，从而解决了实时性的问题。相比于传统 SRC 算法中采用 ℓ_1 范数得到稀疏性，该算法的稀疏性相对较弱，但是作者通过对分类准则的改进，使得该算法的分类性能几乎接近于原始 ℓ_1 范数最小化问题的分类性能。该算法的具体求解流程如下。

第一步：规范化训练样本 X 中的每一列为单位向量。

第二步：在规范化后的训练样本矩阵 X 上对测试样本 y 编码，其目标函数为

$$\hat{\rho}=\arg\min_{\rho}\|y-X\rho\|_2^2+\lambda\|\rho\|_2^2 \tag{8.6}$$

式中，$\lambda\geqslant 0$ 为平衡参数。对式(8.6)求导并令其导数等于 0，得

$$\begin{aligned}\rho&=(X^{\mathrm{T}}X+\lambda I)^{-1}X^{\mathrm{T}}y\\&=Py\end{aligned} \tag{8.7}$$

式中，$P=(X^{\mathrm{T}}X+\lambda I)^{-1}X^{\mathrm{T}}$。

第三步：计算每个样本的规范化重构误差。

$$r_c=\frac{\|y-X_c\hat{\rho}_c\|_2^2}{\|\hat{\rho}_c\|_2^2} \tag{8.8}$$

式中，$\hat{\rho}_c$ 表示第 c 类样本所对应的表示系数。

第四步：输出测试样本 y 的类别。

$$\text{Identity}(y)=\arg\min_{c}\{r_c\} \tag{8.9}$$

通过观察上述 CRC 算法流程可知，式(8.7)中的矩阵 P 是独立于每一个新来的测试样本 y。可以预先定义一个投影矩阵 P，然后对于每一个测试样本 y，均可以通过 Py 来求解该测试样本的稀疏编码系数，这样可以很好地提高 CRC 算法的计算效率。通过上述计算，首先可以得到测试样本的稀疏编码系数，然后通过获得的稀疏编码系数进行识别。该识别方式与传统的 SRC 算法类似，即采用类别最小重构误差进行分类。

3. 鲁棒的稀疏编码算法

在传统的 SRC 算法框架下，无论通过 ℓ_1 范数还是 ℓ_2 范数方式完成的编码误差度量，均必须服从高斯分布或拉普拉斯分布。然而，现实情况往往没办法满足上述要求，特别是当人脸图像受遮挡和噪声污染破坏时，这将导致传统的稀疏模型对上述情况缺少足够的鲁棒性。为了提高稀疏表示在人脸识别应用中的性能，Yang 等[11]在 2011 年的 CVPR 上提出了 RSC 模型。因为 Lasso 问题的解与稀疏编码问题的解呈等价关系，所以作者不直接对稀疏编码问题进行求解，而是间接地求解加权 ℓ_1 范数约束的线性回归问题，从而对原始的 Lasso 问题进行改进。

加权的 Lasso 问题的目标函数描述为

$$a^* = \arg\min_{a} \| \sqrt{W}(y - Xa) \|_2^2$$
$$\text{s. t. } \| a \|_1 \leqslant \varepsilon \tag{8.10}$$

该算法是基于对图像中受遮挡或噪声干扰的像素点赋予较小的权重，而其他像素点的权重则相对较大的先验条件而提出的，所以关键因素在于权重系数 W 的确定。在文献[11]中，作者采用 logistic 函数，通过寻找最大似然估计的方式来解决稀疏编码问题，而具体的实现则是通过迭代估计学习得到的。通过上述描述得知，该模型特别适合处理人脸受遮挡或破坏的图像。

4. 多任务联合稀疏表示分类算法

传统的 SRC 模型主要处理单一特征的识别问题。为了将 SRC 算法推广到多特征和多实例的识别问题中，Yuan 等[27]提出了 MTJSRC 算法。假设每一个样本均拥有 K 个不同模态的特征。$X^k = [X_1^k \ X_2^k \ \cdots \ X_C^k]$ 表示第 k 个模态特征组成的字典。MTJSRC 的目标函数为

$$\arg\min_{\{A\}} \sum_{k=1}^{K} \| y^k - \sum_{c=1}^{C} X^k a_c^k \|_2^2 + \lambda \sum_{c=1}^{C} \| a_c \|_2 \tag{8.11}$$

式中，y^k 为测试样本第 k 个模态的特征向量；$a^k = [a_1^k \ a_2^k \ \cdots \ a_C^k]$ 为 y^k 在字典 X^k 上的编码向量；a_c^k 为在 a^k 中属于第 c 类的编码特征向量($c=1,2,\cdots,C$；$k=1$，

2,…,K)。对于不同类型特征 a_c^k 间彼此具有相似性,而不同类别的 a_c 是稀疏的。MTJSRC 算法的分类判定标准是通过联合 K 个模态下的类别最小重构误差决定的。

通过观察 MTJSRC 算法不难发现,该文献通过采用 $\ell_{2,1}$ 范数的方式来优化编码系数。尽管该混合范数的规范化并没有要求不同的 a_c 间彼此相同,但是不同的编码向量间应该具有相似性,即对于编码和分类问题,每一个特征的贡献都是相同的。实际上,为了获取一个更加鲁棒的识别结果,在编码过程中应该更多地考虑不同特征间的差异性。因此,探索不同特征间的差异性将更加有助于提高编码系数的判别力。

5. 松弛的协同表示算法

通过对多任务联合动态稀疏表示分类算法的分析可知,对于来自同一个样本的不同特征,它们对模式的表示及分类的贡献是不同的。因此,Yang 等提出了 RCR 算法[26],该算法很好地考虑了不同特征间的差异性及相似性。在 RCR 模型中,首先,对于每个特征向量,均通过在其相关字典上的稀疏编码来保持特征向量间的多样性,同时,通过最小化编码向量的方差来保持特征间的相似性。然后,通过加权该特征到编码域中其他特征的距离来寻找不同特征的差异性。最后,采用最小权重编码误差对待查询样本进行识别。

假设 y_k 表示测试样本 y 的第 k 个特征向量,D_k 表示字典 $D=[D_1\ D_2\ \cdots\ D_K]$中的第 k 个子字典($k=1,2,\cdots,K$),w 表示权重,则 RCR 的目标函数为

$$\min_{a_k}\sum_{k=1}^{K}\|y_k-D_ka_k\|_2^2+\lambda\|a_k\|_2^2+\tau w_k\|a_k-\bar{a}\|_2^2 \tag{8.12}$$

式中

$$a_k=a_{0,k}+\tau\frac{w_k}{\sum_{\eta=1}^{K}w_\eta}P_kQ\sum_{\eta=1}^{K}w_\eta a_{0,\eta} \tag{8.13}$$

$$a_{0,k}=P_kD_k^{\mathrm{T}}y_k \tag{8.14}$$

$$\bar{a}=\frac{\sum_{k=1}^{K}w_ka_k}{\sum_{k=1}^{K}w_k} \tag{8.15}$$

$$P_k=(D_k^{\mathrm{T}}D_k+I(\lambda+\tau w_k))^{-1} \tag{8.16}$$

$$Q=(I-\sum_{\eta=1}^{K}w_\eta P_\eta)^{-1} \tag{8.17}$$

$$w_\eta = \frac{\tau w_\eta^2}{\sum_{k=1}^{K} w_k} \tag{8.18}$$

RCR 算法的主要流程如下。

第一步：首先初始化字典 D_k 和测试样本特征向量 $y_k(k=1,2,\cdots,K)$，同时设定一个初始的权重向量 $w^{(0)}$。

第二步：通过第三步～第五步来完成算法的更新。

第三步：通过式(8.13)更新编码向量。

第四步：通过式(8.19)或式(8.20)更新权重。

$$\min_{w_k} \sum_{k=1}^{K} \tau w_k \| a_k - \bar{a} \|_2^2 + \gamma \sum_{k=1}^{K} w_k \ln w_k$$
$$\text{s. t. } u_l \leqslant \Phi w \leqslant u_c, 0 \leqslant w \tag{8.19}$$

$$w_k = \exp\left\{ \frac{-1-\tau \| a_k - \bar{a} \|_2^2}{\gamma} \right\} \tag{8.20}$$

第五步：通过式(8.21)判断算法终止条件。

$$\frac{\| w^{(t+1)} - w^{(t)} \|_2}{\| w^{(t)} \|_2} < \delta_w \tag{8.21}$$

式中，$w^{(t)}$ 为第 t 次迭代的权重向量。

第六步：输出 $a_k(k=1,2,\cdots,K)$ 和 w。

完成上述的求解后，接下来对测试样本 y 进行分类

$$e_i = \sum_{k=1}^{K} w_k \| y_k - D_k^i a_k^i \|_2^2 \tag{8.22}$$

式中，D_k^i 为子字典 D_k 中属于第 i 类的字典集；a_k^i 为向量 a_k 中属于第 i 类的系数向量。

最终，通过式(8.23)的类别最小重构误差对测试样本进行分类：

$$\text{Identity}(y) = \arg\min_i \{e_i\} \tag{8.23}$$

8.3　局部约束联合动态稀疏表示

本节将提出基于局部约束联合动态稀疏表示分类算法用于人脸识别。该算法将局部约束和联合动态稀疏整合成一个统一的框架，从而提高人脸识别的性能。首先，给出基于局部匹配人脸识别算法的大体框架。然后，讨论分析本章提出的 LCJDSR 算法的具体流程，同时给出算法的识别标准。最后，针对目标函数及优化策略两方面比较分析 LCJDSR 算法与其他相关算法的差异。

8.3.1 算法描述

LCJDSR 算法主要包括以下四个步骤。第一步，将待查询的人脸图像和训练集合中的人脸图像进行图像块的划分。目前的分块算法主要包括局部成分划分和局部区域划分。局部成分划分主要是通过对人脸图像中的面部成分进行分割，分割后可以获得人脸图像的不同部分(如眼睛、鼻子和嘴巴等)。局部区域划分则是将图像规则分块，具体的人脸图像分块方式如图 8.1 所示，将整幅人脸图像划分成 3 种不同大小的子图像，子图像大小由 50×50 变化到 20×20，并将相同位置的人脸图像组成相应的子图像集。研究表明，在基于局部匹配的人脸识别问题中，采用局部区域划分方法可以取得更好的识别性能。因此，在 LCJDSR 算法中，采用目前比较主流的方形区域分割技术来划分人脸图像，同时，将待查询人脸图像和训练集中的人脸图像均划分成一些更小的子图像块。第二步，利用相同位置组成的人脸子图像集对每幅待查询图像中相对应的子图像进行局部约束联合动态稀疏重构。该过程不仅考虑了不同子图像间的潜在相关性，同时也很好地利用了数据的局部结构信息。第三步，利用本章提出的 LCJDSR 算法求解出每幅子图像的稀疏表示系数；然后通过得到的稀疏表示系数计算每幅子图像的重构误差。第四步，融合全部子图像的重构误差，并将误差最小的类别赋予待查询人脸图像。算法流程如图 8.2 所示。

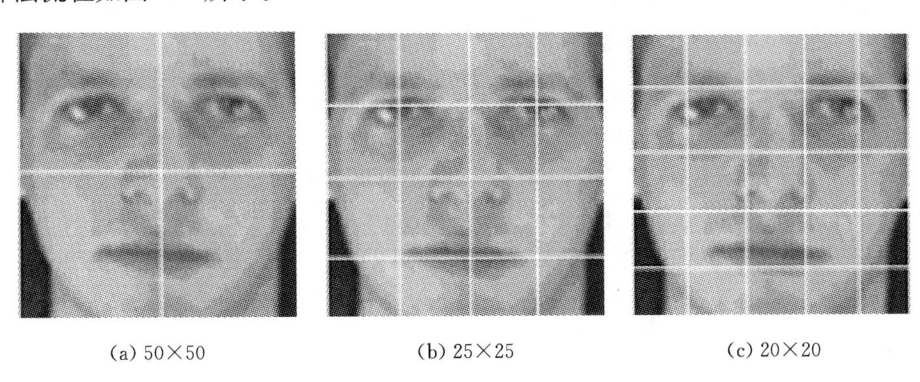

(a) 50×50 (b) 25×25 (c) 20×20

图 8.1 人脸图像的不同子图像划分

8.3.2 局部约束联合动态稀疏表示模型

$X=[x_1\ x_2\ \cdots\ x_N]\in \mathbf{R}^{d\times N}$表示包含 C 个人的 N 幅训练样本人脸图像集，每个人均含有 $N_c(c=1,2,\cdots,C)$幅人脸图像，每个人的人脸图像大小均为 $S_1\times S_2$ $(S_1\times S_2=d)$。对于一幅给定的待查询人脸图像 $y\in \mathbf{R}^{S_1\times S_2}$，首先利用局部区域划分方法将 y 划分成M 个互不重叠的子图像块，然后将每个子图像块转化为维数为

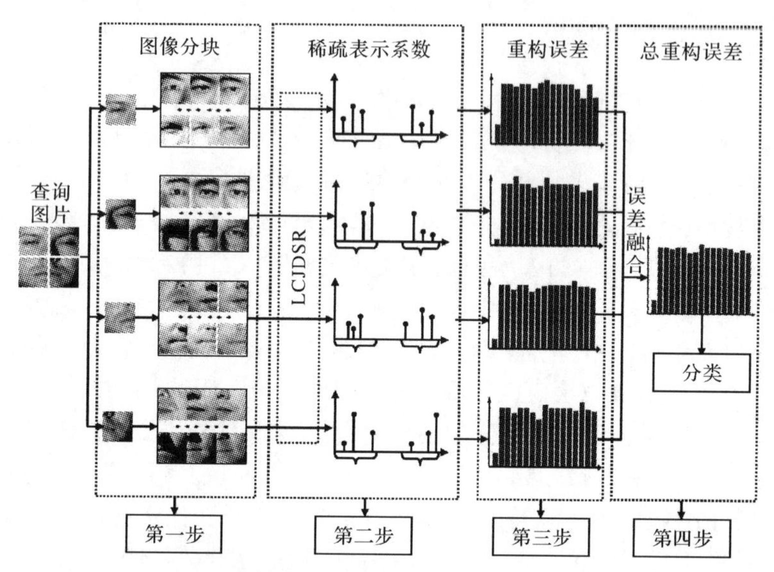

图 8.2　LCJDSRC 算法流程图(人脸图像均来自 Extended YaleB 标准人脸图像库)

d/M 的向量。因此,待查询图像 y 可以表示为 $y=[y^1\ y^2\cdots\ y^M]$,其中,$y^i\in\mathbf{R}^{d_i\times 1}$($i=1,2,\cdots,M$)表示待查询样本图像 y 中的第 i 个子图像块。类似地,也将训练集中的人脸图像 X 按照相同的分割方式划分成 $X^1,X^2,\cdots,X^M$ 个子图像训练集,其中,$X^i=[x_1^i\ x_2^i\ \cdots\ x_N^i]\in\mathbf{R}^{d_i\times N}$($i=1,2,\cdots,M$)表示由 N 个训练样本中所有第 i 块子图像组成的第 i 个子图像训练集,d_i 表示待查询图像 y 中第 i 个子图像的维度和子图像训练样本集 X^i 中对应第 i 个子图像的维度。

为了稀疏表示待查询人脸图像 y 中的每幅子图像 y^m($m=1,2,\cdots,M$),利用标准的 SRC 算法对每幅子图像 y^m($m=1,2,\cdots,M$)进行稀疏重构。其目标函数为

$$\min_{A^m}\|y^m-X^mA^m\|_2^2+\lambda\|A^m\|_1,\quad m=1,2,\cdots,M \tag{8.24}$$

式中,$A^m=[a_1^m\ a_2^m\ \cdots\ a_N^m]^{\mathrm{T}}$ 为第 m 块待查询子图像的系数向量;$\lambda\geqslant 0$ 为平衡参数。结合 y 中的所有子图像,则有

$$\min_{\{A^m\}}\sum_{m=1}^{M}\|y^m-X^mA^m\|_2^2+\lambda\|A^m\|_1 \tag{8.25}$$

实际上,式(8.25)与 Wright 等[2]提出的基于局部匹配的 SRC 算法非常类似。该目标函数对待查询样本的重构策略并不是最优的。主要存在以下两方面的不足。首先,在式(8.25)中,对于每一幅待查询人脸图像中的子图像,仅仅采用对应位置的训练样本子图像对其重构,而忽视了待查询样本子图像和训练样本子图像间的相似性。因此,该模型很容易选择与待查询样本子图像不相似的训练样本进

行重构，从而导致不够准确的重构结果。其次，式(8.25)表明，该模型独立地对待查询样本图像中的每一幅子图像进行稀疏重构，即在每个子图像重构的过程中并没有考虑到不同子图像间的潜在相关性。

在 SRC 及其他相关算法中，通常采用类别最小重构误差的方式对待查询样本[2,3]进行分类，因此，选择与待查询图像相似的训练样本进行重构可以提高分类和识别结果[30-32]。基于上述分析，本节提出了一个度量待查询样本和训练样本间局部结构关系的准则，并通过该准则的引入来克服式(8.25)中存在的第一方面的不足。其局部性衡量准则定义为

$$w_j^m = \exp\left(\frac{||y^m - x_j^m||^2}{\sigma}\right), \quad m=1,2,\cdots,M; j=1,2,\cdots,N \tag{8.26}$$

式中，$\sigma>0$ 为确定权函数的衰减率参数；y^m 为待查询人脸图像中第 m 块子图像；x_j^m 为第 j 幅训练样本图像中对应的第 m 块子图像。由式(8.26)可以看出，若 w_j^m 的值越小，则越可以表明 x_j^m 与待查询子图像 y^m 的相似程度越强，反之亦然。

为了克服式(8.25)中存在的第二方面的不足，引入联合动态活跃集合的概念。联合动态活跃集合的概念最初是由 Zhang 等[28]在基于多任务的稀疏表示问题提出的。联合动态活跃子集可以很好地考虑来自同一主体中不同观测集间的相关性。在文献[28]中，联合动态活跃集合定义为同类系数的索引集，且多条动态活跃子集联合起来对不同的观测集进行稀疏表示。

$A=[A^1\ A^2\ \cdots\ A^M]$表示 M 块待查询子图像的稀疏表示系数矩阵集合，其中，A^m 表示待查询样本 y 中对应第 m 块子图像的稀疏表示系数向量。每一个动态活跃集合($g_s\in\mathbf{R}^M, s=1,2,\cdots$)均是由同类训练样本对应的系数行索引组成的。为了提高稀疏性和仅允许少量的动态活跃子集参与联合稀疏表示，引入了一个动态活跃子集上的混合范数(即先应用 ℓ_2 范数，再应用 ℓ_0)定义为

$$\|A\|_G = \|(\|A_{g_1}\|_2, \|A_{g_2}\|_2, \cdots)\|_0 \tag{8.27}$$

式中

$$A_{g_s} = A(g_s) = (A(g_s(1),1), A(g_s(2),2), \cdots, A(g_s(M),M))^{\mathrm{T}} \in \mathbf{R}^M \tag{8.28}$$

式中，A_{g_s} 为第 s 条动态活跃子集 g_s 对应的系数向量；$g_s(m)$ 为第 s 条动态活跃子集在系数矩阵 A 的第 m 列中被选择的训练样本行索引。为了更好地描述和解释动态活跃子集的形成过程，给出具体实例如图 8.3 所示。

为了表述简单，在图 8.3 中仅讨论两类问题。对于每一幅人脸图像，都将它分成四块，即这里的 $M=4$，其中，$A=[A^1\ A^2\ A^3\ A^4]$表示系数矩阵，$A^i(i=1,2,3,4)$表示 A 中的一个列向量。方块中的数字代表稀疏表示的系数值，空白方块表示系数值为零。图 8.3 给出了两条动态活跃子集，分别表示 g_1 和 g_2。通过动态活跃子集的定义[28]，可以得到 $g_1=(1,2,1,1)$ 和 $g_2=(5,6,5,6)$。由

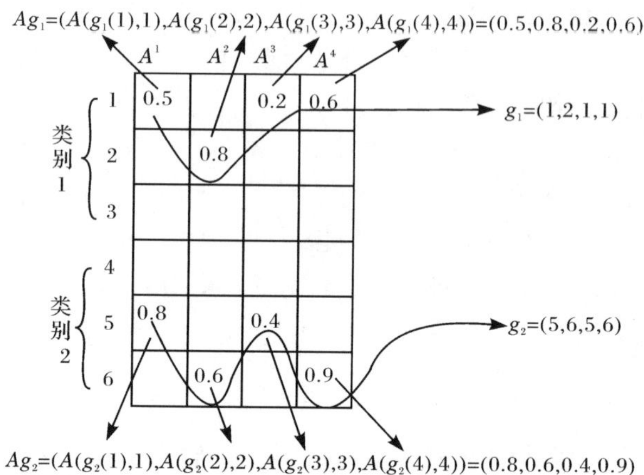

图 8.3　动态活跃子集示意图

式(8.28)可以得出,g_1 和 g_2 中对应的系数向量分别为 $A_{g_1}=(0.5,0.8,0.2,0.6)$ 和 $A_{g_2}=(0.8,0.6,0.4,0.9)$。有关动态活跃子集更加详细的描述,可以参考文献[28]。

最后,将局部约束和联合稀疏表示结合成一个统一的框架,其目标函数为

$$\min_{A}\sum_{m=1}^{M}\|y^m-X^mA^m\|_2^2+\lambda\|W^m\odot A^m\|_2^2$$
$$\text{s.t.}\ \|A\|_G\leqslant K \tag{8.29}$$

式中,$\lambda\geqslant 0$ 为平衡参数;$\odot$表示点相乘;$W^m=[w_1^m\ w_2^m\cdots\ w_N^m]$为第 m 块子图像的局部调节向量;K 为稀疏度,即表示在每一个 A^m 中非零元素的个数。

对于每一幅待查询人脸图像中的子图像,采用本章提出的 LCJDSR 算法均能够取得较好的稀疏重构结果。在式(8.29)中,第一项表示最小化重构误差项,第二项表示局部约束项。通过最小化局部约束项,会使 LCJDSR 更加倾向于选择相似于待查询子图像的训练样本图像进行重构,同时削减非相似样本图像的表示能力。此外,混合范数的规范化项 $\|A\|_G\leqslant K$ 不仅结合了待查询图像 y 中的全部子图像,同时也促进了联合稀疏模式在类级别上的共享[28]。

8.3.3　优化策略

由于本章提出的 LCJDSR 模型中包含了 ℓ_0 范数,因此如何求解式(8.29)成为一个具有挑战性的研究问题。下面将提出一种基于贪婪的匹配追踪算法[33]来优化算法求解式(8.29)。在优化算法中,首先,初始化每个待查询子图像的重构误差为 $R_0^m=y^m(m=1,2,\cdots,M)$,同时,设置初始的动态活跃集合 I_0 为空集。然后,通过 t 次($t=1,2,\cdots$)迭代优化求解,直到满足算法的停止条件。该算法的具体流

程如下。

第一步：基于当前误差，选择新的候选集。

首先，每幅待查询人脸图像中的子图像的表示系数都可以表示为当前误差与对应的训练样本子图像集的内积。

$$A_t^m = X^{m^{\mathrm{T}}} R_{t-1}^m,\quad m=1,2,\cdots,M \tag{8.30}$$

然后，从稀疏表示系数矩阵 $A_t=[A_t^1\ A_t^2\ \cdots\ A_t^M]\in\mathbf{R}^{N\times M}$ 中选择 L（根据文献[28]和[34]，本章中设置 $L=2K$）条候选动态活跃子集，通过选择的活跃子集来近似估计系数矩阵 A_t。该问题可以通过求解如下目标函数求解：

$$\begin{aligned}&\arg\min_{\hat{A}_t\in\mathbf{R}^{N\times M}}\ \|A_t-\hat{A}_t\|\\&\text{s. t. }\ \|\hat{A}_t\|_G\leqslant L\end{aligned} \tag{8.31}$$

式中，$\hat{A}_t\in\mathbf{R}^{N\times M}$ 为稀疏系数矩阵，该矩阵仅保留了已被选择动态活跃子集对应在 A_t 中的系数值，并将其他的系数值设置为 0。式(8.31)可以采用联合动态稀疏映射(joint dynamic sparsity mapping，JDS Mapping)算法对其进行求解。该算法的具体流程详见算法 8.1。

算法 8.1　联合动态稀疏表示映射(JDS Mapping)

输入：系数矩阵 A_t，动态活跃子集数目 L，训练样本标签向量 u，类别数目 C，子图像数目 M，训练样本数目 N

输出：包含前 L 条动态活跃子集的集合 I_t 及稀疏系数矩阵 $\hat{A}_t$

初始化：I_t 为空集	%初始化 I_t 为一个空矩阵
$\hat{A}_t\leftarrow 0\in\mathbf{R}^{N\times M}$	%初始化稀疏系数矩阵 $\hat{A}_t$ 为零矩阵
for　$l=1,2,\cdots,L$	%L 为目标动态活跃子集数目
for　$i=1,2,\cdots,C$	%C 为类别数目
$c=\mathrm{find}(u,i)$	%M 表示子图像数目
for　$m=1,2,\cdots,M$	
$[v,t]\leftarrow\max(\lvert A_t(c,m)\rvert)$　(8.32)	%在第 i 类的第 m 个子图像中，寻找最大的系数值。其中，v 和 t 表示最大系数值和相应的索引

$V(i,m) \leftarrow v$ 　　%$V \in \mathbf{R}^{C \times M}$表示将第 i 类的第 m 个子图像中最大的系数值赋值给 V 矩阵的(i,m)位置

$\widetilde{I}(i,m) \leftarrow c(t)$ 　　%$\widetilde{I} \in \mathbf{R}^{C \times M}$是一个矩阵，在$(i,m)$中的值表示为在第 i 类的第 m 个子图像中最大系数值所对应的索引值

end

$s(i) \leftarrow \sqrt{\sum_{m=1}^{M} V(i,m)^2}$ 　(8.33)　%s 表示一个向量，该向量表示将第 i 类所有子图像所对应的最大系数值进行累加求和

end

$[\hat{v},\hat{t}] = \max(s)$ 　(8.34)　%$\hat{v}$ 和 $\hat{t}$ 表示最大系数值及其索引

$I_t(l,:) = \widetilde{I}(\hat{t},:)$ 　(8.35)　%将已经选择的索引分配给矩阵 I_t 的第 l 行

$\hat{A}_t(\widetilde{I}(\hat{t},:)) \leftarrow A_t(\widetilde{I}(\hat{t},:))$ 　(8.36)　%将矩阵 A_t 中对应的系数值分配到矩阵 $\hat{A}_t$ 中

$A_t(\widetilde{I}(\hat{t},:)) \leftarrow 0^{\mathrm{T}}$ 　(8.37)　%将 A_t 中的相关系数设置为零

end

在 JDS Mapping 中，经过每四步的迭代更新都将会产生出一条新的动态活跃集合。首先，对于每一幅子图像，通过式(8.32)可以计算得到该子图像在每一个类别中对应的最大绝对值系数。其次，通过式(8.33)将每一个类别中所有子图像对应的最大绝对值系数相结合。然后，利用式(8.34)从全部类别中选择出一条具有最大绝对值系数的动态活跃子集，并将该子集作为本次迭代过程中的最终结果返回。最后，将本次迭代过程中选择的动态活跃子集以行向量的形式加入矩阵 I_t 中。同时，通过式(8.35)和式(8.36)，将该动态活跃子集对应在系数矩阵 A_t 中的系数值赋值给矩阵 $\hat{A}_t$。为了确保已经选择的动态活跃子集不会再被重复选择，通过采用式(8.37)将已经选择的动态活跃子集对应在系数矩阵 A_t 中的系数值设置为 0。迭代执行以上四步操作，直到满足给定的动态活跃子集数目。图 8.4 详细地给出了矩阵 A、I 和 $\hat{A}_t$ 在 JDS Mapping 中的形成过程。

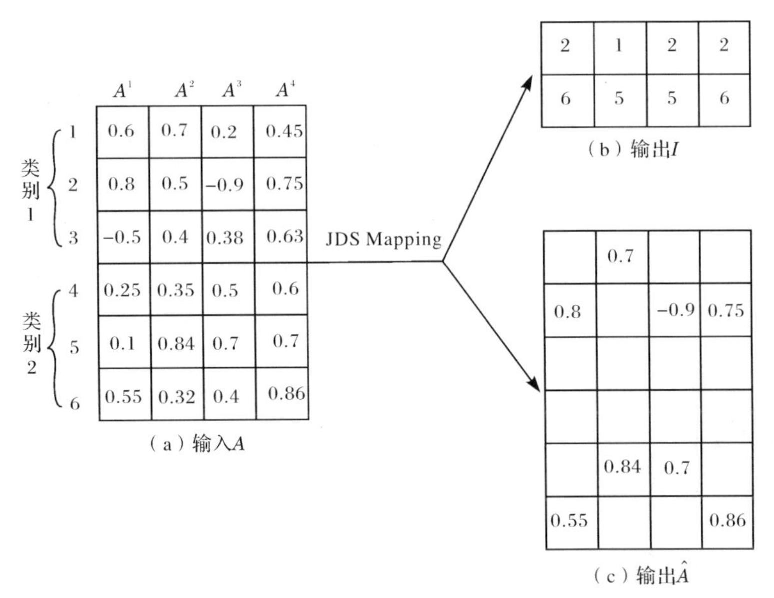

图 8.4　在 JDS Mapping 算法中($L=2$)矩阵生成的简单实例

(a) 为输入系数矩阵 A;(b)为通过 JDS Mapping 算法获得包含两条动态活跃子集的输出矩阵 I;(c)为与矩阵 I 相关联的输出稀疏系数矩阵 $\hat{A}$

第二步:将新选择的动态活跃集合结合到之前已选择的动态活跃集合当中。

首先通过算法 8.1 可以求解出包含 L 条动态活跃集合的矩阵 I_t,然后将该矩阵与矩阵 I_{t-1}相结合,从而更新动态活跃集合。

$$I_t=[I_{t-1}^{\mathrm{T}}\ I_t^{\mathrm{T}}]T \tag{8.38}$$

第三步:利用第二步得到的动态活跃集合求解相应的稀疏系数。

定义 $Z^m=\delta(X^m)$和 $S^m=\delta(\mathrm{diag}(W^m))$,其中,$\delta(\cdot)$使 X^m 中仅保留索引包含在 I_t中的列向量并将其他列向量设置为零,局部调节向量 W^m 是通过对式(8.26)的计算求得的,$\mathrm{diag}(\cdot)$表示对角化操作。

对于每一幅子图像,它们的系数更新过程为

$$A_t^{m'}=(Z^{m^{\mathrm{T}}}Z^m+\lambda S^{m^{\mathrm{T}}}S^m)^{-1}Z^{m^{\mathrm{T}}}y^m,\quad m=1,2,\cdots,M \tag{8.39}$$

式(8.39)的具体推导过程为

$$A^m=\arg\min\|y^m-X^mA^m\|_2^2+\lambda\|W^m\odot A^m\|_2^2 \tag{8.40}$$

定义 $S^m=\mathrm{diag}(W^m)$,通过一系列的迭代求解,式(8.40)可写为

$$\begin{aligned}A^m&=\arg\min\|y^m-X^mA^m\|_2^2+\lambda\|S^mA^m\|_2^2\\&=\arg\min\{\mathrm{tr}((y^m-X^mA^m)^{\mathrm{T}}(y^m-X^mA^m))+\lambda\mathrm{tr}((S^mA^m)^{\mathrm{T}}(S^mA^m))\}\\&=\arg\min\mathrm{tr}(y^{m^{\mathrm{T}}}y^m-2A^{m^{\mathrm{T}}}X^{m^{\mathrm{T}}}y^m+A^{m^{\mathrm{T}}}X^{m^{\mathrm{T}}}X^mA^m+\lambda A^{m^{\mathrm{T}}}S^{m^{\mathrm{T}}}S^mA^m)\end{aligned} \tag{8.41}$$

通过对式(8.41)中的 A^m 求偏导,同时将其导数设置为 0,可得如下等式:

$$(2X^{m^{\mathrm{T}}} y^m + 2X^{m^{\mathrm{T}}} X^m A^m + 2\lambda S^{m^{\mathrm{T}}} S^m A^m) = 0 \tag{8.42}$$

最终可得

$$A^m = (X^{m^{\mathrm{T}}} X^m + \lambda S^{m^{\mathrm{T}}} S^m)^{-1} X^{m^{\mathrm{T}}} y^m \tag{8.43}$$

第四步：基于最新估计的表示系数，将混合集的稀疏度约减到一个特定的稀疏级别。

首先，基于式(8.40)求解得到稀疏系数矩阵 $A'_t = [A_t^{1'}\ A_t^{2'}\ \cdots\ A_t^{M'}]$，利用 JDS Mapping 算法计算出包含 K 个最具有表现力的动态活跃集合，并利用式(8.44)更新动态活跃子集。

$$I_t = I'_t \tag{8.44}$$

式中，矩阵 I'_t是由 JDS Mapping 算法获得的包含 K 条最具有表现力的动态活跃子集组成的集合。

然后，通过系数矩阵 A'_t保留包含在 I_t中且最具有表现力的动态活跃子集，同时，设置其他位置的系数值为零。

第五步：更新误差。

首先，根据第四步得到的联合动态活跃子集 I_t，利用式(8.39)对每一幅子图像的表示系数进行更新。然后，通过式(8.45)进一步更新每一幅子图像的重构误差。

$$R_{t+1}^m = X^m A_t^{m'} - y^m, \quad m = 1, 2, \cdots, M \tag{8.45}$$

第六步：停止条件的判断。

在本算法中，可以采用两种不同的终止条件，即预定义的最大迭代次数或相邻两次迭代的重构误差小于给定的阈值。图 8.5 给出了 JDS Mapping 优化算法的具体流程图。

8.3.4 识别标准

首先，利用求得的稀疏表示系数矩阵 $A = [A^1\ A^2\ \cdots\ A^M]$计算测试样本图像 y 中全部子图像在各类别上的重构误差。然后，结合全部子图像在各类的重构误差，并将具有最小重构误差的类别信息赋予测试样本图像。

测试样本图像 y 的最终识别结果可表示为

$$\mathrm{Identity}(y) = \min_i \sum_{m=1}^{M} \| y^m - X_i^m A_i^m \|_2^2 \tag{8.46}$$

式中，X_i^m 为在训练样本矩阵 X^m 中对应属于第 i 类的样本集；A_i^m 为在系数矩阵 A^m 中对应属于第 i 类($i = 1, 2, \cdots, C$)的系数向量。

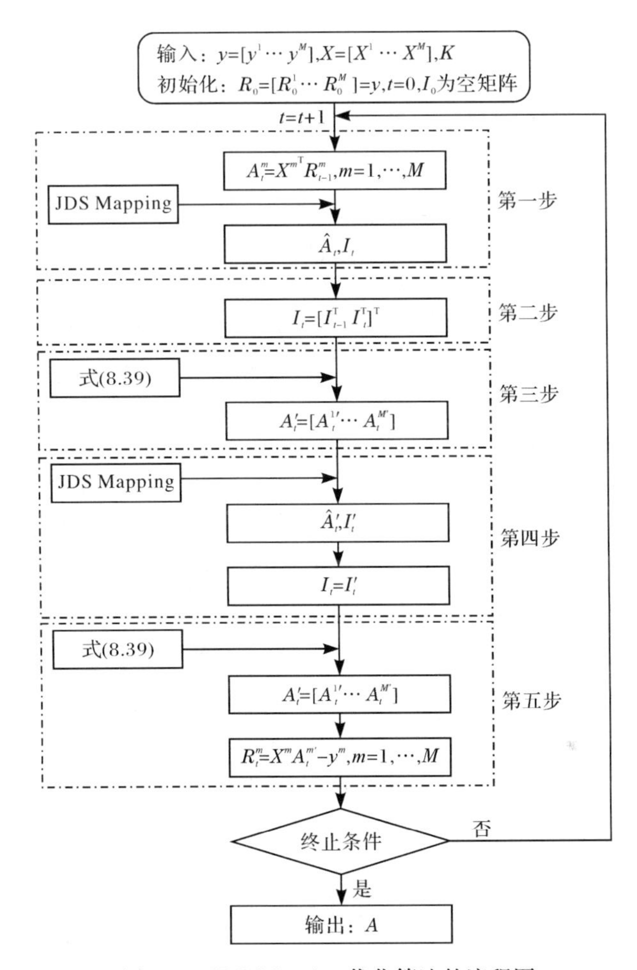

图 8.5　JDS Mapping 优化算法的流程图

8.3.5　相关算法比较

1. 目标函数比较

首先,从算法的目标函数角度出发,将本章提出的 LCJDSRC 算法与 SRC、LMSRC、LLC、MTJSRC 和 JDSRC 五种算法进行比较分析。虽然这些算法是通过基于稀疏表示的思想对待查询样本图像进行分类,但是它们在系数规范化形式上具有一定的差异性。它们的目标函数可以统一地描述为

$$\min \sum_{m=1}^{M} \| y^m - X^m A^m \|_2^2 + \lambda \varphi(A) \tag{8.47}$$

式中,y^m 为待查询人脸图像 y 中对应的第 m 块子图像;X^m 为在全部训练样本图

像中对应的第 m 块子图像所组成的训练样本集；$\varphi(A)$ 为作用在稀疏系数矩阵 $A=[A^1\ A^2\ \cdots\ A^M]$ 上的规范化项；$\lambda>0$ 为平衡参数。当子图像数目 $M=1$ 时，式(8.47)将会变成传统的分类算法。在这种情况下，当采用 ℓ_1 范数和 $\|W\odot A\|_1$ 来规范化系数矩阵时，式(8.47)将会变成标准的 SRC 和 LLC 算法。当子图像数目 $M>1$ 及相应的系数约束分别为 ℓ_1 范数、$\ell_{2,1}$ 范数和 $\|A\|_G$ 时，式(8.47)将会变成 LMSRC、MTJSRC 和 JDSRC 算法。当式(8.47)中的规范化式子 $\varphi(A)$ 变成 $\|W\odot A\|_1+\|A\|_G$ 时，式(8.47)将变成本章提出 LCJDSRC 算法的目标函数。

图 8.6 分别给出了 LMSRC、MTJSRC、JDSRC 和本章提出的 LCJDSRC 算法的示意图，其中，三角形和圆圈均表示用于重构的训练样本子图像，虚线圆圈表示查询子图像的局部近邻样本。在稀疏表示系数中，不同的颜色表示不同的重构系数值，无颜色表示的系数值为零。通过该示意图可以清楚地发现，这些算法在稀疏表示系数约束上存在着一定的差异性。在该图中，矩形代表来自第二类的查询样本子图像，而三角形和圆形分别表示来自第一类和第二类的训练样本子图像。因为 LMSRC 算法仅简单地应用 ℓ_1 范数对稀疏表示系数进行规范化，所以从图 8.6(a)中可以看出，通过 LMSRC 算法求解得到的稀疏表示系数向量，它们彼此间是相互独立的和互不相同的。对于 MTJSRC 算法，通过引入 $\ell_{2,1}$ 范数规范化约束，可以使该算法很好地考虑来自同一幅待查询人脸图像中不同子图像间的潜在相关性。由图 8.6(b)可以看出，如果该模型选择了第 j 幅训练样本人脸图像中的第 i 个子图像块 x_j^i 来重构待查询人脸图像 y^i，那么该幅训练样本人脸图像中的其他子图像块也将被用于重构待查询样本 y 中对应的子图像。这使得 MTJSRC 算法在解决同一个主体中不同查询子图像的稀疏表示系数问题时，它们的稀疏表示系数在原子级上拥有相同的稀疏模式(如不同的系数向量中非零元素位于相同的行)。然而，对于 JDSRC 和本章提出的 LCJDSRC 算法，由于它们均采用了联合动态活跃集合的混合范数方式对系数进行规范化，因此来自同一个主体的不同查询子图像在类级别上拥有相同的稀疏模式，而在原子级别上却拥有不同的特性。为了更加直观地描述动态活跃集合，在图 8.6(c)和(d)中通过曲线的方式将属于相同类别的不同系数向量中的非零元素连接在一起，每一条曲线代表一条动态活跃集合。此外，LMSRC、MTJSRC 和 JDSRC 三种算法均忽略了数据的局部信息，从图 8.6(a)～(c)中可以看出，这三种算法在稀疏重构过程中均存在着选择第一类别且距离测试样本图像 y 相对较远的训练样本情况，这将导致不理想的识别结果。然而，以上这些算法中存在的不足均可以通过引入局部性约束加以克服。从图 8.6(d)中可以看出，通过考虑待查询样本图像与训练样本图像间的相似性关系，本章提出的算法更加倾向于将非零元素分配给待查询子图像的近邻训练样本。因此，通过 LCJDSRC 算法选择的训练样本子图像更加有可能与待查询样本图像属于相同的类别，从而提高了算法的识别效果。

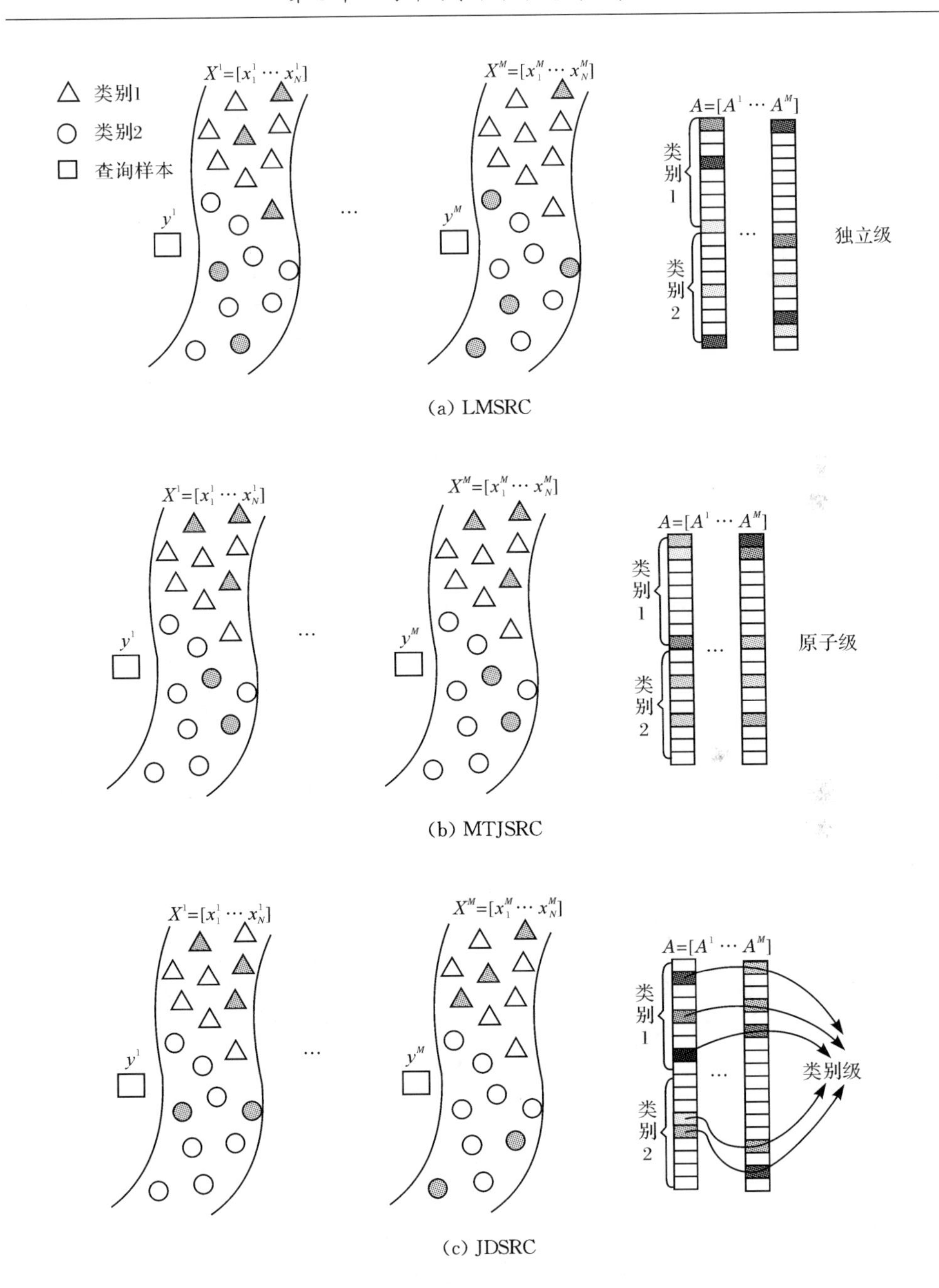

(a) LMSRC

(b) MTJSRC

(c) JDSRC

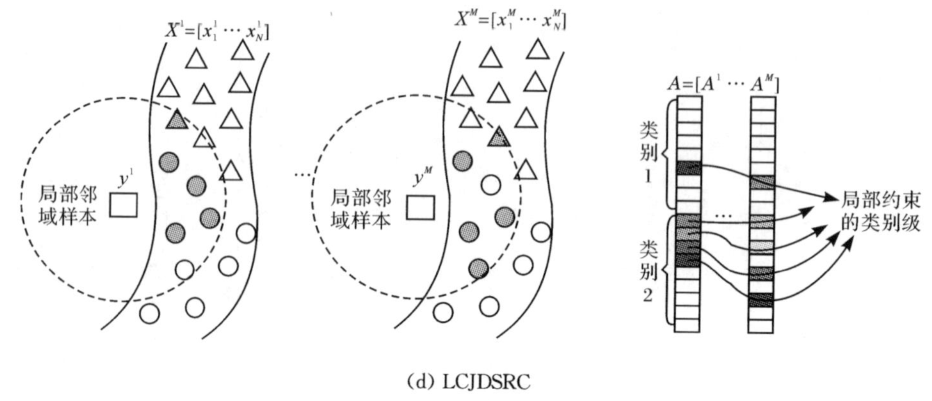

(d) LCJDSRC

图 8.6　不同算法比较示意图(见彩图)

2. 优化算法比较

从算法的优化角度出发，讨论分析本章提出的算法与现有算法之间存在的差异。所提出的优化算法类似于传统的 CoSOMP(model-based compressive sensing for signal ensemble)[35]和 JDSRC[28]的优化算法，但是它们仍然存在以下区别。

第一，在本章提出的优化算法中，采用联合动态稀疏映射的方式来获取动态活跃子集。因此，本章提出的 LCJDSRC 算法不仅可以联合地表示待查询人脸图像中的全部子图像，而且也促进了不同子图像间的稀疏表示系数在类级别上具有相同的稀疏模式，这使得 LCJDSRC 算法区别于传统的 CoSOMP 算法。

第二，因为本章提出的优化算法是通过式(8.39)对系数进行更新的，所以它可以很好地考虑待查询样本图像与训练样本图像间的相似性关系。然而，JDSRC 算法仅仅是采用标准的最小二乘回归方式对系数进行更新，即该算法并没有很好地考虑到待查询样本图像与训练样本图像间的相似性关系。因此，本章提出的 LCJDSRC 算法要比 JDSRC 算法更加具有鲁棒性。

8.4　实验与分析

在本章实验部分，主要采用四个标准人脸图像数据库，包括 ORL[33]、Extended YaleB[34]、AR[36]和 LFW[37]验证本章所提出算法的有效性和可行性。此外，将本章提出的 LCJDSRC 算法与基于局部匹配的 SRC(LMSRC)[2]、RCR[26]、MTJSRC[27]和 JDSRC[28]四种算法进行比较。对于每个标准人脸图像数据库，首先将该数据库中的全部人脸图像分别在尺度和方向上进行规范化，如眼睛位置的对齐和人脸区域的分割等。同时，为了防止算法的过度拟合及确保不同算法间的公平性比较，实验中将每个数据库随机地分成三个不相邻的子集，分别包括训练集、验证集和测试集。其中，训练集主要用于训练不同的识别算法，验证集用于完成算法中相关参数的寻优，测试集则用于评价不同算法的识别性能。

在局部人脸识别算法中，可以根据用户的选择将一幅人脸图像被划分成一系列等大小或不等大小的子图像。然而，对于如何选择一个合适的子图像尺寸，目前仍是一个尚未解决的研究课题。因此，在本实验中，将不针对这个问题展开讨论。首先采用文献[15]～[25]中比较主流的等尺寸划分法来分割人脸图像，然后在分割后的人脸图像上应用本章提出的算法与其他对比算法进行识别。

1. ORL 人脸图像数据库实验

考虑到实验过程中算法的计算效率问题，事先将该数据库中的全部人脸图像尺寸缩减成 64×64 像素。图 8.7 给出了 ORL 人脸图像数据库中的部分人脸图像。

图 8.7　ORL 人脸图像数据库中的部分人脸图像

从该数据库中的每一个人中随机选择 7 张人脸图像，前 4 张形成相应的训练集，后 3 张形成相应的验证集，并将余下的 3 张人脸图像作为测试集。重复执行 10 次该随机选择过程，然后取 10 次识别结果的均值作为最终的识别率。本实验包含以下两个阶段。

第一阶段，首先将子图像的尺寸分别设置为 32×32、21×32、16×32 和 21×16，然后在不同的子图像尺寸情况下，依据参数 K 和 λ 的不同取值，讨论分析它们对 LCJDSRC 算法的影响。在本实验中，参数 K 和 λ 的取值分别为{0.001,0.01,0.05,0.1,1,10,100,1000}×{5,10,15,20,25,30}(符号×表示笛卡儿积)。

从表 8.1～表 8.4 中显示的实验结果可以看出，在不同的子图像尺寸情况下，都能从表中寻找到最高识别率下所对应的最优参数值。此外，还可以从中观察出以下两点。第一，当参数 λ 值固定时，随着参数 K 取值的增大，LCJDSRC 算法的识别率将会呈现下降趋势。出现这个现象的主要原因在于，当稀疏度 K 值增大时，意味着将会有更多与待查询样本图像类别不相同的训练样本图像对其重构，从而降低了识别率。第二，当稀疏度 K 值固定且参数 λ 取值相对较小时，LCJDSRC 算法的识别率将会随着参数 λ 取值的增大而提高。然而，这个趋势并不适用

于所有的 K 值，当 $K=5$、10、15 和 20 时，LCJDSRC 算法的识别率将会从最高点逐渐呈下降趋势。此外，当参数 λ 的取值相对较大时，较大稀疏度 K 值更适合于 LCJDSRC 算法。换言之，当选择更多的训练样本来稀疏重构待查询样本时，LCJDSRC 算法在重构待查询样本时，将会更倾向于选择近邻训练样本，同时惩罚距离远的训练样本。因为待查询样本的近邻训练样本更有可能与待查询样本来自相同的类别，从而能够较好地重构待查询样本。根据表中给出的标准差，LCJDSRC 算法在大多数参数取值情况下的识别率差异不大。该现象表明，当参数集设置为适中取值时，LCJDSRC 算法对参数不敏感。

表 8.1　在 ORL 数据库验证集上不同参数对应的平均识别率(%)与标准差(%)(子图像尺寸为 32×32)

λ	$K=5$	$K=10$	$K=15$	$K=20$	$K=25$	$K=30$
0.001	92.33±1.70	91.50±1.02	91.83±2.07	90.41±1.81	89.75±1.80	89.58±2.72
0.01	92.91±1.85	92.00±2.08	91.41±1.71	91.50±1.56	91.41±1.41	90.25±2.77
0.05	93.32±1.66	93.25±1.49	92.41±1.68	92.08±1.19	91.41±1.57	91.83±1.40
0.1	93.83±1.42	93.75±1.53	92.50±1.03	92.33±1.29	92.25±1.57	91.83±2.24
1	93.75±1.48	94.75±1.96	93.83±1.67	93.58±1.41	92.58±2.16	91.66±1.36
10	93.50±1.99	94.16±1.88	94.50±1.97	93.83±1.53	93.16±2.24	93.16±2.44
100	93.00±1.72	94.08±1.59	94.08±1.98	94.00±1.74	93.41±2.52	93.50±1.79
1000	92.91±1.72	93.58±1.66	94.08±1.77	94.25±2.09	94.16±2.04	93.83±2.49

表 8.2　在 ORL 数据库验证集上不同参数对应的平均识别率(%)与标准差(%)(子图像尺寸为 21×32)

λ	$K=5$	$K=10$	$K=15$	$K=20$	$K=25$	$K=30$
0.001	90.50±2.72	90.16±2.21	89.25±1.81	87.25±2.60	86.08±1.47	85.83±3.76
0.01	90.50±2.58	90.33±1.58	90.50±2.22	90.16±2.18	88.7±52.58	87.91±2.64
0.05	92.16±1.42	91.83±1.40	91.58±1.94	91.6±62.32	90.08±1.14	89.75±2.54
0.1	92.58±2.16	91.50±2.38	91.83±1.99	92.00±1.85	90.68±1.61	90.50±2.15
1	92.41±1.94	93.33±2.45	92.16±2.26	92.00±1.89	91.00±2.38	90.16±2.35
10	92.16±2.58	93.25±1.98	92.25±2.22	92.00±2.55	91.50±1.99	90.50±2.55
100	91.83±2.10	92.58±1.81	92.41±2.30	91.75±2.16	92.08±2.12	91.41±2.39
1000	91.91±2.57	92.50±2.11	92.83±2.52	90.91±2.40	92.16±2.39	92.00±2.29

表 8.3　在 ORL 数据库验证集上不同参数对应的平均识别率(%)与标准差(%)(子图像尺寸为 16×32)

λ	K=5	K=10	K=15	K=20	K=25	K=30
0.001	91.91±1.47	90.75±2.55	88.83±2.97	87.41±2.46	86.16±3.29	84.00±2.50
0.01	92.16±2.22	90.83±2.32	90.41±2.33	88.83±3.33	87.41±2.33	87.08±2.46
0.05	92.50±2.22	91.41±1.66	90.91±2.13	89.83±2.59	88.83±2.12	88.50±2.59
0.1	93.25±1.81	91.41±2.51	91.41±1.71	89.66±1.85	89.08±2.02	88.33±2.57
1	92.91±1.72	92.58±1.86	91.58±2.02	91.50±2.65	90.08±2.30	89.58±1.89
10	92.91±2.36	93.16±1.45	92.33±1.70	91.33±2.58	91.16±2.75	89.75±2.48
100	92.66±1.99	92.91±1.12	92.58±1.32	92.00±1.76	91.33±2.81	90.41±2.01
1000	92.66±2.10	92.75±1.41	92.41±1.59	91.83±1.45	91.33±2.33	90.33±3.40

表 8.4　在 ORL 数据库验证集上不同参数对应的平均识别率(%)与标准差(%)(子图像尺寸为 16×21)

λ	K=5	K=10	K=15	K=20	K=25	K=30
0.001	90.33±2.29	89.58±1.93	85.50±3.14	83.66±3.33	81.83±3.55	81.00±3.80
0.01	92.25±2.18	90.08±2.40	88.4±12.05	87.33±3.25	86.00±2.10	85.00±3.09
0.05	93.00±2.29	91.50±1.95	89.91±1.38	89.66±2.42	88.16±3.70	86.33±3.40
0.1	92.58±2.37	92.25±2.22	91.33±2.55	80.25±2.52	88.58±2.18	86.33±2.61
1	92.75±1.75	92.66±2.68	91.91±1.84	90.25±2.32	88.75±2.12	87.33±2.93
10	92.33±2.35	93.16±1.91	91.83±2.38	90.33±2.67	89.33±3.13	88.16±3.01
100	92.83±2.64	93.25±2.49	92.08±2.26	91.50±2.53	89.83±2.88	88.75±3.38
1000	93.16±2.38	92.83±2.19	92.16±3.07	91.41±2.35	90.08±2.95	88.91±2.54

第二阶段，首先，将 LCJDSRC 算法与当前比较主流的人脸识别算法在测试集合上进行比较与分析。根据表 8.1～表 8.4 中的实验结果，将 LCJDSRC 算法中的参数 K 和 λ 分别设置为$\{K=10,\lambda=1\}$、$\{K=10,\lambda=1\}$、$\{K=10,\lambda=10\}$和$\{K=10,\lambda=100\}$。对于实验中其他的对比算法，采用同样的方式确定其最优参数。然后，分别在测试集合上测试不同算法的性能。同样独立重复执行 10 次随机测试过程，并将 10 次实验结果的均值作为最终的识别率。表 8.5 给出了子图像的尺寸分别为 32×32、21×32、16×32 和 21×16 情况下，不同算法的所获得的平均识别结果。

表 8.5　不同算法在 ORL 测试集上对应不同子图像尺寸下获得的平均识别率(%)与标准差(%)

尺寸	LMSRC	MTJSRC	RCR	JDSRC	LCJDSRC
32×32	83.25±1.68	85.41±2.05	87.91±2.12	88.42±1.78	91.92±1.80

续表

尺寸	LMSRC	MTJSRC	RCR	JDSRC	LCJDSRC
21×32	82.00±1.97	85.00±2.69	86.58±2.37	86.75±3.21	90.50±2.16
16×32	83.41±2.23	84.66±2.39	86.75±2.30	87.00±2.42	90.67±2.38
16×21	83.08±2.48	84.75±2.54	86.41±1.88	86.66±1.92	89.00±1.66

从表 8.5 中的的实验结果可以清楚地看出，在所有的子图像尺寸情况下，LMSRC 算法均取得了最低的识别率。主要原因在于，对于每一幅待查询人脸图像，该算法仅独立地对待查询样本图像中的每一个子图像块进行重构，却忽略了来自同一幅人脸图像中不同子图像间的相关性。同时，MTJSRC、JDSRC 和 RCR 三种算法的识别率均高于 LSMRC 算法，主要原因在于，这三种算法在重构的过程中均考虑了不同子图像间的相互关系。本章提出的 LCJDSRC 算法的识别率均优于其他对比算法，这说明结合数据的局部性与联合动态稀疏表示对提高人脸识别的性能具有重要意义。此外，在基于局部信息的人脸识别算法中，它们的识别率均会随着子图像尺寸的改变而变化。对于 LMSRC 算法，在子图像尺寸取值较小时，该算法可以取得最佳的识别效果。相反，对于 MTJSRC、RCR、JDSRC和 LCJDSRC 算法，则在子图像尺寸取值相对较大时获得较好的识别结果。然而，对于本章提出的 LCJDSRC 算法，无论子图像的尺寸取何值，对应的识别率始终高于其他对比算法。

最后，为了进一步验证本章提出的 LCJDSRC 算法的优越性，在实验中采用 Wilcoxon 秩和检验法来验证 LCJDSRC 算法的有效性。在秩和检验中，原假设定义为 LCJDSRC 算法与其他对比算法在性能上无差异，备择假设定义为 LCJDSRC 算法的性能优于其他对比算法。例如，比较 LCJDSRC 和 LMSRC 算法的性能(标记为 LCJDSRC vs. LMSRC)，则原假设为 $H_0: \mathcal{M}_{\mathrm{LCJDSRC}} = \mathcal{M}_{\mathrm{LMSRC}}$，备择假设为 $H_1: \mathcal{M}_{\mathrm{LCJDSRC}} > \mathcal{M}_{\mathrm{LMSRC}}$，其中，$\mathcal{M}_{\mathrm{LCJDSRC}}$和$\mathcal{M}_{\mathrm{LMSRC}}$分别表示 LCJDSRC 和 LMSRC 算法中识别率的中值。在实验中，显著水平设置为 0.01，具体的实验结果如表 8.6 所示。表 8.6 中的实验结果表明，在所有成对 Wilcoxon 秩和检验法获得的 p 值均远远小于设置的显著水平 0.01。这说明在所有成对检验中拒绝了原假设而接受备择假设，即说明 LCJDSRC 算法的性能要显著优于其他对比算法，因此证明了 LCJDSRC 算法的有效性。

表 8.6　在 ORL 人脸图像数据库的测试集合上的 Wilcoxon 秩和检验法 p 值

对比方法	32×32	21×32	16×32	16×21
LCJDSRC vs. LMSRC	8.34×10^{-5}	8.73×10^{-5}	1.78×10^{-4}	1.75×10^{-4}
LCJDSRC vs. MTJSRC	9.65×10^{-5}	4.80×10^{-4}	3.04×10^{-4}	3.96×10^{-4}

续表

对比方法	32×32	21×32	16×32	16×21
LCJDSRC vs. RCR	3.94×10^{-4}	1.03×10^{-3}	1.68×10^{-3}	2.45×10^{-3}
LCJDSRC vs. JDSRC	9.90×10^{-4}	1.32×10^{-3}	2.18×10^{-3}	8.02×10^{-3}

2. Extended YaleB 人脸图像数据库实验

实验中所有人脸图像的尺寸均缩减成 64×64。图 8.8 中给出了 Extended YaleB 人脸图像数据库中的部分人脸图像样例。对于每一个人，随机选择 10 张图像用于形成训练集，20 张用于形成验证集，余下的图像作为测试集。该随机选取过程仍被重复执行 10 次，然后取 10 次的平均值作为最终的识别率。

图 8.8　ORL 人脸图像数据库中部分人脸图像样例

首先，类似于 ORL 人脸图像数据库中的第一阶段，利用验证集来寻找 LCJDSRC 方法中的最优参数。由于 Extended YaleB 人脸图像数据库中人脸图像的数目远大于 ORL 人脸图像数据库，因此在本实验中将子图像的尺寸分别设置为 32×32 和 21×32，参数 K 和 λ 的取值设置为{30,40,50,60,70,80,90}和{0.001,0.01,0.05,0.1,1,10,100,1000}，表 8.7和表 8.8 分别给出了 LCJDSRC 算法在不同参数取值情况下的平均识别率及标准差。由表 8.7 和表 8.8 中的实验结果可知，随着稀疏度 K 值的增加，LCJDSRC 算法的识别率总体呈上升趋势。此外，当稀疏度 K 和参数 λ 取值较小时，LCJDSRC 算法取得较好的性能。然而，对于相对较大的 λ 值，LCJDSRC 算法在稀疏度 K 取值较大的情况下获得更好的识别结果。当子图像的尺寸为 32×32 和 21×32 及对应的参数分别设置为{$K=80,\lambda=100$}和{$K=80,\lambda=10$}时，LCJDSRC 算法能够取得的最高识别率分别为 98.01%和 98.20%。然后，在测试集合上，将 LCJDSRC 算法与 LMSRC、MTJSRC、RCR 和 JDSRC 四种对比算法展开进一步比较与分析。在测试阶段，不同算法的参数取值均设置为验证集上的最优参数。表 8.9 给出了不同算法在 Extended YaleB 人脸图像数据库的识别结果。由表 8.9 中的实验结果可以看出，LCJDSRC 算法的识别率远远超过其他对比算法。此外，MTJSRC、RCR、JDSRC 和 LCJDSRC 四种基于多任务的学习算法取得的识别率始终高于 LMSRC 算法。上述实验结论与

ORL 人脸图像数据库上的结论相吻合。最后，为了进一步验证本章提出 LCJDSRC 算法的有效性，同样采用单边 Wilcoxon 秩和检验法验证算法的显著性。表 8.10 列出了 LCJDSRC 算法在 Extended YaleB 人脸图像数据上所有成对 Wilcoxon 秩和检验的 p 值。表 8.10 中给出的实验结果表明，LCJDSRC 算法要明显优于其他对比算法。

表 8.7 LCJDSRC 算法在 Extended YaleB 验证集上不同参数对应的平均识别率(%)与标准差(%)(子图像尺寸为 32×32)

λ	K=30	K=40	K=50	K=60	K=70	K=80	K=90
0.001	96.13±0.75	96.44±0.67	96.64±0.65	96.94±0.73	96.98±0.60	97.29±0.60	97.02±0.53
0.01	96.94±0.60	97.36±0.59	97.34±0.66	97.59±0.61	97.55±0.66	97.77±0.44	97.57±0.54
0.05	97.43±0.43	97.35±0.68	97.51±0.53	97.75±0.51	97.76±0.27	97.80±0.41	97.61±0.48
0.1	97.42±0.54	97.64±0.53	97.65±0.68	97.53±0.42	97.73±0.55	97.76±0.50	97.65±0.58
1	96.72±0.60	97.32±0.39	97.51±0.28	97.71±0.41	97.85±0.45	97.90±0.36	97.77±0.52
10	95.53±0.59	96.47±0.58	97.11±0.44	97.48±0.57	97.81±0.39	98.00±0.49	97.85±0.41
100	95.34±0.43	96.47±0.61	97.02±0.54	97.71±0.41	97.43±0.31	98.01±0.53	97.59±0.38
1000	94.81±0.79	96.22±0.71	96.73±0.50	97.14±0.67	97.30±0.53	97.56±0.43	97.36±0.49

表 8.8 LCJDSRC 算法在 Extended YaleB 验证集上不同参数对应的平均识别率(%)与标准差(%)(子图像尺寸为 21×32)

λ	K=30	K=40	K=50	K=60	K=70	K=80	K=90
0.001	95.64±0.69	95.94±0.70	96.32±0.74	96.21±0.62	96.52±0.69	96.97±0.75	96.73±0.67
0.01	96.92±0.61	97.35±0.68	97.42±0.73	97.43±0.47	97.44±0.34	97.50±0.50	97.30±0.63
0.05	97.35±0.25	97.55±0.37	97.59±0.43	97.61±0.21	97.52±0.57	97.34±0.57	97.29±0.56
0.1	97.46±0.37	97.71±0.34	97.51±0.34	97.48±0.48	97.35±0.51	97.43±0.61	97.39±0.56
1	96.98±0.38	97.55±0.61	97.80±0.38	97.77±0.58	97.72±0.34	97.61±0.47	97.55±0.68
10	95.98±0.93	96.85±0.53	97.57±0.55	97.80±0.46	98.01±0.36	98.20±0.35	97.96±0.34
100	95.76±0.78	96.75±0.59	97.38±0.66	97.73±0.38	97.86±0.34	97.99±0.52	97.98±0.54
1000	95.35±0.79	96.22±0.71	96.81±0.52	97.34±0.64	97.48±0.62	97.50±0.61	97.41±0.63

表 8.9 不同算法在 Extended YaleB 测试集上不同子图像尺寸下的平均识别率(%)与标准差(%)

尺寸	LMSRC	MTJSRC	RCR	JDSRC	LCJDSRC
32×32	88.51±1.68	91.13±1.10	92.89±1.40	93.35±1.02	96.67±1.04
21×32	87.30±1.51	90.73±1.20	92.55±1.08	92.41±1.29	95.48±0.97

表 8.10　在 Extended YaleB 数据库的测试集上,通过 Wilcoxon 秩和检验法获得的 p 值

尺寸	LCJDSRC vs. LMSRC	LCJDSRC vs. MTJSRC	LCJDSRC vs. RCR	LCJDSRC vs. JDSRC
32×32	9.08×10^{-5}	9.08×10^{-5}	1.64×10^{-4}	8.98×10^{-5}
21×32	9.13×10^{-5}	9.08×10^{-5}	1.22×10^{-4}	1.23×10^{-4}

3. AR 人脸图像数据库实验

在本实验中,选取该数据库中的一个子集,即选取一个包含 50 个男性和 50 个女性的人脸图像集。考虑到算法的计算效率,同样将实验数据集中的全部人脸图像调整到 64×64。图 8.9 给出了 AR 人脸图像数据库中的部分人脸图像。

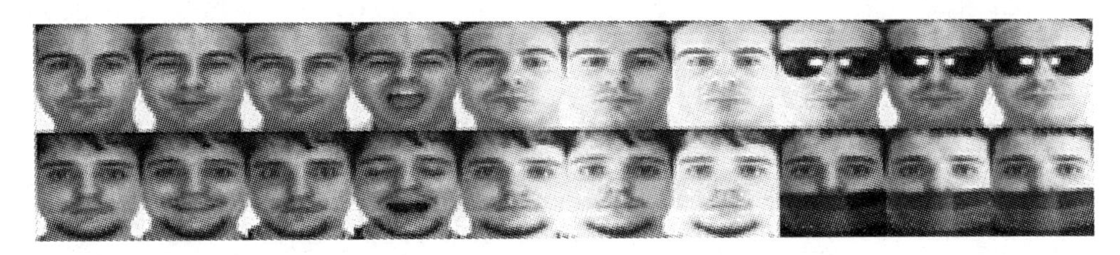

图 8.9　AR 人脸图像数据库中的部分人脸图像

第一组实验,首先从数据集中选择每一个人仅包含光照与表情变化的 14 张人脸图像,然后分别从每个人中随机选取 6 张人脸图像用于训练,4 张人脸图像用于验证,余下的人脸图像用于测试。同样该随机选择过程被重复执行 10 次。类似于 Extended YaleB 人脸图像数据库的实验,首先将子图像的尺寸设置为 32×32 和 21×32,然后在验证集上测试本章提出 LCJDSRC 算法的最优参数。表 8.11 和表 8.12给出了 LCJDSRC 算法在验证集上不同参数取值的实验结果。由表 8.11 和表 8.12 中的实验结果可知,当子图像的尺寸为 32×32 和 21×32 及相应参数值分别设置为$\{K=35,\lambda=0.1\}$和$\{K=30,\lambda=0.1\}$时,LCJDSRC 算法能够取得最高的识别率。此外同样发现,在该人脸图像数据库上不同参数、不同取值对 LCJDSRC 算法性能的影响与 ORL 和 Extended YaleB 两个人脸图像数据库上实验结论保持一致。在测试集上,将本章提出的 LCJDSRC 算法与 LMSRC、MTJSRC、RCR 和 JDSRC 四种对比算法展开实验比较分析。在实验中,对比算法 LMSRC、MTJSRC、RCR 和 JDSRC 的参数寻优方式与 LCJDSRC 算法保持一致。在不同子图像尺寸下,将本章提出的 LCJDSRC 算法与其他基于子模式的人脸识别算法进行比较。从每个人中随机选取 6 张人脸图像用于训练,4 张人脸图像用于验证,余下的人脸图像用于测试,并重复执行 10 次该随机选择过程,然后取它们的平均值作为最后识别率。表 8.13 给出了不同算法在不同子图像尺寸条件下获得的平均识别率。从该表中的实验结果可以看出，LCJDSRC 算法的识别率始终高于其他对比算法，这与 ORL 和Extended YaleB 两个人脸图像数据库上的实验结论保持一致。同时，当子图像的尺寸较小时，LCJDSRC 算法的性能更加突出。然而，该实验结论与在 ORL 和Extended YaleB 两个人脸图像数据库上的结论正好相反。主要原因在于，AR 人脸图像数据库中的人脸图像的表情变化远大于在 ORL 和 Extended YaleB 两个人脸图像数据库中的表情变化。与此同时，对于人脸的面部表情变化，它的局部特征变化是微小的。因此，相对较小的子图像尺寸能够更好地捕获人脸的局部面部特征。最后，在该数据库上，同样采用 Wilcoxon 秩和检验法来进一步对 LCJDSRC 算法的有效性进行验证。表8.14 给出了所有成对 Wilcoxon 秩和检验的 p 值。由表 8.14 中的实验结果可知，所有成对秩和检验 p 值均小于 0.01，因此，其结果进一步证明了 LCJDSRC 算法的有效性。

表 8.11　在无遮挡 AR 验证集上不同参数对应的平均识别率(%)与标准差(%)(子图像尺寸为 32×32)

λ	K=10	K=15	K=20	K=25	K=30	K=35	K=40
0.001	93.85±1.60	94.47±1.18	94.77±0.70	94.80±0.87	94.95±0.92	94.77±1.13	95.10±0.84
0.01	94.75±1.09	95.72±0.99	95.90±1.28	96.25±1.13	96.15±1.13	96.27±1.08	96.12±0.81
0.05	95.27±0.98	95.75±1.33	96.12±1.01	96.72±1.08	96.52±1.07	96.32±0.97	96.32±1.21
0.1	95.12±0.95	95.57±0.94	96.10±1.10	96.27±0.99	96.37±0.92	96.75±1.13	96.55±1.09
1	94.62±1.14	95.15±0.82	95.92±1.13	96.12±1.23	96.07±1.29	95.97±1.15	96.15±1.36
10	94.55±1.15	95.12±1.39	95.55±1.35	96.00±1.25	96.32±1.33	96.35±1.03	96.55±0.94
100	94.12±1.18	94.72±1.20	95.47±1.27	95.87±1.39	96.15±1.49	96.17±1.31	96.30±1.12
1000	93.10±1.10	94.00±0.92	94.62±1.10	95.20±1.91	95.35±0.79	95.95±1.21	96.00±1.09

表 8.12　在无遮挡 AR 验证集上不同参数对应的平均识别率(%)与标准差(%)(子图像尺寸为 21×32)

λ	K=10	K=15	K=20	K=25	K=30	K=35	K=40
0.001	94.77±0.69	95.50±0.74	96.07±0.57	95.95±0.68	95.72±0.82	95.57±0.80	95.80±0.66
0.01	95.15±1.02	95.97±1.13	96.27±0.87	96.80±0.94	96.77±0.62	96.62±0.71	96.65±0.70
0.05	95.25±1.14	95.90±1.14	96.57±0.89	96.92±0.90	96.70±0.95	96.97±0.80	96.77±0.80
0.1	95.52±0.90	96.15±0.83	96.60±0.93	96.62±1.06	97.00±0.98	96.55±0.75	96.90±0.80
1	94.87±0.94	95.70±1.09	96.22±0.80	96.70±0.70	96.75±0.88	96.57±0.73	96.75±0.86
10	94.57±1.09	95.55±0.82	96.02±1.04	96.15±1.00	96.55±0.84	96.55±1.07	96.82±0.83

续表

λ	K=10	K=15	K=20	K=25	K=30	K=35	K=40
100	94.30±0.80	95.12±0.92	96.02±0.86	96.30±0.93	96.52±0.81	96.67±0.95	96.60±0.96
1000	93.50±0.84	94.55±1.20	95.17±1.00	95.62±1.00	95.62±1.10	96.27±0.84	96.30±1.05

表 8.13　不同算法在无遮挡 AR 测试集上对应不同子图像尺寸下获得的平均识别率(%)与标准差(%)

尺寸	LMSRC	MTJSRC	RCR	JDSRC	LCJDSRC
32×32	90.62±1.35	92.90±1.75	95.07±1.21	94.42±0.63	97.68±0.51
21×32	91.82±1.33	94.05±1.56	95.80±1.08	94.95±0.87	97.90±0.70

表 8.14　在无遮挡 AR 测试集上，通过 Wilcoxon 秩和检验法获得的 p 值

尺寸	LCJDSRC vs. LMSRC	LCJDSRC vs. MTJSRC	LCJDSRC vs. RCR	LCJDSRC vs. JDSRC
32×32	8.93×10^{-5}	8.78×10^{-5}	8.88×10^{-5}	8.83×10^{-5}
21×32	8.58×10^{-5}	9.82×10^{-5}	1.54×10^{-4}	8.34×10^{-5}

第二组实验，为了进一步验证 LCJDSRC 算法的有效性，针对受严重遮挡的 AR 人脸图像进行实验。在该实验中，从人脸图像数据库中分别选取仅包含光照和面部表情变化的 1400 张人脸图像用于训练，随机选取 300 张戴眼镜和 300 张戴围巾遮挡的人脸图像用于验证，余下的 300 张戴眼镜和 300 张戴围巾遮挡的人脸图像用于测试。首先，采用同样的方式在验证集上对不同算法进行参数寻优。表 8.15～表 8.18 中给出了 LCJDSRC 方法针对不同子图像大小、不同参数的识别结果。从表 8.15～表 8.18 中的实验结果可以容易地获得 LCJDSRC 算法的最优参数。然后，将所有方法的参数固定为最优值。图 8.10 和图 8.11 分别给出了不同算法的 10 次平均识别率。从图 8.10 和图 8.11 中的实验结果可以观察出以下两点。其一，在受眼镜遮挡的人脸图像情况下，所有算法的识别率都相对较低。然而，当人脸图像受围巾遮挡时，对比算法的性能有所提高。主要原因在于，在受眼镜遮挡的人脸图像中，眼镜主要遮挡住了眼眉和眼睛，由于它们又是人脸识别中最重要的成分[35]，因此会影响最终的识别效果。其二，相对较小的子图像尺寸(21×32)，更加适合于处理基于局部匹配的遮挡人脸图像问题。此外，在以上这些情况下，LCJDSRC 算法的识别率始终高于其他对比算法。最后，同样采用 Wilcoxon 秩和检验法来验证提出算法的有效性，具体的验证结果如表 8.19和表 8.20所示。实验结果同样验证了 LCJDSRC 算法的性能要显著优于其他对比方法。

表 8.15　在受眼镜遮挡的 AR 验证集上，不同参数的平均识别率（%）与标准差（%）（子图像尺寸为 32×32）

λ	K=10	K=20	K=30	K=40	K=50	K=60
0.001	76.26±1.87	76.93±1.62	75.73±1.07	79.86±1.13	79.13±1.54	77.30±1.46
0.01	77.60±1.29	78.86±2.00	78.43±1.22	82.06±1.00	81.30±1.20	79.76±1.40
0.05	77.40±1.61	77.56±1.95	79.13±1.48	78.70±1.36	78.40±1.29	77.46±1.15
0.1	75.40±1.58	74.60±1.42	75.40±1.16	77.56±1.40	79.73±1.59	77.56±1.15
1	63.40±1.73	71.00±1.38	73.90±1.48	74.90±1.44	76.96±1.21	77.63±1.57
10	59.60±2.11	62.43±1.66	54.03±1.33	60.20±1.67	66.90±1.48	70.53±1.56
100	59.23±1.38	50.43±1.54	45.66±1.04	44.36±1.68	41.73±1.50	40.66±1.22
1000	58.03±1.35	48.90±1.64	42.56±1.54	43.93±1.26	39.03±1.15	40.80±0.78

表 8.16　在受围巾遮挡的 AR 验证集上，不同参数的平均识别率（%）与标准差（%）（子图像尺寸为 32×32）

λ	K=10	K=20	K=30	K=40	K=50	K=60
0.001	77.53±1.24	79.73±1.09	84.23±0.83	86.63±1.08	86.76±1.11	85.96±1.12
0.01	75.83±1.39	83.63±0.61	86.76±1.49	87.70±0.61	86.90±1.04	86.56±1.08
0.05	76.63±0.79	81.43±1.37	83.10±1.55	83.76±1.03	83.70±0.90	83.30±1.81
0.1	72.46±1.77	76.70±1.39	78.43±1.23	81.73±1.28	81.06±1.88	80.10±1.79
1	70.70±2.03	74.76±1.64	76.66±1.64	80.96±1.50	80.90±1.17	79.36±1.77
10	60.26±0.73	72.83±1.70	75.23±1.93	79.40±0.82	77.70±1.01	77.50±1.06
100	57.10±1.28	68.33±1.11	73.86±1.57	78.96±1.99	77.90±1.63	76.96±1.11
1000	56.20±0.98	67.73±0.96	73.16±1.00	77.53±1.60	76.86±2.00	76.83±1.97

表 8.17　在受眼镜遮挡的 AR 验证集上，不同参数的平均识别率（%）与标准差（%）（子图像尺寸为 21×32）

λ	K=10	K=20	K=30	K=40	K=50	K=60
0.001	82.76±1.57	86.46±1.40	87.33±1.21	88.96±1.02	90.20±1.27	90.00±1.28
0.01	84.80±1.64	87.96±1.41	88.93±0.85	90.36±1.02	92.83±0.86	92.66±0.88
0.05	83.16±1.40	86.86±1.13	88.23±1.06	89.53±1.09	90.00±0.95	89.50±0.93
0.1	81.10±1.52	83.76±1.47	84.83±1.78	88.60±1.36	88.26±1.54	88.03±1.56
1	81.03±1.93	82.96±1.63	82.93±1.01	85.23±1.90	87.70±0.96	88.13±1.26
10	80.53±1.85	80.10±1.18	82.76±1.58	86.93±0.99	87.36±1.10	88.00±1.82
100	79.86±1.47	81.06±1.45	83.76±1.13	83.83±1.15	87.33±1.15	88.90±1.49
1000	78.66±1.07	82.30±1.47	80.40±1.31	84.26±0.64	86.63±1.39	87.16±1.18

表 8.18　在受围巾遮挡的 AR 验证集上,不同参数的平均识别率(%)与标准差(%)(子图像尺寸为 21×32)

λ	K=10	K=20	K=30	K=40	K=50	K=60
0.001	78.13±1.04	83.16±0.54	86.80±0.86	87.93±1.13	85.73±0.89	88.20±1.18
0.01	79.20±1.07	87.83±0.90	89.50±1.16	89.50±1.21	91.30±0.85	89.53±0.99
0.05	82.90±1.59	89.36±0.82	92.66±0.92	92.53±0.63	92.70±1.03	91.36±0.67
0.1	83.50±0.87	90.33±1.01	92.93±0.81	92.83±0.84	93.43±1.03	92.80±0.81
1	84.66±0.49	89.70±0.79	92.70±0.55	91.56±0.60	93.36±1.02	92.83±1.21
10	78.16±1.50	84.80±1.74	88.70±1.23	89.76±1.37	92.63±1.03	90.86±1.36
100	76.33±1.19	79.43±1.58	83.23±1.33	86.20±1.06	89.83±1.03	89.53±1.16
1000	72.86±1.35	78.00±0.92	83.33±0.66	85.36±0.92	87.36±1.10	86.46±0.87

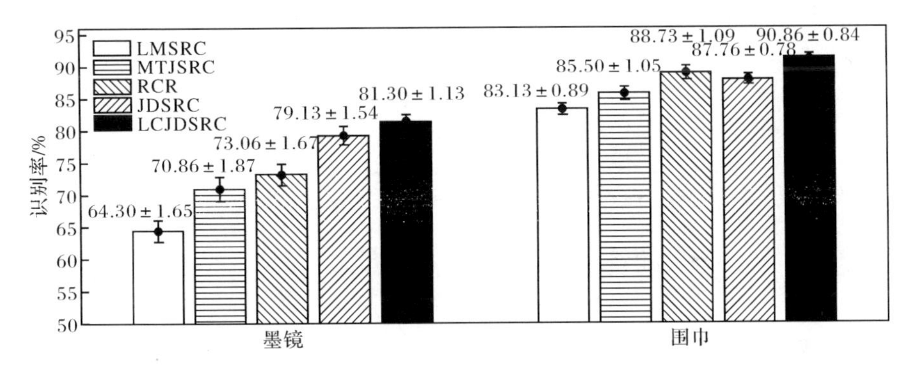

图 8.10　在受眼镜和围巾遮挡的 AR 测试集上(子图像尺寸为 32×32)不同算法的平均识别率

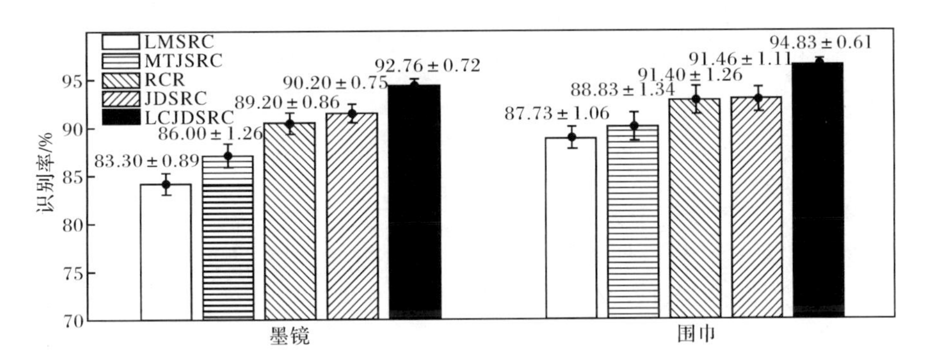

图 8.11　在受眼镜和围巾遮挡的 AR 测试集上(子图像尺寸为 21×32)不同算法的平均识别率

表 8.19 在受眼镜和围巾遮挡的 AR 测试集合上(子图像尺寸为 32×32)成对 Wilcoxon 秩和检验法的 *p* 值

遮挡物	LCJDSRC vs. LMSRC	LCJDSRC vs. MTJSRC	LCJDSRC vs. RCR	LCJDSRC vs. JDSRC
眼镜	8.83×10^{-5}	8.83×10^{-5}	8.93×10^{-5}	3.58×10^{-3}
围巾	8.34×10^{-5}	8.58×10^{-5}	6.32×10^{-5}	8.58×10^{-5}

表 8.20 在受眼镜和围巾遮挡的 AR 测试集合上(子图像尺寸为 21×32)成对 Wilcoxon 秩和检验法的 *p* 值

遮挡物	LCJDSRC vs. LMSRC	LCJDSRC vs. MTJSRC	LCJDSRC vs. RCR	LCJDSRC vs. JDSRC
眼镜	7.78×10^{-5}	7.92×10^{-5}	7.92×10^{-5}	7.92×10^{-5}
围巾	8.25×10^{-5}	8.20×10^{-5}	9.65×10^{-5}	8.39×10^{-5}

4. LFW 人脸图像数据库实验

LFW[37]是一个大规模的数据库。实验中，将 LFW-a[38,39]数据库中 158 个人的 1580 张人脸图像作为一个子集。该子集中，每一个人均拥有大小为32×32的10 张人脸图像。图 8.12 给出了 LFW-a 人脸图像数据库中的部分人脸图像。

图 8.12 LFW-a 人脸图像数据库中的部分人脸图像

在实验中，对于每一个人，从中随机选择 6 张人脸图像作为训练，在余下的 4 张人脸图像中随机选择 2 张用于验证，余下的 2 张用于测试。同样地，重复执行 10 次该随机选择过程，然后取 10 次的平均值作为最终的识别率。此外，实验中依然采用四等分人脸图像的算法对人脸图像进行分割，即每个子图像的尺寸为 16×16。

首先，在验证集上，依据参数不同取值的实验结果来寻找 LCJDSRC 算法的最优参数。从表 8.21 中给出的实验结果可以看出，参数 K 和 λ 对 LCJDSRC 算法的影响与 ORL、Extended YaleB 和 AR 三个标准人脸图像数据库上的实验结果类似。当参数 $K=50$ 和 $\lambda=0.050$ 时，LCJDSRC 算法取得最高的识别率。其次，在测试集上，验证 LCJDSRC 算法与其他对比算法的识别性能。图 8.13 列出了不同算法在 LFW 人脸图像数据库上的平均识别结果。最后，采用 Wilcoxon 秩和检验测试 LCJDSRC 算法的显著性，其结果如表 8.22所示。从上述实验结果可以看出，尽管在 LFW 标准数据库上所有算法的识别率均低于在其他人脸图像数据库上的实验结果，但是本章提出的 LCJDSRC 算法的识别率仍明显地高于其他对比算法。

表 8.21　在 LFW 数据库验证集上，不同参数对应的平均识别率(%)与标准差(%)(子图像尺寸为 16×16)

λ	$K=10$	$K=20$	$K=30$	$K=40$	$K=50$	$K=60$
0.001	38.92±1.12	41.89±2.37	44.58±1.71	46.55±2.32	46.36±2.55	46.80±2.20
0.01	39.24±0.58	44.24±2.83	46.74±2.59	47.78±3.09	48.03±2.88	47.91±2.47
0.05	40.60±1.22	44.14±2.37	46.89±2.78	46.80±2.17	48.63±2.67	46.10±2.53
0.1	41.51±0.49	43.25±1.89	45.31±2.99	45.82±2.98	46.96±2.18	45.56±1.14
1	39.08±0.87	42.72±0.68	44.65±2.55	45.22±2.61	44.14±1.78	43.95±1.88
10	38.95±0.33	40.37±1.31	42.75±1.78	43.70±1.60	42.65±1.57	41.26±1.87
100	35.56±0.51	39.43±0.38	40.56±0.88	40.69±0.30	39.77±0.30	39.58±0.31
1000	35.72±0.11	40.82±0.12	40.03±2.85	40.18±0.33	38.95±1.37	38.25±0.70

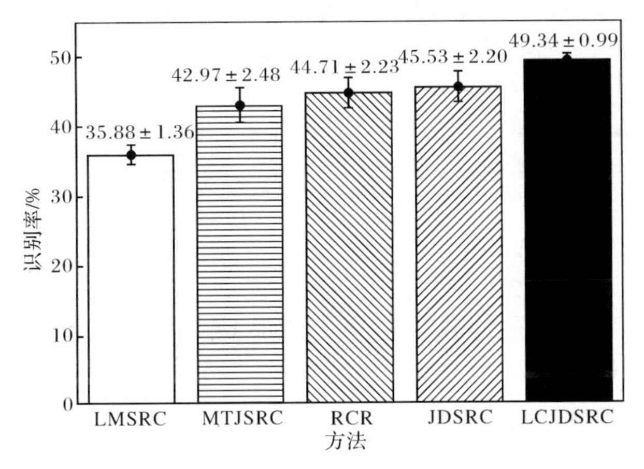

图 8.13　不同算法的平均识别结果在 LFW 人脸图像数据库测试集合的识别结果

表 8.22　在 LFW 人脸图像数据库的测试集合上所有成对 Wilcoxon 秩和检验的 p 值

尺寸	LCJDSRC vs. LMSRC	LCJDSRC vs. MTJSRC	LCJDSRC vs. RCR	LCJDSRC vs. JDSRC
16×16	8.93×10^{-5}	8.98×10^{-5}	8.93×10^{-5}	1.04×10^{-4}

8.5　本章小结

在本章中,提出了一种基于多任务学习的稀疏表示分类算法——基于局部约束的联合动态稀疏表示分类算法(locality constrained joint dynamic sparse representation-based classification,LCJDSRC),同时,将该算法应用到基于局部匹配的人脸识别问题中。本章算法的主要优势在于将联合稀疏表示和局部性约束整合成一个统一的框架,使得提出的 LCJDSRC 算法不仅考虑了来自同幅人脸图像中、不同子图像之间的潜在相关性,而且也考虑了待查询样本图像与训练样本图像之间的相似性。主要采用四个标准人脸图像数据库 ORL、Extended YaleB、AR 和 LFW 及其他四种不同算法进行比较(LMSRC、RCR、MTJSRC 和 JDSRC)。实验结果表明,本章提出的 LCJDSRC 算法明显地优于其他对比算法。

参考文献

[1] Ramirez I, Sapiro G. Universal Sparse Modeling[R]. Minnesota Univ Minneapolis Inst for Mathematics and Its Applications, 2010.

[2] Wright J, Yang A Y, Ganesh A, et al. Robust face recognition via sparse representation[J]. IEEE Transactions on Pattern Analysis and Machine Intelligence, 2009, 31(2): 210-227.

[3] Gao S, Tsang I W H, Chia L T. Kernel sparse representation for image classification and face recognition[C]. Computer Vision—ECCV 2010. Berlin: Springer Berlin Heidelberg, 2010: 1-14.

[4] Shawe-Taylor J, Cristianini N. Kernel Methods for Pattern Analysis[M]. Cambridge: Cambridge University Press, 2004.

[5] Yang M, Zhang L. Gabor feature based sparse representation for face recognition with gabor occlusion dictionary[C]. European Conference on Computer Vision. Berlin: Springer Berlin Heidelberg, 2010: 448-461.

[6] Wang J, Yang J, Yu K, et al. Locality-constrained linear coding for image classification[C]. IEEE Conference on Computer Vision and Pattern Recognition, 2010: 3360-3367.

[7] Tenenbaum J B, De Silva V, Langford J C. A global geometric framework for nonlinear dimensionality reduction[J]. Science, 2000, 290(5500): 2319-2323.

[8] Roweis S T, Saul L K. Nonlinear dimensionality reduction by locally linear embedding[J]. Science, 2000, 290(5500): 2323-2326.

[9] Elhamifar E, Vidal R. Robust classification using structured sparse representation[C]. IEEE Conference on Computer Vision and Pattern Recognition, 2011: 1873-1879.

[10] Wagner A, Wright J, Ganesh A, et al. Towards a practical face recognition system: robust registration and illumination by sparse representation[C]. IEEE Conference on Computer Vision and Pattern Recognition, 2009: 597-604.

[11] Yang M, Zhang L, Yang J, et al. Robust sparse coding for face recognition[C]. IEEE Conference on Computer Vision and Pattern Recognition, 2011: 625-632.

[12] Deng W, Hu J, Guo J. Extended SRC: undersampled face recognition via intraclass variant dictionary[J]. IEEE Transactions on Pattern Analysis and Machine Intelligence, 2012, 34(9): 1864-1870.

[13] Mi J X, Liu J X. Face recognition using sparse representation-based classification on *k*-nearest subspace[J]. PloS One, 2013, 8(3): e59430.

[14] Zou J, Ji Q, Nagy G. A comparative study of local matching approach for face recognition[J]. IEEE Transactions on Image Processing, 2007, 16(10): 2617-2628.

[15] Gottumukkal R, Asari V K. An improved face recognition technique based on modular PCA approach[J]. Pattern Recognition Letters, 2004, 25(4): 429-436.

[16] Chen S, Zhu Y. Subpattern-based principle component analysis[J]. Pattern Recognition, 2004, 37(5): 1081-1083.

[17] Tan K, Chen S. Adaptively weighted sub-pattern PCA for face recognition[J]. Neurocomputing, 2005, 64: 505-511.

[18] Kumar K V, Negi A. SubXPCA and a generalized feature partitioning approach to principal component analysis[J]. Pattern Recognition, 2008, 41(4): 1398-1409.

[19] Nanni L, Maio D. Weighted sub-Gabor for face recognition[J]. Pattern Recognition Letters, 2007, 28(4): 487-492.

[20] Zhu Y. Sub-pattern non-negative matrix factorization based on random subspace for face recognition[C]. International Conference on Wavelet Analysis and Pattern Recognition, 2007, 3: 1356-1360.

[21] Xue H, Zhu Y, Chen S. Local ridge regression for face recognition[J]. Neurocomputing, 2009, 72(4): 1342-1346.

[22] Wang J, Zhang B, Wang S, et al. An adaptively weighted sub-pattern locality preserving projection for face recognition[J]. Journal of Network and Computer Applications, 2010, 33(3): 323-332.

[23] Lu Y, Lu C, Qi M, et al. A supervised locality preserving projections based local matching algorithm for face recognition[C]. Advances in Computer Science and Information Technology. Berlin: Springer Berlin Heidelberg, 2010: 28-37.

[24] Sinha P, Balas B, Ostrovsky Y, et al. Face recognition by humans: nineteen results all com-

puter vision researchers should know about[J]. Proceedings of the IEEE, 2006, 94(11): 1948-1962.

[25] Wang J, Ma Z, Zhang B, et al. A structure-preserved local matching approach for face recognition[J]. Pattern Recognition Letters, 2011, 32(3): 494-504.

[26] Yang M, Zhang L, Zhang D, et al. Relaxed collaborative representation for pattern classification[C]. IEEE Conference on Computer Vision and Pattern Recognition, 2012: 2224-2231.

[27] Yuan X T, Liu X, Yan S. Visual classification with multitask joint sparse representation[J]. IEEE Transactions on Image Processing, 2012, 21(10): 4349-4360.

[28] Zhang H, Nasrabadi N M, Zhang Y, et al. Joint dynamic sparse representation for multi-view face recognition[J]. Pattern Recognition, 2012, 45(4): 1290-1298.

[29] Chao Y W, Yeh Y R, Chen Y W, et al. Locality-constrained group sparse representation for robust face recognition[C]. 18th IEEE International Conference on Image Processing (ICIP), 2011: 761-764.

[30] Wei C P, Chao Y W, Yeh Y R, et al. Locality-sensitive dictionary learning for sparse representation based classification[J]. Pattern Recognition, 2013, 46(5): 1277-1287.

[31] Yu K, Zhang T, Gong Y. Nonlinear learning using local coordinate coding[C]. Advances in Neural Information Processing Systems, 2009: 2223-2231.

[32] Zhang L, Yang M, Feng X. Sparse representation or collaborative representation: which helps face recognition? [C]. 2011 IEEE International Conference on Computer Vision (ICCV), 2011: 471-478.

[33] Samaria F S, Harter A C. Parameterisation of a stochastic model for human face identification[C]. IEEE Workshop on Applications of Computer Vision, 1994: 138-142.

[34] Lee K C, Ho J, Kriegman D J. Acquiring linear subspaces for face recognition under variable lighting[J]. IEEE Transactions on Pattern Analysis and Machine Intelligence, 2005, 27(5): 684-698.

[35] Duarte M F, Cevher V, Baraniuk R G. Model-based compressive sensing for signal ensembles[C]. 47th Annual Allerton Conference on Communication, Control, and Computing, 2009: 244-250.

[36] Martinez A M. The AR face database[R]. CVC Technical Report, 1998, 24: 10-20.

[37] Huang G B, Ramesh M, Berg T, et al. Labeled Faces in the Wild: A Database for Studying Face Recognition in Unconstrained Environments[R]. Technical Report 07-49. University of Massachusetts, Amherst, 2007.

[38] Zhu P, Zhang L, Hu Q, et al. Multi-scale patch based collaborative representation for face recognition with margin distribution optimization[C]. European Conference on Computer Vision. Berlin: Springer Berlin Heidelberg, 2012: 822-835.

[39] Wolf L, Hassner T, Taigman Y. Similarity scores based on background samples[C]. Asian Conference on Computer Vision. Berlin: Springer Berlin Heidelberg, 2010: 88-97.

第9章　总结与展望

9.1　总　　结

本书主要围绕人脸识别技术展开研究，首先介绍了人脸识别技术在当今社会环境下的重要意义及理论研究价值。然后，回顾了人脸识别发展的历程，简述了当前国内外人脸识别研究进展并分析了人脸识别中面临的难点问题。最后，本书主要针对现有人脸识别方法存在的一些问题进行研究，并且取得了一定研究成果。本书主要工作如下。

(1) 针对局部敏感判别分析(LSDA)方法未能有效地处理包含局外点样本的数据集，将类内散度矩阵引入 LSDA 方法中，提出一种改进的局部敏感判别分析(ILSDA)方法。最小化类内散度矩阵能够使局外点样本与其类中心更近，因此 ILSDA 不仅能够保持数据的局部判别结构，还能获得更为紧致的低维特征。此外，提出了一种有效的方法求解投影矩阵。最后，分别在三个标准人脸图像数据库(Yale、FERET 和 Extended YaleB)和两个公开使用的基因数据库(Colon 和 Lymphoma)上进行了大量对比实验，大量实验结果验证了本节提出的 ILSDA 方法的性能要优于其他对比方法。

(2) 针对全局非负矩阵分解(NMF)和其扩展方法没有同时考虑高维数据的类别标签信息、数据的局部几何结构信息和基图像的稀疏结构性，提出了一种基于结构约束的判别非负矩阵分解(SCDNMF)算法。首先，为了考虑基图像的稀疏结构性，引入像素散布惩罚约束项保证基图像具有一定的稀疏结构。其次，为了增强低维特征的判别能力，利用数据的类别标签构建类间邻域图和类内邻域图，并计算局部类内散度和类间散度差作为约束项。然后，将上述两个约束项整合到 NMF 方法框架中形成统一的目标函数。最后，分别在两个标准人脸图像数据库(Yale 和 ORL)和一个物体图像数据库(COIL20)测试 SCDNMF 方法的性能，并与其他主流的算法进行比较。大量实验结果验证了 SCDNMF 方法的有效性。

(3) 针对全局半监督非负矩阵分解(SNMF)方法未能利用少量标记样本与大量未标记样本之间的分布关系的问题，提出了一种基于标签传递半监督非负矩阵分解(LpSNMF)的特征提取方法。在 LpSNMF 方法中，首先通过标签传递(LP)技术充分考虑了标记样本与未标记样本之间的几何分布关系。然后，结合 LP 与

NMF 两个过程形成统一框架，从而实现了低维特征提取与训练集中未知样本标签预测的双重目的。由于在 LpSNMF 方法中标签传递与特征提取两个过程交替进行并且彼此相互影响，因此 LpSNMF 方法不仅能够获得具有判别能力的低维特征，而且还能为未标记样本提供更为准确的预测标签信息。此外，提出了一种交替迭代更新优化算法求解 LpSNMF 方法的目标函数，并分别从理论分析与数值实验两方面验证了优化算法的收敛性。大量实验结果验证了 LpSNMF 方法的有效性与可行性。

(4) 针对全局人脸识别方法的性能容易受外界因素(如光照、表情、姿态等)变化影响的问题，基于结构保持投影(SPP)提出了一种基于空间平滑判别结构保持投影(SS-DSPP)的有监督局部人脸识别方法。首先，为了缓解外界因素变化对识别性能的影响，SS-DSPP 方法将人脸图像划分为较小的子图像块。其次，为了提取判别能力局部低维特征，SS-DSPP 方法不仅考虑了同幅人脸图像、不同子图的之间的构形关系，而且还考虑了每个子图集的判别几何结构信息。最后，为了在特征提取过程中保持二维图像的空间结构信息，提出了一种简单且灵活的空间平滑约束(SSC)准则，并将其融合到 SS-DSPP 方法目标函数中。大量实验验证了 SS-DSPP 方法的性能要优于其他对比方法。

(5) 针对有监督局部人脸识别方法存在不能处理数据集中未标记样本及忽略不同子模式集内在关系的问题，提出了一种基于半监督局部岭回归(SSLRR)的局部人脸识别方法。在 SSLRR 方法中，首先利用自适应加权多图标签传递(AWMGLP)技术将少量标记样本的标签信息传递给未标记样本。然后，为了避免“样本外”问题，利用局部岭回归(LRR)方法构建预测标签矩阵与子模式集的线性关系。最后，将 AWMGLP 与 LRR 两个过程整合成统一框架。因此，SSLRR 方法不仅能学习到准确分类器函数，还能为未标记样本提供更为准确的预测标签。针对 SSLRR 方法的目标函数，提出了一种交替迭代优化算法进行求解，并获得其局部最优解。另外，同样从理论分析与数值实验两方面验证优化算法的收敛性，并给出了算法的计算复杂度。大量实验结果验证了 SSLRR 方法的性能要优于其他对比方法。

(6) 针对稀疏表示分类(SRC)方法及其扩展方法在表示待查询样本时没有考虑待查询样本与训练样本的关系，同时在处理局部人脸识别问题时没有考虑不同局部信息之间的相互关系的问题，提出了一种基于局部约束的联合动态稀疏表示分类(LCJDSRC)算法用于局部人脸识别中。在 LCJDSRC 算法中，将联合稀疏表示和局部约束整合成一个统一的框架。它不仅考虑了来自于同一幅人脸图像中不同子图像间的相关性，而且也将数据的局部信息引入稀疏表示模型中。同时，基于贪婪的匹配追踪算法提出一种有效的优化算法求解 LCJDSRC 算法的目标函数。最后，采用四个标准的人脸数据库(ORL、Extended YaleB、AR 和 LFW)进行实验，大量实验结果证明了 LCJDSRC 算法的性能显著优于其他对比算法。

9.2 展　　望

尽管本书在已有方法基础上提出了六种人脸识别方法，同时大量实验也验证了本书方法的有效性和可行性。但由于人脸识别是一个极为复杂的过程，仍然还有许多问题有待深入研究。因此，将从以下几方面对未来工作展开研究。

(1) 基于图框架的学习方法是目前研究的重点问题之一，但这类方法的性能在很大程度上依赖于图的构建。已有的大多数方法都是将图构建过程与学习过程分开独立进行的。虽然目前有研究学者针对联合图构建与学习过程的问题展开初步研究，但如何构建“高质量”图的问题仍然有待于深入研究。

(2) 现有的标签传递方法包括第 3 章和第 5 章提出的两种方法仅能解决未标记样本与标记样本来自相同类别集合的数据集的问题，即未标记样本的类别标签属于已标记样本的类别标签。因此，如何解决未标记样本的标签不属于已标记样本类别标签集合的问题，从而改善已有方法的性能也是未来研究的一个重点。

(3) 已有的大多数人脸识别技术都是基于单源数据进行的。然而随着计算机技术的发展与采集数据方式的多样化，人们可以获取大量的异源数据(多源数据)。因此，如何有效利用多源数据进行人脸识别成为未来研究的一个方向。